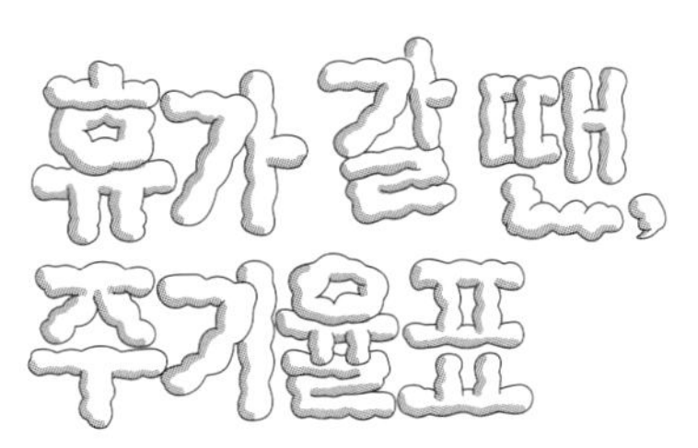
휴가 갈 땐,
주기율표

휴가 갈 땐, 주기율표

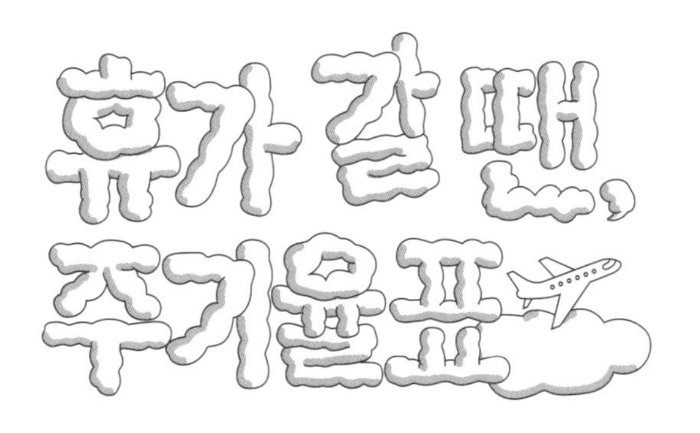

일상과 주기율표의 찰떡 케미스트리

곽재식 지음

초사흘달

시작하며

어릴 적에 오래된 화학 교과서 한 권이 집에 굴러다니는 것을 보았다. 아마 부모님 중 한 분의 학창 시절 책이었을 것이다. 세월이 흐른 만큼 종이는 누렇게 변했고, 만지면 바스러질 듯 몹시 낡아 있었다. 무슨 책일지 궁금해서 슬쩍 들춰봤지만 대부분 이해하기 어려운 내용이었다. 가끔 어떤 물질을 만들면 그것의 색깔은 어떻고 불에 잘 탄다거나 공기보다 가볍다는 등의 설명이 있었는데, 그런 부분만 겨우 이해할 수 있었다. 어떻게 읽는지도 모르는 알파벳이 여기저기 등장하고, 어려운 단어들과 화살표가 뒤섞여 흘러가는 문장들은 소리 내어 읽기조차 어려웠다. 애초에 화학이라는 제목부터 뜻을 알 수 없는 말이었으니, 그 모든 것이 도대체 무엇에 관한 이야기인지도 알 도리가 없었다.

어머니께 여쭤봤더니 세상에는 100가지 좀 넘는 가짓수로 분류되는 원자라는 게 있는데, 원자는 아주 작으며 그게 많이 모여서 세상의 모든 물체를 이룬다는 환상적인 이야기를 들려주셨다. 화학 교과서는 그런 내용을 다루는 책이라고 하셨다. 그리고 학창 시절에 외운 것이 기억나시는지, "수, 헬, 리, 베, 붕, 탄, 질, 산……" 하며 주기율표에 등장하는 원자의 종류, 즉 원소 이름의 앞글자를 차례로 읊으셨다.

그 말을 듣자, 나는 세상에 이런 게 있나 싶었다.

그러니까 그 책에 나오는 원자들이 세상 모든 것의 재료라는 이야기였다. 번쩍거리는 보석에서 돌멩이까지, 이상한 성질을 가진 약품부터 식물이나 사람 같은 생물까지, 이 모든 것이 다 그 책 맨 앞 장에 실려 있는 주기율표 한 페이지에 적힌 재료로 이루어졌다는 이야기였다. 거기에 나오는 것들만 구해서 잘 조립하면 세상의 그 무엇도 만들 수 있다는 뜻 아닌가? 그렇게 생각하니 수, 헬, 리, 베, 붕, 탄, 질, 산…… 하며 원소기호 외우는 말이 무슨 마법의 주문처럼 느껴졌다. 한번 따라 해 보니 그 운율과 리듬마저 어쩐지 신비로운 주문을 외는 기분이 들게 했다.

낡은 화학 교과서에 더욱더 깊은 관심이 생긴 나는 이후로도 그 책을 몇 번 더 읽어 봤다. 그 속에 있는 것을 다 알면 세상 모든 것의 성질과 원리를 알 수 있을 거라고 잔뜩 기대했다. 그렇지만 여러 번 읽어 봐도 내가 이해할 수 있는 내용은 거의 없었다. 그래서 이다음에 언젠가 내용을 이해할 수 있을 때 다시 한번 도전하기로 하고 책을 덮어 두었다.

학창 시절, 드디어 화학을 배우게 되었다. 하지만 화학 교과서의 내용은 생각보다 훨씬 재미가 없었다. 우리 주변에 있는 물체나 신기한 물질에 관해 배울 줄 알았는데, 그보다는 시험 문제를 풀기 위한 지식을 얻는 데 초점이 맞춰져 있었다. 현실적으로 학생들의 시험 성적을 무시할 수 없었던 선생님들이나 학교로서도 어쩔 수 없었을 것이다. 그때 배운 것은 세상 모든 것의 성질과 원리를 설명하는 놀라운 이야기가 아니었다. 그저 낯선 기호와 규칙들을 따져 가며 왜 하는지도 모르는 실험의 결과를 기억해야 할 뿐이었다.

그런데 이후 몇 가지 우연이 겹쳐 나는 화학을 직업으로 삼게 되었다. 학교를 졸업한 뒤로 화학업계에서 일하기 시작해, 얼마 전까지도 화학 회사에 다녔다. 신기하게도 중고등학교 때는 별로 좋아하지도 않았던 화학을 막상 실생활이나 일을 통해 하나씩 자세히 접하다 보니 그렇게 재미있을 수가 없었다. 화학에 관한 어릴 적 생각이 틀린 게 아니었다. 세상 모든 것은 원자로 이루어졌고, 화학은 그 모든 것을 어떻게 만들고 분해하고 고칠 수 있는지 따져 볼 수 있는 기술이었다. 병을 낫게 하는 약에 관한 화학도 있었고, 육중한 기계가 돌아가는 거대한 공장을 유지하는 데 이용하는 화학도 있었다. 세상의 모든 문제에 대해서 일단은 화학적인 해답을 찾을 수 있었다.

그래서 나는 교과서에 이름만 간단히 소개된 그 원자들이 주변 어디에 있는지, 어디에 쓰이는지 소개하는 이 책을 쓰게 되었다.

원자들의 이름을 어떻게 붙였는지, 어떤 성질이 있고, 어디에 활용하는지 설명하는 내용으로 이야기를 엮었다. 그렇게 해서, 어디에 있고 무엇에 쓰는지도 모른 채 이름만 외웠던 원자들이 도대체 어떤 것인지 얘기해 보고 싶었다.

한국은 화학산업의 비중이 무척 큰 나라다. 화학업계에 종사하지 않으면 잘 느끼지 못하는 경우가 많은데, 수출을 기준으로 보면 대략 한국 수출의 5분의 1에서 4분의 1 정도는 항상 화학제품이 차지하고 있다. 그러니 한국 경제는 화학 덕택에 지금처럼 굴러간다고 볼 수도 있다. 그래서 나는 이 책에 한국 사회나 경제가 돌아가는 데 큰 역할을 하는 물질들을 자주 언급하려고 특히 노력했다.

나는 화학물질이라고 할 수 있는 것들이 언제나 항상 우리 곁에 있다는 것을 책 속에서 느끼게 해 주고 싶었다. 그래서 모든 원소를 먹고 마시고 노는 일과 연관 지어 보았다. 그러다 보니 내 경험담이나 그냥 재미 삼아 떠올릴 만한 이야깃거리가 원소 이야기 사이사이에 조금씩 섞여 들었다.

지금까지 세상에 알려진 118종의 원소 이야기를 모두 담을 수 있었다면 가장 좋았겠지만, 이 책에는 원자번호 1번부터 20번까지에 해당하는 전형원소만 다루었다. 그 원소들이 교과서에도 가장 빈번히 등장하는 것들이다. 언젠가 기회가 된다면 독특한 성질을 띠는 금속원소인 전이금속과 나머지 원소들에 관하여 이야기하는 속편을 써 보고 싶은 마음도 있다.

이 책 내용 중 상당 부분은 KBS1 라디오의 〈주말 생방송 정보쇼〉라는 프로그램에서 내가 진행하던 '곽재식의 과학 플러스'를 준비하면서 쓴 자료를 활용한 것이다. 이 라디오 방송을 어머니께서도 꼬박꼬박 들으셨는데, 여러 주제 중에서도 주기율표의 원소를 다룬 이야기들이 가장 재미있었다고 말씀해 주셨다.

이만하면 나에게 처음으로 화학의 세계를 알려 주신 분에 대한 보답으로도 괜찮았다고 생각한다.

2021년, 역삼동에서

곽재식

차례

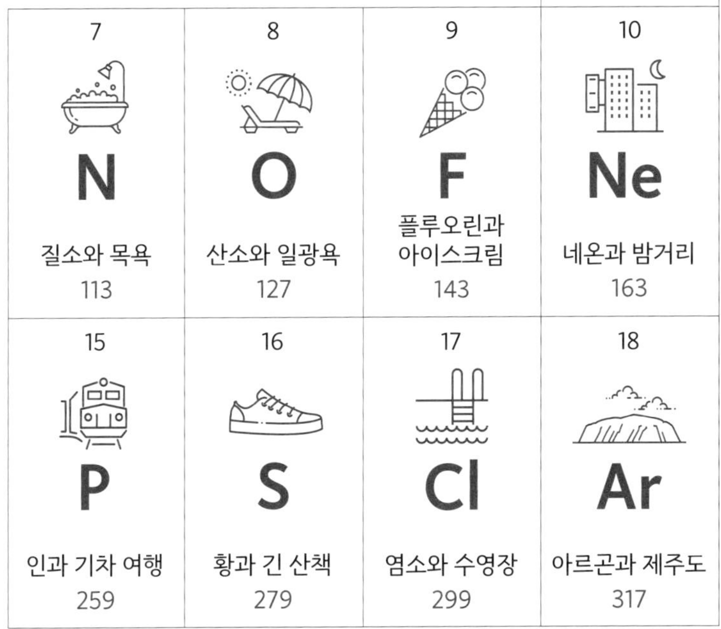

1

H

hydrogen

수소와 매실주

H

세상의 이 모든 것은 맨 처음 어떻게 생겨났을까? 연구에 따르면 우리가 사는 세상이 생겨난 것은 대략 130억 년에서 140억 년 전이라고 한다. 500원짜리 동전 하나를 1.5% 이율로 은행에 맡기고 가만히 두기만 해도 1,000년이 지나면 그 돈은 14억 6000만 원으로 불어난다. 130억 년은 그런 일을 1300만 번 반복해서 할 수 있을 만큼 긴 시간이다.

우주가 처음 생겨나던 그 순간에 일어난 현상을 흔히 대폭발 또는 빅뱅big bang이라고 부른다. 그러면 대폭발 때 도대체 무엇이 생겨났다는 말인가? 우리가 지금도 쉽게 만지고 느낄 수 있는 물질 중에서 우주가 생긴 뒤 처음으로 생성된 물질은 바로 수소hydrogen 원자atom의 원자핵nucleus 부분이다. 다른 말로는 양성자proton라고도 한다. 그러니까 대폭발로 우주가 탄생할 때 도대체 무엇이 생겨났느냐 하면, 시간과 공간과 빛처럼 어딘가 뜬구름 잡는 듯한 것들이 먼저 생겼고, 그다음에 수소의 핵이 잔뜩 생겨났다는 얘기다.

그리고 이 수소의 핵에 전자electron가 달라붙어 있는 것이 수소 원자다. 수소 원자 하나의 크기는 대략 1000만 분의 1mm 정도인데, 이런 아주 작은 알갱이 같은 것들이 대폭발 후에 어마어마한 양으로 생겨나서 온 우주에 퍼져 있게 되었다.

이렇게 보면 우리가 흔히 물질이라고 부르는 것 중에서는 수소 원자가 가장 먼저 생겨났고, 형태도 가장 간단해 보인다. 별 재미가 없는 물질처럼 보일지도 모르겠다. 그런데 그렇지가 않다. 우주에서 맨 처음 생겼고, 지금까지도 우주에 무척 흔한 물질인 수소에는 묘한 성질이 있다.

수소 원자는 ⊕전기를 띠기 쉽다. 여기까지는 별문제가 아니다. 이런 원자들은 몇 가지가 더 있다. 그런데 그중에서도 수소 원자는 그냥 깔끔하게 ⊕전기를 띠는 상태가 될 수 있을 뿐 아니라, 살짝 ⊕전기를 띠는 듯 마는 듯한 느낌으로 ⊖전기를 띠기 쉬운 다른 물질을 약간만 끌어당기는 묘한 상태가 될 수도 있다. 바로 이런 상태로 수소 원자가 ⊖전기를 띠기 쉬운 다른 물질을 슬쩍 잡아당기는 현상을 수소결합hydrogen bond이라고 한다.

수소결합은 그다지 힘이 세지 않다. 강철 덩어리 속에서 철 원자들끼리 붙어 있는 힘이나, 탄수화물 음식을 이루는 탄소 원자들이 서로 붙어 있는 힘에 비하면 수소결합의 힘은 미약하다. 그

러다 보니 수소결합으로 연결된 부분은 어떨 때는 살짝 붙어 있다가, 어떨 때는 다른 힘을 못 이겨 떨어지기도 한다. 즉, 여러 가지 다양한 경우가 생긴다. 그리고 여러 가지 경우가 생긴다는 그 특징 때문에 단순하고 간단한 결과를 내는 것에 그치지 않고 그때그때 상황에 따라 갖가지 다른 반응을 일으키게 된다.

바로 이 같은 성질 덕분에 수소는 갖가지 복잡하고 이상한 반응을 일으킬 수 있다. 특히 온갖 물질이 별별 복잡한 형태로 다채로운 화학반응을 일으켜야 하는 생명체의 몸속에서 수소결합이 중요한 역할을 하는 예를 쉽게 찾아볼 수 있다. 말하자면 생명체가 복잡한 이유의 근원은 수소결합의 힘이 애매한 정도라서 조건에 따라 다른 결과를 갖고 오기 때문이라고 할 수 있다. 그렇게 생각하면 사람이라는 생물이 이렇게 복잡한 삶에서 고민하며 사는 이유도 어쩌면 수소결합 때문이다.

수소결합의 재주를 보여 주는 대표적인 예가 단백질이 생겨나는 화학반응이다. 단백질은 모든 생물의 몸을 이루는 주성분이고 주재료다. 고기에 단백질이 많다고 하는데, 고기가 바로 생물의 몸이고 생물의 몸은 단백질로 되어 있기 때문이다. 그런데 몸을 이루고 있는 단백질들이 어떤 모양을 하고 있느냐에 따라 생물은 서로 다른 모습과 습성을 지니게 된다. 그러니 단백질은 종류도 많거니와 모양도 어지러울 정도로 기이하게 꼬여 있다.

RCSB PDB라는 웹사이트에는 세계의 과학자들이 지난 100년 가까이 조사한 수많은 단백질의 모양이 공개되어 있다. 어떤 원자들이 어떤 모습으로 모이고 연결되어 단백질을 이루고 있는지 누구나 살펴볼 수 있다. 귀중한 자료가 무제한으로 공개되어 있어서 아무 자격도 딸 필요 없고, 로그인도 할 필요 없이 누구라도 단백질의 모양을 언제든 볼 수 있다.

이렇게 쉽게 찾아볼 수 있는 자료만 살펴보더라도 단백질들의 모양은 대단히 복잡하고 다양하다. 그리고 단백질들이 그렇게 다양한 모양을 이루게 하는 중요한 원인은 수소의 묘한 특징 때문에 생기는 수소결합의 적당한 힘이다.

수소결합을 고려하지 않으면 단백질은 복잡한 모양을 이룰 까닭이 별로 없다. 그냥 길쭉한 실 모양으로 생긴 물질이 주로 만들어졌을 것이다. 만약 그렇게 실처럼 생긴 단백질만 있었다면 각양각색의 복잡한 생명체가 생겨나지도 못했을 것이다. 실제로는 단순한 실 모양 단백질이 만들어지려고 하다가도, 수소가 있는 지점에서 발생하는 미약한 힘이 모이면서 실같이 단순하던 모양이 조금씩 비틀어진다. 아울러 그런 비틀림이 차츰차츰 모여서 길쭉하기만 하던 단백질이 이리저리 들러붙고 접히고 꼬이고 엉켜 마침내 굉장히 복잡한 모양으로 완성된다. 그리하여 다양한 역할을 하는 여러 모양의 온갖 단백질이 생겨나고, 그 덕분에 생물의 모습과 습성이 다채로워진다. 분홍색 꽃, 빛을 내는 반딧불이, 책을 읽으면서 재미있다고 생각할 줄 아는 뇌를 가진 인간 등 다양하고 복잡한 생명체가 생겨날 수 있었던 원인이 바로 다양한 단백질이다. 그리고 그 단백질을 다양한 모양으로 잡아 주는 것이 수소가 가진 ⊕전기의 미약한 힘이다.

수소결합, 즉 수소 원자가 ⊖전기를 띠기 쉬운 물질을 적당한 힘으로 끌어당기는 이 이상한 특징은 생명체가 유전 받은 대로 자기 몸을 키워 나가는 과정에도 큰 영향을 미친다. 유전자가 들어 있는 DNA는 자기와 똑같은 DNA를 복사해서 한 벌 더 만들어 내거나, 짝이 맞는 RNA를 만들어 내는 등의 화학반응을 일으킬 수 있다. 그런데 이 화학반응에서 DNA가 서로 끌어당기는 데 결정적인 역할을 하는 것이 바로 수소결합이다. 이런 화학반응은 생명체가 선대로부터 유전된 그대로 자신의 몸을 만드는 현상의 첫걸음이라고 할 수 있다. 그러니까 내가 지금과 같은 몸을 물려받은 가장 근본적인 이유는 DNA에 포함된 수소가 다른 부분을 끌어당기는 수소결합으로 화학반응을 일으켰기 때문이라고 설명해도 될 것이다.

생각해 보면 사람이 살고자 하는 본능 역시 부모와 조상으로부터 물려받은 것이다. 그런데 그 본능은 DNA에 들어 있다. DNA는 수소결합의 힘 때문에 활동한다. 그러니 좀 과장해서 말하자면, 사람이 태어나서 한세상 살아가는 까닭은 DNA 속 수소가 수소결합의 힘으로 다른 물질을 당김으로써 다채로운 화학반응을 일으키기 때문이라고 할 수 있겠다.

생명체에서 수소가 이렇게 중요한 역할을 하게 된 까닭은 무엇일까? 쉽게 생각하면 수소가 흔하기 때문이라고 추측할 수 있다. 온 세상에 수소가 흔하다 보니 수십억 년 전 지구에 생명체가 생겨나는 과정에서도 수소와 관련된 화학반응이 어떻게든 일어났을 것이다.

단, 지구를 기준으로 보면 오직 수소 원자만 모여서 생긴 수소 기체는 그리 흔치 않다. 수소 원자가 둘씩 짝지어 붙어서 여러 개가 흩날리며 날아다니고 있는 상태가 바로 수소 기체인데, 불이 잘 붙으므로 연료로 사용하기에 좋다. 만약 지구에 수소가 수소 기체 상태로 풍부하게 있다면, 우리는 연료 걱정 없이 수소 기체를 태워 난방도 하고 자동차도 타고 다니면서 더 편리하게 살고 있을지 모른다.

수소 기체는 지구에 드물지만 다른 원자 옆에 붙어 있는 수소 원자는 흔한 편이다. 드넓은 바다를 가득 채우고 있는 물이 좋은 예다. 물에는 산소 원자와 함께 수소 원자가 들어 있다. 그러므로 바다는 수소 원자를 가득 품은 거대한 저장고다. 수소라는 이름 자체도 물과 관련 있는 원소라는 뜻으로 붙인 것이다.

지구 바깥으로 나가면 수소는 더욱 흔하다. 태양은 70% 이상이 수소로 이루어진 거대한 수소 덩어리이고, 목성과 토성 같은 거대한 행성들에도 수소가 아주 많다. 나아가 우주에 있는 전체 물질의 70% 이상이 수소라고 한다. 그러니 우주에서 가장 흔한 것은 예나 지금이나 우주에 처음 생겨난 수소다. 이렇게 보면 130억 년이 넘게 시간이 흐르는 동안에도 세상은 딱히 많이 변하지 않았다고 할 수도 있겠다.

한편으로 수소가 이렇게나 많다는 얘기는 수소를 이용해서 무

엇인가를 만들 수 있으면 그것을 우주 어디서든 만들 수 있다는 뜻도 된다. 즉, 수소를 태워서 전기를 만들 방법이 있다면 수소가 많은 토성이나 목성에서도 전기를 만들 수 있다는 얘기다. 만약 수소를 태워 로켓을 움직일 수 있다면 지구에서 발사한 로켓이 수소가 풍부한 행성에 도착해 연료를 충전하고 다시 날아갈 수도 있을 것이다.

한국의 인공위성 천리안 2A호는 2018년에 유럽의 아리안 5 ARIANE V 로켓에 실려서 우주로 발사되었다. 바로 이 아리안 5 로켓이 수소 기체를 연료로 사용한다. 수소 기체를 사용하는 로켓은 아리안 5 외에도 몇 가지가 더 있다. 수소 로켓은 개발하는 데 기술적으로 어려운 점이 있고, 비용이 더 많이 들기도 한다. 이 같은 단점에도 여러 나라가 수소 로켓에 관심을 기울이는 까닭은 수소 로켓만의 뚜렷한 장점을 무시할 수 없기 때문이다. 수소 기체는 잘 타는 물질이고 워낙 가벼워서 로켓 전체 무게를 가볍게 하기에 유리하다. 무엇보다도 지구 바깥에서도 수소 기체를 구하기 좋다는 점은 먼 미래를 생각할 때 어느 연료도 따라올 수 없는 장점이다.

조선시대에 무기로 개발하기 위해 만들었던 신기전 같은 구식 로켓을 생각해 보자. 이런 로켓은 질소가 든 화학물질을 연료로 활용하는 경우가 많았다. 요즘 로켓에는 탄소가 들어 있는 물질을 연료로 쓰는 경우도 적지 않다. 한국 누리호 로켓의 연료로 쓰는 케로신kerosene 역시 탄소 원자를 잔뜩 포함한 물질이다.

그런데 이런 물질은 지구에서는 구하기 쉬운 편이지만, 다른 행성에서는 대단히 희귀하다. 탄소가 들어 있는 물질 중에 연료로 쓸 만한 것은 보통 석유나 석탄처럼 수억 년 전의 생명체가 땅속에 묻혀서 생긴 재료를 가공해서 만든다. 이런 연료를 화석연료fossil fuel라고 한다. 만약 우주의 다른 행성에 생명체가 살았던 적이 없다면 그 행성에서는 지구에서 사용하던 화석연료와 비슷한 물질을 구하기가 매우 어려울 것이다. 설령 지구만큼 생명체가 많이 살았던 행성을 어찌어찌 찾아낸다고 해도, 그 행성에 탄광을 만들거나 유전을 뚫은 뒤 석탄과 석유를 캐내고 그것을 다시 우주선의 연료로 가공하기란 쉬운 일이 아니다.

이와 달리 수소를 연료로 쓰는 로켓이라면 우주에 널린 수소를 그대로 모아서 로켓에 넣기만 하면 된다.

우주 곳곳에 비교적 흔하게 얼음이 있는 것 같다고 추정하는 사람들도 있는데, 얼음은 물이니까 물을 이루는 산소 원자와 수소 원자 중에서 수소 원자만 뽑아내면 로켓 연료를 얻을 수 있다. 물론 물에서 수소 원자를 뽑아내려면 전기가 필요하다. 이 문제는 태양광에서 전기를 얻는 태양전지를 이용하거나, 원자력 에너지를 이용해 전기를 많이 얻는 방법 등으로 해결책을 찾아볼 수 있다. 지구 아닌 곳에서 물속의 수소를 뽑아내 로켓 연료로 이용하는 일이 생각보다 어려울 수는 있겠지만, 우주에서 생명체가 번성했던 행성을 찾아내고 그곳에 유전을 뚫어 석유를 퍼 올리는 일과는 비교도 안 될 만큼 쉽다.

최근 들어 달에 얼음이 있다는 소식이 점점 더 믿을 만해지는 것 같다. 그러니 만약 수소 연료를 사용하는 로켓을 자유자재로 활용할 수 있다면, 일단 달에 로켓을 보낸 뒤에 그곳에 있는 얼음에서 수소를 뽑아내 연료통에 넉넉히 채운 다음, 다시 더 머나먼 곳으로 보내는 작전을 구상해 볼 수도 있다. 달의 중력은 지구 중력의 6분의 1밖에 되지 않는다. 따라서 달에서 로켓을 발사한다면 지구에서보다 훨씬 큰 로켓을 더 빠르게, 더 멀리 보낼 수 있을 것이다. 실제로 로켓을 발사하기 어려운 이유 중 하나가 연료가 많이 들기 때문이고, 로켓이 무거워지는 것도 대부분 연료를 많이 실어야 하기 때문이다. 그러니 우선 달까지만 갈 수 있는 가볍고 작은 로켓으로 사람이 달에 간 뒤에, 달에서 뽑아낸 수소를 연료통에 가득가득 채운 거대한 로켓으로 갈아탄다면 더 효율적이다. 그 거대한 로켓으로 더 머나먼 우주로, 더 빠른 속력으로 날아갈 수 있을 것이다. 이렇게 할 수만 있다면 목성이나 토성까지 사람이 가는 일도 훨씬 쉬워질지 모른다.

수소가 흔해서 좋은 에너지원이 될 수 있다는 장점은 지구에서도 그대로 활용할 수 있다. 한국의 자동차 회사들과 정부가 좀 더 관심을 기울이고 있는 분야는 아무래도 이쪽인 듯싶다.

전기를 얻기 위해서 풍력발전기나 태양전지를 많이 설치한다고 생각해 보자. 이런 장치는 별다른 연료 없이 전기를 만들어 낼 수 있다는 장점이 있다. 하지만 전기를 일정하게 생산하기는 어렵다는 것이 단점이다. 풍력발전기는 바람이 많이 불 때는 전기를 많이 생산하지만, 바람이 잠잠해지면 전기를 못 만든다. 맑은 날 햇빛이 강할 때는 태양전지가 전기를 많이 만들지만, 밤에는 못 만든다. 이러면 어떤 때는 전기가 남아돌고, 어떤 때는 부족한 현상이 생기기 쉽다.

이 같은 문제를 해결하려면 전기를 어딘가에 저장할 수 있어야 한다. 가장 쉽게 생각할 수 있는 장치가 배터리다. 그렇지만 배터리는 아무래도 크고 무거운 데다가 가격도 비싸다. 용량도 한정되어 있어 준비된 배터리의 용량을 다 채운 뒤에도 전기를 계속 저장하려면 공장에서 새 배터리를 만들어 가져와야 한다. 배터리는 복잡하고 정교한 장치인 만큼 안전한 제품을 쉽게 만들기는 어렵다.

그래서 사람들은 전기가 남을 때마다 그 전기로 물에서 수소 기체를 만들어 내겠다는 계획을 세웠다. 물은 산소 원자 하나마다 수소 원자가 둘씩 붙은 알갱이가 모인 것이니 그것을 전기의 힘으로 분해하는 화학반응을 일으켜서 수소 원자만 골라내는 기계장치를 가동하는 것이다. 이렇게 모은 수소 원자는 둘씩 달라붙어 수소 기체로 변한다. 수소 기체는 깨끗하게 잘 타는 가벼운 물질이므로, 어디든 갖고 가서 연료로 쓰면 된다. 수소 기체에 불을 붙여 난방장치를 가동할 수도 있고, 요리용 연료로 쓸 수도 있으며, 엔진을 돌리거나, 다른 발전소의 연료로 이용해 효율적으로 전기를 생산할 수도 있다. 한국에서는 수소로 자동차나 배를 움직인다는 발상도 인기가 있는 편이다.

지구에는 물이 흔하니까 전기로 물에서 수소를 뽑아낼 수만 있다면 수소 기체를 얼마든지 만들어 낼 수 있다. 전기가 남아돌 때마다 전기를 써서 수소 기체를 만든다는 말은, 수소라는 형태로 전기를 저장한다는 얘기와 같다. 수소 기체는 빈 연료통만 있으면 얼마든지 담아 둘 수 있으므로 복잡하게 배터리를 만들어 전기를 저장하는 편보다 훨씬 더 편리하다.

게다가 수소 기체는 직접 불을 붙일 수 있는 물질이므로 배터리에 저장해 둔 전기보다 더 다양한 방법으로 활용할 수 있다. 지금의 전기자동차 배터리는 한 번 충전해서 기껏해야 수백 킬로미터 정도를 달릴 수 있는 수준이다. 이 정도 배터리의 힘으로는 한 번 이륙할 때마다 수천 킬로미터씩 날아가야 하는 비행기나, 무거운 짐을 잔뜩 싣고 먼바다를 항해해야 하는 배를 움직이기에 버겁다. 이와 달리 수소 기체를 빠르게 태워 폭발하는 힘을 이용하면 비행기를 띄우고, 배를 움직이고, 로켓도 발사할 수 있다. 다시 말해, 바람이 불 때마다 돌아가는 풍력발전기에서 생산한 전기로 수소 기체를 조금씩 만들어 꾸준히 모아 두면, 나중에는 그 수소 기체를 이용해 다른 행성으로 우주선을 보낼 수도 있다는 뜻이다.

이런 식으로 사람이 활용할 수 있는 모든 에너지를 이용해서 일단 수소 기체를 만들어 저장해 놓고 필요할 때마다 여러 가지 방법으로 다양하게 활용하자는 발상을 수소경제hydrogen economy라고 한다. 아직은 수소 기체를 쉽게 만들어 쓸 만큼 생산 비용이 저렴하지 않고, 수소 기체를 넣을 수 있는 장비도 많지 않다. 따라서 지금 수소경제가 현실이 되었다고 하기에는 거리가 좀 있다. 그렇지만 한국 정부와 자동차 회사들은 수소경제의 가능성을 긍정적으로 보고 있다. 만약 수소 기체를 지금보다 쉽고 싸게 만들 방법을 개발하거나, 수소 기체를 만드는 데 얼마든지 쓸 수 있을 만큼 전기가 남아도는 날이 온다면, 수소경제는 점차 현실이 되어 갈 것이다.

한국에는 수소 기체를 연료 외에 다른 목적으로 사용하는 공장들이 많이 있어서, 이미 수소 기체를 다루는 데 익숙한 기술자들이 많다는 점도 수소경제에 관심이 쏠리는 이유다. 수소 기체는 화학반응을 잘한다. 그래서 여러 화학반응을 필요에 따라 일으켜야 하는 화학 공장에서 다양한 목적으로 수소 기체를 활용하고 있다. 대표적으로 정유 공장에서는 수소 기체의 화학반응을 이용해 기름에 들어 있는 황 등의 이물질을 제거한다. 기름에 황이 섞여 있으면 그 기름을 태울 때 나오는 매연이 더 독해지므로 소비자에게 기름을 팔기 전에 황을 최대한 제거해야 한다. 이를 위해 기름에 수소 기체를 쏘이는데, 그러면 황이 수소 기체와 화학반응을 해서 걸러 내기 좋은 물질로 변한다.

화학반응이란, 원자라는 작은 알갱이들이 한 덩어리로 붙어 있다가 서로 떨어지기도 하고 다시 붙기도 하고 위치를 바꾸기도 하는 과정을 말한다. 우리가 일상생활에서 만나는 물질들을 확대해서 보면 다들 이렇게 아주 작은 알갱이가 아주 많이 모여 서로 연결된 모양으로 이루어져 있다. 예를 들어 물을 어마어마하게 확대해서 살펴볼 수 있다면, 아주 작은 물 알갱이들이 모여 있는 모습을 볼 수 있을 것이다. 이 작은 알갱이 하나의 크기는 1000만 분의 3mm 정도다. 그리고 물 알갱이 하나는 더 작은 알갱이인 산소 원자 하나와 수소 원자 둘이 달라붙어 이루어졌다. 단 한 방울의 물에도 이 같은 물 알갱이가 대단히 많이 들어 있다. 대략 계산해 보면 0.01g의 물방울 속에는 약 1조의 3억 배에 해당하는 개수의 산소 원자와 그 두 배 만큼의 수소 원자가 서로 붙어서 들어 있다.

우리가 친숙하게 접하는 모든 물질은 다 이런 식으로 여러 가지 원자가 여러 가지 방법으로 서로 조합되어 많이 모여 있는 모습이다.

물이 산소 원자 하나에 수소 원자 둘씩이 붙어 있는 물질이라면, 탄소 원자 하나에 수소 원자 넷씩이 붙어 있는 물질은 흔히 메탄가스라고 부르는 메테인methane이다. 이것은 연료로 널리 사용하는 LNG, 즉 도시가스의 주성분이다. 탄소 원자 하나에 산소 원자 둘씩이 붙어 있는 물질은 동물이 호흡할 때 내뿜는 물질인 이산화탄소다. 탄소 원자 여섯 개, 수소 원자 열두 개, 산소 원자 여섯 개가 좀 복잡한 모양으로 서로 붙어 있는 덩어리는 먹으면 달짝지근한 맛이 나는 당분이다. 철이나 구리 같은 고체 덩어리는 수백조 개도 훨씬 넘는 많고 많은 철 원자 혹은 구리 원자들이 끝없이 뭉쳐 있는 거대한 원자 덩어리다. 우리에게 친숙한 온갖 다른 물질들도 크게 확대해서 본다면 대체로 이런 식으로 아주 작은 원자들이 각기 다른 형태로 덩어리져 있는 모습이다.

지금까지 발견한 원자의 종류는 총 118가지다. 그러니까 우리가 아는 한, 세상의 보통 물질들은 이 118가지 원자들이 이리저리 서로 다른 모양으로 조합되어 이루어졌다고 보면 된다.

쉽게 생각하면 118가지 원자 각각의 성질이 어떤지만 알면 온 세상의 모든 물질에 대해서 다 알 수 있을 거라고 상상해 봄직도 하다. 그러나 실제로는 서로 다른 원자들을 조합할 때마다 더 복잡한 성질이 나타나고, 거기에 다시 다른 원자를 하나 더 붙일 때마다 더욱 복잡한 성질이 나타날 수 있다. 그렇기에 단지 재료인 원자들의 성질을 아는 것만으로 세상 모든 물질의 성질을 예상할 수는 없다. 만사가 쉽게 풀려 가지는 않는다는 얘기다. 하지만 적어도 118가지 원자 각각의 성질을 조사하는 일은 세상 모든 것을 알아내는 기본은 된다고 할 수 있다.

그리고 118가지 원자 중에서 가장 가벼우며, 우주가 생긴 뒤에 가장 먼저 생긴 것이 다름 아닌 수소다.

118가지 원자를 대체로 가장 가벼운 것부터 점점 무거운 것 순서로 차례대로 나열하면서, 서로 성질이 비슷한 원자들을 알아보기 쉽게 배치해 놓은 도표가 바로 주기율표periodic table다. 정확하게 말하자면 항상 가벼운 것부터 무거운 것 순서로 적혀 있지는 않으나 대략적인 순서는 그렇다. 주기율표에서는 대체로 아래위로 같은 줄에 있는 원자들끼리, 그러니까 같은 열에 적힌 원

자들끼리는 성질이 비슷하다고 한다. 수소 원자 바로 아래 칸에는 리튬 원자가 적혀 있고, 리튬 원자 바로 아래에는 나트륨이라고도 하는 소듐 원자가 적혀 있는데, 이것은 수소 원자, 리튬 원자, 소듐 원자가 서로 성질이 비슷하다는 뜻이다.

이런 사실은 신기하고도 이상하다. 언뜻 생각하기에 수소, 리튬, 소듐은 별로 비슷한 점이 없어 보인다. 수소는 불을 붙이면 활활 타오르는 수소 기체로 친숙하다. 리튬은 배터리를 만드는 데 사용하는 특수한 금속으로, 비교적 희귀하다. 소듐은 바닷물 속에 넉넉하게 있는 소금을 이루는 원소이며, 리튬에 비하면 훨씬 흔해 보인다. 그런데 왜 주기율표에는 이 원소들이 같은 열에 나열되어 있을까?

수소, 리튬, 소듐의 가장 큰 공통점은 이들 원자가 ⊕전기를 띠기 쉽다는 점이다. 전기에 대한 성질이 어떤지를 중요하게 여기는 이유는 바로 그 성질 때문에 서로 다른 화학반응이 일어나기 때문이다. 즉, 원자가 어떤 전기를 띠느냐에 따라 다른 원자와 붙기도 하고 떨어지기도 하는 다양한 현상이 나타난다. 그래서 무슨 화학반응이 일어나거나 일어나지 않는 이유를 따질 때 전기와 관련지어 설명하는 경우가 무척 많다.

⊕전기는 같은 ⊕전기를 밀어내는 성질이 있고, 반대로 ⊕전기와 ⊖전기는 서로 끌어당기는 성질이 있다. 그 간단한 원리에 의해 여러 원자가 언제 어떻게 어디로 달라붙으려 한다는 복잡한 성질이 결정되곤 한다. 예를 들면 산소 원자는 ⊖전기를 띠기 쉬

운 성질을 약간 갖고 있다. 그렇다 보니 ⊕전기를 띠기 쉬운 수소 원자는 ⊖전기를 띠기 쉬운 산소 원자가 가까이에 있으면 전기의 끌어당기는 힘 때문에 서로 달라붙기 쉽다. 산소 원자 하나에 수소 원자 둘이 달라붙은 물이라는 물질이 이렇게 많이 생겨난 이유도 거슬러 올라가면 여기에 원인이 있다.

나는 대학에 들어가서 처음 본격적으로 화학을 배우면서 이 사실을 알고 좀 황당한 기분이 들었다. 보통 화학이라고 하면 갖가지 성질을 가진 이상한 물질들을 다양하게 섞어서 더 이상한 성질이 있는 약품을 만들어 내는 장면을 상상하지 않는가? 그런데 그런 온갖 복잡한 현상 뒤에 사실은 전등불을 밝히거나 선풍기를 돌리는 전기의 힘이 그 원리로 숨어 있다니, 무엇인가 아주 엉뚱한 영역의 지식이 서로 만나고 있는 느낌이었다.

⊕전기를 잘 띠기 때문에 화학반응을 잘 일으키는 수소의 성질은 영화에서도 확인할 수 있다. 강한 산성 용액으로 위력적인 효과를 내서 사건을 일으키거나 해결하는 장면이 있는데, 여기서 산성 용액이라는 말은 다름 아닌 ⊕전기를 띤 수소가 유독 많이 들어 있는 용액이라는 뜻이다. 영화 〈슈퍼맨 3Superman III, 1983〉 마지막 부분에는 인공지능 컴퓨터가 슈퍼맨을 공격하려고 할 때, 슈퍼맨이 산성 용액을 컴퓨터에 부어서 파괴하는 장면이 나온다. 이때 벌어지는 일이 ⊕전기를 띤 수소가 컴퓨터를 이루고 있는 물질들과 빠른 속도로 화학반응을 일으키는 현상이다. 화학반응의 결과로 컴퓨터를 이루던 물질이 원래 모습과 완전히 다

른 형태로 바뀌면서 컴퓨터가 지글지글 녹아내리는 것이다.

용액의 산성 정도를 나타낼 때는 pH페하라는 단위를 쓴다. 정확한 유래는 알려지지 않았으나 속설에 따르면 pH의 'H'가 수소를 뜻한다고 한다. 처음 들으면 헷갈릴 수 있는데, pH 값은 숫자가 작을수록 용액 속에 ⊕전기를 띤 수소가 많다는 뜻이다. 예컨대 식초는 pH 값이 3 정도이고, 오렌지주스의 pH 값은 4 정도다. 이 말은 오렌지주스 속에 ⊕전기를 띤 수소가 꽤 있기는 하지만, 식초에 비해서는 적다는 뜻이다. 즉, pH 값이 더 작은 식초가 오렌지주스보다 더 강한 산성을 띤다. 참고로 ⊕전기를 띤 수소가 조금밖에 없는 평범한 물의 pH 값은 7이다.

태초의 대폭발로 수소가 생겨 지금까지도 온 우주 곳곳에 남아 있는 까닭에, 사람의 혓바닥에도 수소를 감지하는 능력이 있다. 사람의 혀는 ⊕전기를 띤 수소가 많을수록 더 강한 신맛을 느낀다. 맹물에서는 아무 맛이 안 나지만, 오렌지주스는 새콤하고 식초는 더욱 시게 느껴지는 것은, 오렌지주스와 식초에 ⊕전기를 띤 수소가 그만큼 많이 들어 있기 때문이다. 그러니 어떤 음식에서 신맛을 느꼈다면, 태초에 생긴 수소가 이리저리 우주를 떠돌다가 지금 내 혓바닥까지 온 것으로 짐작해 볼 수 있다.

어느 저녁 풍요로운 만찬에서 유독 새콤한 매실주나 포도주를 마신다면, 한 모금 술에서 느끼는 새콤한 그 맛이 바로 130억 년에서 140억 년 전 대폭발의 맛이겠거니 생각해도 좋겠다.

2

헬륨과 놀이공원

He

고대 그리스에서는 태양을 헬리오스Ἥλιος라고 부르며 신으로 섬겼다. 또 고대 그리스 신화에는 태양신 헬리오스가 하늘에 높이 떠서 온 세상을 비추며 지상의 모든 것을 속속들이 내려다본다는 이야기가 있다. 신화에 따르면 헬리오스는 아름다움의 여신 아프로디테가 남편을 두고 바람을 피우는 장면까지 목격했다고 한다. 태양신은 자기가 본 것을 아프로디테의 남편인 헤파이스토스에게 알려 주고, 대장장이의 신이었던 헤파이스토스는 보이지 않는 덫을 만들어 아프로디테의 침대에 설치했다. 그리하여 아프로디테는 바람피우던 현장을 잡히고, 헤파이스토스는 올림포스의 모든 신 앞에서 아내의 부정을 비난했다고 한다.

세월이 흐르고 흘러 19세기에 이르자 유럽의 과학자들은 신화가 아닌 실제 태양의 모습을 좀 더 자세히 연구할 수 있게 됐다.

분광계spectrometer라는 장치가 발달한 덕분에 빛이 무슨 색깔로 이루어졌는지 정밀하게 나누어 살펴보고 측정할 수 있게 된 것이다. 과학자들은 분광계로 태양 빛을 낱낱이 분해해서 색깔을 살펴보는 데 도전했다.

그런데 어디서나 볼 수 있는 흔한 태양 빛 속에 아주 낯선 색이 섞여 있었다. 태양 빛은 온갖 색깔이 합쳐진 채로 워낙 환하게 내리쬐는 까닭에 정확히 어떤 색깔이 얼마만큼씩 섞여 있는지 얼른 알아차리기 어렵다. 그러나 학자들은 분광계 덕택에 태양 빛 속에서 지상에서는 도무지 찾아보기 어려운 색을 발견했다. 미세한 차이이기는 했으나 지상에서 흔히 볼 수 있는 무언가를 태울 때 나오는 불빛, 여러 가지 물감이나 색소의 색깔, 물체를 뜨겁게 달굴 때 나타나는 색깔 등과는 분명히 다른 색이었다.

이로부터 학자들은 지구에 없거나 아주 희귀한 물질이 태양에 있고, 바로 그 물질의 영향으로 태양 빛에 독특한 색깔 변화가 나타났으리라 짐작하게 되었다. 그리고 태양에 있을 것으로 추정되는 그 물질을 태양신 헬리오스에서 따온 이름으로 부르기로 했다. 이 물질이 바로 모든 원자 중에 수소 다음으로 가벼운 헬륨helium이다. 현대의 연구 결과에 따르면 실제로 지구의 공기 중에는 헬륨이 0.0005%밖에 없지만, 태양은 전체 무게의 약 25%가 헬륨이라고 한다. 지구에는 아주 희귀한 물질이 태양에는 많이 있을 거라는 옛 과학자들의 짐작은 과연 맞아 들었다. 그런즉 헬륨이라는 말은 곧 태양신의 물질이라는 뜻이다.

사실 태양은 전체 무게의 70% 이상을 수소가 차지하고 있으므로 거대한 수소 덩어리라고 할 수 있다. 그런데 수소 원자들은 엄청나게 높은 온도와 압력에서 몇 단계에 걸쳐 서로 합쳐져 헬륨 원자로 변하는 수가 있다. 이런 현상을 원자의 핵끼리 서로 붙는다고 해서 핵융합nuclear fusion이라고 하는데, 핵융합반응이 일어날 때는 강한 빛과 열이 발생한다. 이것은 단순히 수소 원자가 두 개씩 붙어서 수소 기체가 되는 것과는 완전히 다른 현상이다. 수소 원자가 수소 원자라는 모습을 잃어버리고 헬륨이라는 아예 다른 원자로 변해 버린다는 얘기다. 이런 현상은 보통 화학반응보다 훨씬 일어나기 어려워서 대개는 화학반응으로 치지도 않는다.

그러나 크고 무겁고 뜨거운 태양에서는 수소가 핵융합반응을 일으켜 헬륨으로 변하는 현상이 끊임없이 일어난다. 바로 이 때문에 태양이 강한 빛과 열을 사방으로 내뿜는 것이고, 그 덕분에 우리는 환하고 따뜻한 세상에서 살 수 있다. 지상에서는 핵무기nuclear weapon의 힘을 활용해 인공적으로 핵융합반응을 일으킬 수 있는데, 이런 장치를 수소폭탄hydrogen bomb이라고 한다. 어찌 보면 태양이 빛을 내는 현상도 수소폭탄이 끊임없이 폭발하고 있기 때문이라고 볼 수 있다.

태양뿐 아니라 다른 별들도 대부분 이런 식으로 핵융합반응을 일으켜 빛과 열을 내뿜는다. 태양은 약 50억 년 전부터 저토록 뜨겁게 열과 빛을 내뿜고 있다. 그런데도 아직 헬륨이 25%, 수소가

70% 이상인 것으로 미루어 짐작건대, 태양은 앞으로도 한참 더 핵융합반응을 일으키며 밝게 빛날 것이다. 그러는 동안 수소는 차츰 줄고 헬륨은 점점 많아질 것이다. 그런데 우주 전체에서 다른 별들도 모두 태양과 비슷한 과정을 겪을 테니, 우주의 변화 양상을 한마디로 요약하면, 아주 긴 시간에 걸쳐 수소가 점점 줄어들고 헬륨이 조금씩 늘고 있다고 설명할 수 있겠다.

그렇다면 우주에 헬륨은 얼마나 있을까? 연구에 따르면 대폭발로 우주가 처음 생겨난 직후, 그 태초의 순간에 헬륨도 적잖이 생겨났다고 한다. 우주 전체로 보면 대폭발 때 생긴 수소가 가장 많고, 그다음으로 많은 것이 헬륨인데, 지금 우주를 구성하고 있는 원자들의 90%가 수소 아니면 헬륨이라고 한다. 다시 말하면 지구상의 온갖 풍경과 건축물과 귀중품과 동식물과 사람 등등을 이루는 원자 중에서 수소와 헬륨을 뺀 116종의 원자들을 다 합쳐도 우주의 10%에 지나지 않는다는 뜻이다.

태양뿐 아니라 태양계의 커다란 행성들에도 수소와 헬륨이 풍부하다. 목성이나 토성은 전체 무게의 5~10%를 헬륨이 차지할 정도다. 그런데 우주에 이토록 흔한 헬륨이 지구에는 조금밖에 없다. 이 말은 우리가 사는 지구가 그만큼 독특하고 이상하고 드문 행성이라는 뜻이기도 하다. 19세기에 태양 빛을 관찰한 학자들이 헬륨은 지구에 없는 태양의 물질이라고 이름 붙였을 정도이니, 예전에는 우주에 그렇게나 흔한 물질이 세상에 있는지조차 모르고 살았다고 볼 수도 있다.

과학의 발달로 태양에만 있는 줄 알았던 물질을 지구에서도 조금이나마 구할 수 있게 된 요즘, 헬륨은 제법 쓸모 있는 물질로 밝혀져 여러 분야에 이용된다. 최근에는 갑자기 헬륨 가격이 올라 의외로 비싼 값을 치러야만 살 수 있게 된 적도 있었고, 가끔은 나라 간에 헬륨을 서로 차지하려는 경쟁이 벌어질 것 같다는 소식이 들려오기도 한다. 갈수록 헬륨의 용도가 다양해지고 있으니 어쩌면 헬륨을 두고 다투는 일이 점점 잦아질지도 모른다. 이 때문에 어떤 사람들은 헬륨 시세를 보고 돈을 벌기 위해 투자 사업을 벌이기도 한다.

헬륨이 쓸모가 많은 까닭은 특이한 화학반응을 일으키기 때문이 아니다. 정반대로 헬륨은 아무 화학반응을 일으키지 않아서 유용하다. 헬륨은 불을 댕겨도 타오르지 않고, 금속을 헬륨 속에 놓아두어도 녹슬지 않는다. 한마디로 헬륨은 아무 성질이 없는 것이 가장 중요한 성질인 물질이다. 주기율표에서 헬륨과 같은 열에 있는 네온, 아르곤 같은 물질들은 다들 이렇게 화학반응을 거의 일으키지 않는 경향이 있다. 그래서 이런 물질들을 묶어서 비활성기체noble gas라고 부르는데, 그중에서도 헬륨은 심하게 아무 화학반응도 일으키지 않는 편이다.

놀이공원에서 어린이들의 눈길을 사로잡는 풍선에 헬륨을 넣는다. 수소 기체와 헬륨 기체는 공기보다 가벼워서 이런 물질을 풍선에 넣으면 풍선이 하늘로 둥둥 떠오른다. 모처럼 놀이공원에 온 어린이들은 신기하고 재밌는 헬륨 풍선을 들고 다니고 싶어 한다. 색깔도 모양도 화려한 헬륨 풍선을 발견한 아이들이 "나도 저거 하나 사 줘." 하며 부모를 조르는 모습이나 풍선을 손에 쥐고서 기뻐하는 모습, 실수로 놓친 풍선이 하늘 높이 올라가 버려 안타까워하는 모습 등을 놀이공원에서는 자주 볼 수 있다.

세상에서 가장 가볍고 흔한 원자는 수소다. 게다가 수소 기체는 물과 같이 흔한 다른 물질에서 대량으로 만들어 내는 방법이 있으니 구하기도 쉽다. 그런데 왜 풍선에 수소를 넣지 않을까? 수소 기체는 화학반응을 잘하기 때문이다. 행여 수소 기체를 넣은 풍선에 불씨가 닿기라도 한다면 단숨에 불길이 번지며 타오를 것이다. 무엇인가가 불타는 현상은 대표적인 화학반응이다. 쉽게 불이 붙는 물질을 어린이들이 갖고 노는 풍선에 넣는 것은 위험하다.

영화 〈인디아나 존스: 최후의 성전Indiana Jones And The Last Crusade, 1989〉에는 거대한 풍선에 매달려 하늘을 날아다니는 비행선이 등장하는데, 실제로도 1930년대에 값싼 수소 기체를 풍선에 넣어 거대한 비행선을 운항하는 회사들이 있었다. 그러다가 1937년, 힌덴부르크Hindenburg 비행선 참사처럼 수소 기체에 불이 붙는 큰 사고가 발생한 적도 있다. 이후 얼마 지나지 않아 수소 기체를 넣은 비행선은 화재 위험 때문에 결국 사라지고 말았다.

헬륨은 이런 사고의 위험이 없다. 불씨 때문에 불이 붙기는커녕, 어지간한 온도와 압력을 가해도 아무 변화를 일으키지 않는다. 따라서 헬륨을 넣은 풍선은 아이들이 갖고 놀기에 적합하다.

하지만 지구에는 헬륨이 너무 귀해서 수소보다 훨씬 비싸고 구하기도 어렵다. 만약 우리가 사는 행성이 우주의 다른 지역처럼 헬륨이 흔한 곳이었다면 세상에 널리고 널린 헬륨을 얼마든지 가져와서 마음껏 풍선을 띄우고 놀았을 것이다. 게다가 풍선을 얼마든지 크게 만들 수 있으니 누구나 하늘로 떠올라 자유롭게 날아다니고, 여러 시설이 공중에 붕 떠 있으며, 사람들이 풍선을 타고 날아다니는 것을 당연히 여기는 문화가 발달했을지도 모를 일이다.

그러나 지구에서 헬륨을 구하려면 땅속 깊은 곳에 생긴 틈 같은 곳에 우연히 갇힌 기체를 캐내고, 그 기체에서 헬륨만을 뽑아내는 방식으로 겨우겨우 얻는 수밖에 없다. 그러니 헬륨의 가격이 비쌀 수밖에 없다. 남한에서 북한으로 전단을 보내는 사람들도 과거에는 풍선을 띄울 때 헬륨을 사용했는데, 값이 너무 비싸서 이제는 수소 기체를 풍선에 넣은 후 전단을 매달아 하늘에 띄운다고 한다. 그러다 보니 요즘은 대북 전단 살포에 반대하는 사람들이 수소 기체를 사용하면 화재 위험이 있다고 지적하기도 한다.

놀이공원에서 어린이의 눈길을 붙들어 풍선 사 달라고 떼쓰게 만드는 효과 말고도 헬륨은 공업에 유용하게 쓰인다. 물론 이 경우에도 헬륨에 아무 성질이 없다는 특징, 그러니까 아무 화학반응을 일으키지 않는다는 점이 중요하게 작용한다.

매우 정밀한 가공작업을 하거나 높은 열을 가해야 하는 작업장을 생각해 보자. 세밀하게 뭔가를 만들어야 하는데 화학반응을 잘하는 물질이 주변에 나돌고 있으면 불필요한 화학반응이 일어나 재료가 손상될 수 있다. 예를 들어 10만 분의 1mm 정확도로 재료를 깎아서 제품을 만드는 반도체 공장에서는 재료가 평범한 공기에 노출되어 아주 조금 녹슬기만 해도 제품을 망칠 수 있다. 또 강한 열이나 전기를 가하는 기계로 제품을 만들 때는 높은 열 때문에 재료에 불이 붙거나 원하지 않는 화학반응이 일어날 염려가 있다. 바로 이럴 때, 제조 시설에 헬륨을 불어 넣어 주면 주위가 헬륨으로 가득 차 불필요한 화학반응을 일으킬 대상이 아예 없는 깨끗한 환경이 마련된다. 당연히 재료에 불이 붙지도 않는다. 실제로 한국의 반도체 공장에서는 헬륨을 사다가 제조 시설에 꼬박꼬박 불어 넣는다고 한다.

비슷한 방식으로 로켓 엔진에도 헬륨이 쓰인다. 불에 타는 물질도 아니고 폭발하는 물질도 아닌 헬륨이 로켓 발사하는 데 무슨 쓸모가 있을까 싶기도 하겠지만, 엔진 작동 방식에 따라 헬륨을 이용하는 부품이 결정적인 역할을 하는 경우가 있다.

한국의 누리호 로켓은 석유에서 뽑아낸 케로신을 빠르게 터뜨리면서, 그 터지는 힘으로 날아오르도록 설계되었다. 이런 로켓은 연료통에서 연속적으로 연료를 내보내야 하고, 그것이 필요한 위치에서 알맞게 터져야 한다. 그런데 로켓을 발사할 때는 자칫 연료가 터지는 힘이 거꾸로 거슬러 올라와서 로켓 몸체 내부에 불길이 밀려들 위험이 있다. 이렇게 되면 로켓이 제대로 날아오르지 못할 뿐 아니라, 잘못하면 연료통 전체에 불이 붙으면서 로켓이 박살 날 수도 있다.

이런 사고를 예방하려면 로켓 내부의 배관에서 물질들이 원하는 방향으로 흐르도록 다른 강한 힘으로 막아야 한다. 누리호 로켓은 이 같은 장치를 만드는 데 액체헬륨liquid helium을 사용한다. 헬륨은 평상시에 기체 상태지만, 아주 차게 식혀서 높은 압력으로 꾹꾹 눌러 담으면 액체로 만들 수 있다. 이처럼 높은 압력으로 헬륨을 담아 두었다가 필요할 때 뚜껑을 열고 강하게 튀어나오도록 밀어붙여서 배관을 뚫어 주는 것이다. 강한 힘으로 헬륨을 불어 넣어 다른 연기가 거슬러 올라오지 못하도록 밀어 준다고 봐도 좋다. 이런 일에 헬륨이 아닌 다른 물질을 사용한다면, 로켓 연료가 터질 때 생기는 높은 압력과 온도 때문에 스스로 화학반응을 일으켜 자기 자신까지 불타 버릴지도 모른다. 헬륨은 워낙에 아무 화학반응도 일으키지 않는 물질이다 보니 로켓이 불을 뿜는 한가운데에 불어 넣어도 별 영향을 받지 않는다.

최근에는 액체헬륨을 이용해 뭔가를 아주 차갑게 만드느라 헬륨을 찾는 곳이 늘고 있다. 어떤 물질이 액체 상태라는 것은 그 물질을 이루고 있는 알갱이들이 서로 어느 정도 들러붙은 상태라는 뜻이다. 그래서 액체 상태의 물질은 눈에 보이는 형체를 이룬다. 물방울 모양을 이루기도 하고, 컵에 담아 두면 컵 모양대로 자기들끼리 뭉쳐 있다. 이와 달리 기체 상태의 물질은 아주 작은 알갱이 하나하나가 따로 떨어져 제각기 날아다니고 있다.

그런데 헬륨은 워낙에 아무 화학반응을 일으키지 않는 성질을 띤 까닭에 자기들끼리도 잘 반응하지 않는다. 그래서 액체로 만들기가 어렵다. 수은은 온도가 356.7℃ 이하로 내려가기만 해도 원자들이 서로 들러붙어 액체가 된다. 아무리 더운 날씨라도, 심지어 물이 펄펄 끓는 온도가 되어도 수은은 항상 액체 상태로 찰랑거리며 컵에 담겨 있다. 그렇지만 헬륨은 어지간해서는 항상 기체 상태다. 웬만큼 온도를 낮추어도 헬륨은 서로 달라붙지 않는다. 평범한 1기압에서 날아다니던 헬륨 원자들이 서로 들러붙어 액체가 되게 하려면 온도를 영하 269℃까지 낮추어야만 한다. 이론상으로 세상의 그 어떤 물질이라 할지라도 영하 273℃ 이하로는 내려갈 수 없다는 한계가 있다. 헬륨 원자는 상상할 수 있는 가장 낮은 온도의 한계보다 겨우 4℃ 높은 온도까지 내려가야만 그제야 흩어져 날아다니는 상태를 멈추고 원자들끼리 들러붙기 시작한다는 뜻이다.

액체로 만들기 위해 이렇게까지 극단적으로 온도를 낮춰야 하는 물질이다 보니, 일단 액체로 만든 헬륨을 뿌리면 주변 온도 역시 아주 낮게 만들 수 있다. 게다가 헬륨은 화학반응을 일으키지 않으므로 재료에 미칠 영향을 걱정하지 않고 냉각 작업에 마음껏 이용할 수 있다.

차갑게 만든다는 점에만 초점을 맞춘다면, 산소처럼 좀 더 흔한 물질을 액체로 만들어 냉각 작업에 사용할 수 있기는 하다. 하지만 어떤 물질에 산소를 마구 뿌렸다가는 그 물질이 산소와 화

학반응을 일으켜 성질이 변할 수 있다. 특히 산소는 무엇인가가 불타는 반응의 원인이 되는 물질이므로, 어떤 물질을 차게 식힌답시고 액체산소를 뿌리다가 잘못하면 큰불이 날 수 있다.

헬륨보다 흔하고 값싼 액체질소도 뭔가를 아주 차갑게 만들 때 많이 쓰인다. 하지만 액체질소보다 액체헬륨을 사용할 때 더욱 더 낮은 온도를 만들 수 있는 까닭에 특별하게 낮은 온도 조건이 필요하다면 돈을 더 들여서라도 액체헬륨을 써야만 한다. 그래서 아주 낮은 온도가 필요한 특수 장비나 특수 실험을 할 때는 반드시 헬륨을 사용해야 하는 상황이 생긴다. 특히 매우 낮은 온도에서 전기저항이 사라지는 초전도superconductivity 현상을 활용해야 할 때 헬륨은 단골로 등장한다.

요즘 액체헬륨이 특히 많이 쓰이는 곳은 병원에서 사람의 몸속을 살펴볼 때 사용하는 자기공명영상, 즉 MRI다. MRI를 작동하려면 자석을 이용해 강한 자기장을 만들어 내야 하는데, 이런 강력한 자석을 작동하려면 온도를 아주 낮게 유지해야 한다. 그리고 MRI의 자석 온도를 낮추기 위해서는 MRI 장비에 액체헬륨을 충분히 넣어야 한다. 가끔 MRI 장비에 헬륨을 넣다가 실수해서 액체헬륨이 새는 일이 생기기도 하는데, 헬륨 온도가 너무 낮다 보니 주위에 온통 김이 자욱해진다. 상황을 모르고 멀리서 이 장면을 보면 마치 화재로 연기가 난 것으로 오해하기 쉬워서 사람들이 대피하는 소동이 생길 때도 있다.

MRI를 이용해 누군가의 몸에서 종양이나 암을 찾아내 제때 치료하고 건강을 회복했다면, 그 사람의 목숨을 구하는 데 헬륨도 한몫했다고 말할 수 있다. 이런 일은 순전히 과학기술이 발전한 결과지만, 한편으로는 태양신의 숨결이 그 사람을 살렸다고 문학적으로 표현해 볼 수도 있겠다.

MRI 장비는 병원마다 점점 더 늘고 있다. 또 반도체 공장처럼 헬륨을 사용해야만 하는 정밀 공장도 더욱 늘어나는 추세다. 한국은 매년 1,000~2,000t에 이르는 헬륨을 수입한다. 그래서인지 헬륨을 아껴 써야 한다는 이야기도 점점 자주 들리는 것 같다.

앞으로 헬륨을 꼭 써야만 하는 곳이 더 늘고, 반대로 헬륨을 캐낼 수 있는 곳은 더 줄어들다 보면 미래에는 지금보다 훨씬 더 헬륨을 아껴 써야 할지도 모른다. 그리고 놀이공원 같은 곳에서 그저 재미로 갖고 노는 헬륨 풍선은 더 볼 수 없는 시대가 찾아올 가능성도 있다. 혹시 놀이공원에서 헬륨 풍선을 갖고 노는 어린이를 본다면 이 시대에만 볼 수 있는 특별한 풍경을 본 것일 수도 있다. 만약 그런 생각이 든다면, 기왕 헬륨을 귀하게 생각하는 김에, 바로 그 풍선 속에 태양신 헬리오스의 숨결이 들어 있다고 상상해 봐도 좋겠다.

3

Li

lithium

리튬과 옛날 노래

Li

옛날에 좋아했던 노래들을 찾아 듣노라면 시간이 잘 간다. 이 노래 저 노래 듣다 보면 또 다른 노래가 떠오르고, 한 가수의 노래를 듣다가 그의 라이벌이었던 가수의 노래로 넘어가는가 하면, 같은 시기에 유행했던 또 다른 노래로 범위를 넓히면서 비슷하게 분류되는 여러 음악을 찾아 듣게 된다. 요즘에는 컴퓨터가 인공지능으로 사용자의 재생 목록을 분석해서 좋아할 만한 음악을 추천해 주기도 하니 듣고 싶은 노래 목록은 끝이 없다.

어릴 적에 아버지께서는 FM 라디오로 음악 듣기를 좋아하셨는데, 그 덕분에 나도 종종 고전음악을 듣게 되었다. 이 세상에 베토벤 교향곡 5번이니 6번이니 하는 음악이 있다는 사실을 알게 된 것도 그 시절 라디오를 통해서였다. 그러다가 하루는 베토벤 교향곡 5번, 6번이 있으니 1번, 2번, 3번, 4번도 있지 않을까 하는 데 생각이 미쳤는데, 알고 보니 정말 그랬다. 심지어 9번까지 있었다. 그렇다면 누군가는 베토벤 교향곡 1번부터 9번까지 전곡이 녹음된 음반을 모두 사 놓고 집에서 차례차례 들어 볼 수도 있겠구나 싶었다. 그 정도로 부유하고 여유로운 사람이 세상에 몇이나 있을까? 자기 집 서재에 베토벤 교향곡 음반이 전부 꽂혀 있는 사람이라니.

그런데 나는 며칠 전에 요즘은 그 정도 호사를 아무나 누려 볼 수 있다는 사실을 알게 되었다. 요즘 인터넷 사이트에서는 무료 혹은 아주 싼 값으로 어지간하면 무슨 노래든 그냥 들어 볼 수 있다. 음질도 좋다. 상상할 수 있는 최선은 아닐 수도 있지만, 아버지께서 들으시던 FM 라디오보다는 더 좋은 음질인 것 같다. 별 대단한 부자가 아니라도 듣고 싶은 음악을 듣고 싶을 때 듣는 정도는 이제 언제 어디서든 그리 어렵지가 않다.

갑자기 그 사실을 알고 나니 뭔가 굉장한 행운을 얻은 듯한 기분이 되었다.

그래서 나는 지난 일요일 아침에 당장 인터넷으로 베토벤 교향곡 1번을 찾아 들었다. 다 끝나면 2번, 그게 끝나면 3번 교향곡을 순서대로 들었다. 그렇게 9번 교향곡까지 다 들었는데, 그 모든 일을 하는 데 하루밖에 걸리지 않았다. 사람의 온갖 희로애락을 담은 음악을 세계 최고라고 하는 수십 명의 음악가가 몇 날 며칠 동안 연습해서 온 힘 다해 연주한 것을 줄줄이 계속 듣는데, 그저 집 소파에 편하게 앉은 채로 손가락만 조금 움직이면 충분했다.

베토벤 교향곡 8번은 전체가 25분 정도밖에 되지 않는 짧은 곡이라는 사실도 지난 일요일에 처음 알았다.

당연한 듯이 이런 문화를 즐기다가도 가끔은 도무지 알다가도 모르겠다는 느낌이 들기도 한다. 공짜라고 생각했던 맹물을 돈 주고 사 마시는 일이 이렇게 당연한 세상이 됐는데, 한편으로는 세상의 온갖 좋은 음악들을 무료나 다름없는 값으로 듣는 일도 당연한 세상이 됐으니 말이다. 다른 건 몰라도 세상이 이렇게 빠르게 변하는 데 리튬lithium이 큰 역할을 한 것만은 틀림없다.

바로 한 세대 전만 해도 리튬은 많은 사람에게 아주 낯선 물질이었다. 어디에 쓰는 것인지도, 어떻게 생긴 것인지도 모르는 사람이 대다수였다. 그저 주기율표에 그런 원소가 적혀 있으니 학창 시절 화학 수업 시간에 이름만 알고 지나갈 뿐이었을 것이다. 한마디로 리튬은 별 인기도 없고 인상적일 것도 없는 물질이었다. 그렇지만 요즘 대다수 사람에게는 리튬이라는 말이 친숙하다. 리튬 원자가 들어 있는 재료를 이용해서 배터리를 만든다는 사실이 널리 알려졌기 때문이다.

리튬 원자는 전자를 잃고 ⊕전기를 띠는 상태로 쉽게 변하는 성질이 있다. 리튬을 이용한 배터리는 간단히 말해 리튬 원자가 ⊕전기를 잘 띤다는 점을 이용해서 그 전기를 뽑아 쓰는 장치라고 보면 된다.

수많은 리튬 원자가 한 덩어리로 뭉쳐 있으면 쇳덩이처럼 보이는데, 이런 금속 모양의 리튬 덩어리를 이용하는 배터리를 배터리업계에서는 리튬배터리lithium battery라고 부르는 경우가 많다. 그리고 단순히 리튬 원자만으로 이루어진 덩어리가 아니라, 리튬 원자와 다른 원자를 붙여서 좀 더 사용하기 좋은 물질을 만든 다음, 그 물질이 전기를 띠는 상태로 변할 수 있다는 점을 이용해서 전기를 생산하는 배터리를 리튬이온배터리lithium ion battery라고 부른다. 원재료는 조금 다르지만, 둘 다 리튬 원자가 ⊕전기를 띠는 상태로 쉽게 변하는 성질을 활용하기는 마찬가지다.

리튬을 이용하는 배터리의 가장 큰 장점은 작고 가볍다는 점이다. 리튬은 세상 모든 원자 중에 수소, 헬륨 다음으로 평균 무게가 적게 나가는 원자다. 그런데 수소나 헬륨 원자는 지구상에서는 어떻게 모아 봐도 대개 기체 상태의 물질이 되는 탓에 뭔가 덩어리진 모양을 만들기가 어렵다. 따라서 일정한 형태를 갖출 수 있는 물질 중에서는 리튬이 가장 가볍다. 즉, 지구상에서 리튬 덩어리보다 더 가벼운 덩어리는 없다.

가볍다는 사실을 제외하면 수소, 헬륨, 리튬은 모두 성질이 확연히 다르다. 그런데 따지고 보면 이 원자들의 차이는 원자핵에 양성자가 몇 개 있느냐 하는 것밖에 없다. 양성자가 한 개만 있으면 수소 원자가 되어 불에 잘 타는 물질이 되기 쉽지만, 똑같은 양성자인데도 두 개가 꼭 붙어 있으면 헬륨 원자가 되어 아무런 화학반응을 일으키지 않는 성질을 갖게 된다. 마찬가지로 수소 원자를 이루고 있는 것과 똑같은 양성자가 한 개가 아니라 세 개가 달라붙어 있으면 리튬 원자가 되는데, 그러면 또 성질이 달라

져서 이번에는 금속 덩어리가 되기 쉽다. 양성자는 다 똑같은데, 그것이 몇 개씩 뭉쳐 있느냐에 따라 어쩌면 이렇게도 성질이 확 달라진단 말인가? 이것은 마치 아이스크림 가게에서 컵에 아이스크림을 한 숟갈 담았을 때는 분홍색인데, 같은 아이스크림을 두 숟갈 담으면 색깔이 까맣게 변하고, 세 숟갈째 담으면 아이스크림이 춤을 추기 시작한다는 이야기와 비슷하다.

현대 화학에서는 그 까닭을 양자quantum 이론과 전자의 움직임으로 설명한다. 이해하기 어렵지만, 양자 이론에 따르면 아주 작은 물질은 움직이는 속도가 특정한 단계로만 빨라지거나 느려질 수 있다.

예컨대 우리가 아는 보통 자동차는 시속 50km로 달릴 수도 있고, 시속 100km로 달릴 수도 있고, 운전자가 조절하는 대로 시속 63, 75, 87km 등 어떤 속도로든 다 달릴 수 있다. 하지만 원자처럼 아주 작은 물질의 세계에서는 이런 일이 불가능해서, 시속 50km로 달리다가 더 빨리 가려고 하면 중간 단계 없이 곧장 시속 100km로 달리게 되고, 시속 100km에서 더 느리게 가려고 하면 다시 확 건너뛰어서 시속 50km로 달리게 된다. 그 중간 속도로는 달릴 수 없다. 텔레비전 음량을 디지털 리모컨으로 조절할 때, 소리 크기가 5일 때는 너무 작은 것 같고 6일 때는 너무 큰 것 같은데, 그 중간으로는 절대 조절할 수 없는 상황을 떠올리면 비슷하다.

원자 속에는 ⊕전기를 띤 양성자도 있고, ⊖전기를 띤 전자도 있다. 이런 것들이 하나도 아니고 여러 개가 있으며, 빠른 속도로 움직이고 있다. 그러면서 ⊕전기를 띤 양성자는 ⊖전기를 띤 전자를 끌어당기려 하고, ⊖전기를 띤 전자끼리는 서로 밀어내려 한다. 이 같은 성질들이 서로 얽히면 원자 속에서 전자가 움직이는 모양이 대단히 복잡해진다. 그렇게 복잡한 상황에서도 전자는 여전히 단계적으로 빨라지거나 느려질 수밖에 없어서, 양성자가 하나씩 늘 때마다 전자들의 움직임은 극적으로 이상하게 달라진다.

예를 하나 들자면 수소나 헬륨 원자 속에 들어 있는 전자는 원자 내부 공간을 그냥 돌아다니기만 하면 되는데, 리튬의 전자 중에는 돌아다니다가 마디node라고 부르는 공간에서 순간 이동 비슷한 움직임을 해야 하는 경우까지 발생한다. 이처럼 전자의 움직임에 큰 차이가 있으면 전자가 다른 전자를 밀어내거나 원자에서 떨어져 나오는 등의 현상이 다르게 일어나 화학반응을 일으키는 성질도 달라지는 경우가 많다. 다시 말해, 움직이고 있는 전자의 속도가 빨라지거나 느려지는 정도는 양자 이론에 따라 아주 이상하게 바뀌므로, 전자를 끌어당기고 있는 양성자 개수가 한두 개만 달라져도 원자의 성질이 확연히 달라진다. 100종이 넘는 세상 모든 원소 간의 차이는 원자의 핵에 양성자가 몇 개 들어 있는지 그 개수의 차이밖에 없다. 그런데도 같은 원리로 서로 다른 원소는 전혀 다른 성질을 띠게 된다.

이런 사정에 따라 리튬은 아주 가벼운데도 금속이 될 수 있다.

그리고 리튬 자체가 가벼우니 리튬으로 만든 배터리는 당연히 다른 재료를 쓴 것보다 더 가볍다. 배터리를 만드는 재료 중에 자동차 배터리에 많이 쓰이는 물질로는 납이 있는데, 납 원자 하나의 무게와 리튬 원자 하나의 무게를 비교하면, 리튬이 납의 30분의 1밖에 되지 않을 정도다.

리튬을 이용해 만든 배터리가 작고 가볍다는 말은 다른 재료로 만든 같은 크기의 배터리보다 더 오래가고 더 강한 힘을 낼 수 있다는 뜻이다. 바로 그 덕택에 세상이 빠르게 변해 오늘에 이르렀다.

앞서 음악 이야기가 나왔으니 스마트폰부터 생각해 보자. 누구나 가지고 다닐 수 있으면서 인터넷 통신 기능도 갖춘 컴퓨터를 만들고자 하는 생각은 사실 꽤 예전부터 널리 퍼져 있었다. 그런데 성능이 뛰어난 컴퓨터는 전기를 많이 쓰기 마련이라 그만큼 배터리가 빨리 닳았다. 그래서 배터리를 키웠더니 기계가 너무 크고 무거워져서 들고 다니기에 불편했다. 무거워질수록 떨어뜨렸을 때 박살 날 위험이 더 커진다는 것도 문제였다. 그렇다고 다시 작은 배터리를 달자니 인터넷으로 이것저것 찾아보고, 전화 통화 좀 하고, 문자메시지 좀 주고받다 보면 금방 배터리가 다 닳아서 마음껏 사용할 수가 없었다. 이러지도 저러지도 못하던 차에 가볍고 오래가는 리튬이온배터리가 개발되었다. 그러자 스마트폰은 순식간에 실용적이고 편리한 물건으로 거듭났고, 이전의 휴대전화를 빠르게 대체해 버렸다.

사람들이 너도나도 스마트폰이라는 컴퓨터를 손에 쥐고 다니면서 언제 어디서나 인터넷에 접속할 수 있게 되자, 거기에 맞춰 갖가지 새로운 문화가 등장했다. 캐릭터를 조종해 괴물을 물리치는 게임을 무료로 제공하면서 중간중간에 광고를 끼워 넣어 돈을 버는 사람이 생겼는가 하면, 집에서 음식 먹는 모습을 촬영해서 그 영상을 다른 사람들에게 보여 주는 것으로 생계를 꾸리는 사람이 등장하기도 했다. 베토벤 교향곡 전곡을 누구나 무료로 들을 수 있는 문화도 이런 과정에서 탄생했지 싶다.

몰라보게 좋아진 배터리 성능을 등에 업고 세상을 바꿔 버린 물건은 스마트폰 말고도 더 있다. 최근 드론들이 이렇게나 많이 하늘에 날아오를 수 있게 된 까닭도 반쯤은 리튬 덕분이다. 성능 좋은 새로운 프로펠러를 개발했다거나 물체를 공중으로 높이 띄우기 위한 새로운 물리 이론을 발견한 것이 아니다. 단지 가볍고 오래가는 배터리가 세상에 나온 덕분에 더 많은 드론이 더 오래 날아다닐 수 있게 된 것이다. 미래에 유망하다는 온갖 로봇 기술도 마찬가지다. 로봇이 콘센트 곁을 떠나 이곳저곳 돌아다니면서 일을 하려면 가볍고 오래가는 배터리를 달고 있어야 한다.

이렇게 배터리는 당장 눈에 띄지는 않지만 알고 보면 현대의 모든 전자기술과 IT산업을 바탕에서 떠받치고 있는 받침대와 같다. 배터리 없이는 드론도 없고 로봇도 없다. 배터리 성능이 좋아서 멀리, 오래 타고 다닐 수 있다고 광고하는 전기자동차들은 말할 것도 없다.

〈블레이드 러너Blade Runner, 1982〉나 〈빽 투 더 퓨처 2Back To The Future Part 2, 1989〉 같은 영화에는 날아다니는 자동차가 많이 등장하는데, 〈블레이드 러너〉의 배경인 미래 시대는 대략 2019년이었고, 〈빽 투 더 퓨처 2〉의 배경인 미래 시대는 2015년이었다. 영화 속의 미래 시대가 다 과거 시대가 돼 버린 것이 요즘 시대인데, 아직은 영화처럼 자동차들이 대수롭지 않게 하늘을 날아다니는 시대가 못 되었다. 그렇지만 앞으로 배터리 성능이 더 좋아져서 더 가볍고 더 강한 힘을 내는 자동차를 만들 수 있게 되면 어느 정도 비슷한 것을 기대해 볼 수 있지 않을까? 성능 좋은 배터리는 프로펠러를 더 강하게 돌릴 것이고, 마침내 사람을 태우고 하늘을 나는 자동차도 점차 실용화될 것이다. 그러면 스마트폰이 그랬던 만큼 세상 풍경을 또 바꿔 놓을지도 모르겠다. 리튬이온배터리가 등장한 뒤로 그리 길지 않은 시간이 흐르는 동안 배터리를 이용하는 모든 제품이 얼마나 가벼워지고 안전해지고 값이 싸졌는지를 생각하면, 그런 미래를 기대하는 것도 아주 허황하지는 않을 듯하다.

리튬이온배터리의 구조를 간략하게 설명하면, 리튬 원자를 포함한 몇 가지 물질을 조합하고 탄소 같은 다른 물질도 같이 연결한 뒤에 여러 성분을 섞은 액체를 담은 통 안에 잘 넣어 둔 모양이라고 할 수 있다. 이 장치에 전기를 흘리면 리튬 원자가 전자를 잃고 삭아 나가면서 ⊕전기를 띤 상태로 변해 통 안의 액체에 섞여 든다. 이것이 바로 배터리를 충전하는 과정이다. 충전한 전기를 사용하려면 ⊕전기를 띤 리튬이 전기를 내뿜게 하면 된다. 비유하자면 사람 몸에 피가 돌 듯이, 스마트폰의 배터리 속에는 ⊕전기를 띤 리튬이 돌고 있다고 보면 된다. 전기를 띤 상태의 리튬이 전기를 내놓고 다시 전기를 안 띤 상태로 되돌아가는 과정이 결국 배터리가 전기를 내뿜는 과정이다. 이 현상이 꾸준히 일어날 수 있게 꾸며 두면 배터리로 쓸 수 있다.

상업적으로 활용할 수 있는 리튬이온배터리를 최초로 개발한 나라는 일본이다. 1990년대 초 일본에서 리튬이온배터리를 개발하는 데 결정적인 공을 세운 요시노 아키라吉野彰는 미국의 존 굿이너프John B. Goodenough, 영국의 스탠리 위팅엄M. Stanley Whittingham과 공동으로 2019년에 노벨상을 받았다. 참고로 노벨상 수상자 중에서 존John이라는 이름을 가진 사람은 서른 명이 넘는다. 이와 달리 아시아권에서는 같은 이름을 가진 수상자가 매우 드문데, 아키라라는 이름의 수상자는 두 명 있다. 또 다른 아키라는 2010년에 노벨상을 받은 스즈키 아키라鈴木章이며, 두 아키라 모두 노벨 화학상을 받았다.

한국 기업에서는 1990년대 말에 리튬이온배터리를 생산하기 시작했는데, 이 정도면 일본을 제외하고 거의 세계에서 가장 먼저 상업적 리튬이온배터리 생산에 성공했다고 볼 수 있다. 이후로 한국의 리튬이온배터리 생산량은 꾸준히 증가했다. 물량을 어떻게 계산하느냐에 따라 조금 달라지기는 하지만, 세계에 유통되는 리튬이온배터리 중에 적게는 10%에서 많게는 40% 정도

가 한국 공장에서 만들어진 제품이라고 보면 대충 들어맞을 것이다. 이에 따라 한국의 리튬이온배터리 공장들은 그 원료인 리튬을 구하기 위해서도 애쓰고 있다. 그러나 안타깝게도 세상 온갖 기계에 전기를 공급할 수 있는 리튬은 그렇게 흔한 물질이 아니다.

리튬은 ⊕전기를 쉽게 띠는 만큼 화학반응을 무척 잘하는 물질이다. 그저 물과 닿기만 해도 쉽게 화학반응을 일으키며 녹아들 정도다. 그러니 설령 어디엔가 리튬이 많이 있다고 해도 비가 오고 냇물이 흐르면 리튬은 그냥 녹아서 흘러가 버릴 것이다. 그래서인지 리튬을 쉽게 구할 수 있는 곳은 대개 사막 지역이다. 비가 잘 오지 않는 사막이라면 아무래도 리튬이 물에 녹아 버리는 일도 훨씬 덜 일어날 것이다.

세계적으로 유명한 리튬 산지는 아르헨티나, 칠레, 볼리비아 등 남아메리카의 사막 지역이다. 이 지역에 리튬 성분을 함유한 광물이 많은 편이라고 한다. 리튬이온배터리가 개발되고 이를 이용하는 스마트폰이나 전기자동차가 많이 생산되기 전에는 사막 한복판 돌덩이 속에 있는 물질이 이 정도로 귀한 자원이 되리라고는 아무도 생각지 못했을 것이다. 그러다가 기술의 발달로 세상이 바뀌면서 메마른 사막에 있던 돌멩이들이 갑자기 스마트폰과 전기자동차에게 먹일 밥과 떡이 된 셈이다.

한국 공장들이 리튬이온배터리를 제조하느라 수입하는 자원의 양은 매년 수만 톤에 이른다. 그래서 몇 년 전, 볼리비아의 후

안 에보 모랄레스 아이마Juan Evo Morales Ayma 대통령이 한국을 방문했을 때 일부러 배터리 제조 공장에 찾아가 리튬을 이용해 제품 만드는 공정을 직접 보고 가기도 했다. 한국에서 볼 때 남아메리카는 지구 반대편 지역이라서 사람이 사는 곳 중에서는 이 땅에서 가장 멀리 떨어진 곳이라고 할 수 있다. 과거에는 그 먼 나라들이 한국인의 삶과 무슨 큰 관련이 있을까 싶었겠지만, 앞으로는 점점 한국과 남아메리카 여러 나라와의 관계가 돈독해질 수밖에 없을 것이다. 양쪽이 협력해 리튬이온배터리를 더 잘 만들어 내야만, 더 신기한 전화기를 움직이고 하늘을 나는 자동차를 띄울 수 있다. 이러한 추세에 따라 한국의 한 회사는 2021년, 수입한 광석에서 리튬을 추출하는 대규모 공장을 전라남도 광양에 추가로 건설하기 시작했다.

한편 좀 엉뚱한 방향으로 물에 녹아 흘러간 리튬을 되찾겠다는 생각을 한 사람들도 있었다. 물에 녹은 리튬이 흐르고 흐르면 결국 바다로 갈 것이니 바닷물에도 리튬이 조금씩은 있을 수밖에 없다. 지금까지 조사된 바로는 바닷물 1ℓ에 들어 있는 리튬의 양은 0.0002g 정도라고 한다. 8t 트럭 한 대 분량의 바닷물에서 리튬을 모두 골라내도 2g이 채 안 되는 정도의 양이다. 만약 리튬이 10g 들어가는 작은 배터리를 만들기 위해 바닷물에서 리튬을 골라낸다면, 적어도 8t 트럭 여섯 대 분량의 바닷물을 다 훑어야 한다는 뜻이니 쉬운 일은 아니다. 그렇지만 행여 육지에서 구할 수 있는 리튬을 다 써 버린다거나, 갑작스러운 사건으로 리튬 가격

이 너무 오르기라도 한다면 언젠가는 이런 기술을 개발해서 리튬을 구해야 할지도 모른다. 이 때문에 2011년에는 강원도 강릉의 바닷가에 해수리튬연구센터라는 이름으로 바닷물에서 리튬을 추출하는 연구를 하기 위한 시험 장치를 건설하기도 했다.

리튬이 본격적으로 관심을 끈 것은 리튬을 이용한 상업적 배터리가 등장한 1990년대부터였지만, 인류가 리튬을 발견한 역사는 제법 오래됐다. 보통 스웨덴의 화학자 요한 아우구스트 아르프베드손Johan August Arfwedson이 리튬을 처음 발견한 장본인으로 언급된다. 그가 리튬을 발견한 때는 지금으로부터 200년이 넘는 세월을 거슬러 올라간 1817년이다. 아르프베드손은 여러 가지 원자를 많이 함유한 엽장석이라는 돌을 연구하다가 그 돌에서 화학반응을 잘하는 특이한 금속 성분을 뽑아낼 수 있다는 사실을 발견했다. 여러 시험 결과, 그는 해당 금속의 성질이 소듐과 포타슘칼륨 같은 물질과 상당히 비슷하다는 사실도 알게 되었던 것 같다.

주기율표에서 리튬은 소듐의 바로 위 칸에, 포타슘은 소듐의 바로 아래 칸에 써넣는 원소다. 즉, 세 가지 원소는 주기율표의 같은 열에 주르륵 적혀 있다. 이는 현대의 화학자들이 리튬, 소듐, 포타슘을 성질이 비슷해 하나로 묶을 만하다고 본다는 뜻이다. 실제로 이 원소들은 비슷한 점이 있다. 다들 원자가 ⊕전기를 잘 띠고, 화학반응을 잘하며, 한데 뭉쳐 있을 때는 쇳덩어리 비슷한 모양을 이룬다. 주기율표에서는 이들 모두 맨 첫 번째 열에 나열돼 있어서 1족 원소group 1 family라고 부르기도 한다.

하지만 소듐, 포타슘, 리튬이 비슷해 보이기는 해도 이 물질들을 어디서 많이 볼 수 있느냐를 따지면 한 가지 차이가 드러난다. 소듐, 즉 나트륨은 우리가 소금을 통해 날마다 입으로 먹는 성분이다. 그러므로 사람 몸속에는 항상 소듐이 어느 정도 있다. 다른 동물의 몸속에도 약간의 소듐이 있다. 소듐만큼은 아니지만, 포타슘도 몸속에서 어렵지 않게 찾아볼 수 있는 물질이다. 고구마, 바나나, 땅콩 같은 음식에 포타슘이 많다거나 그런 음식을 얼마만큼 먹어야 건강을 유지할 수 있다는 이야기도 자주 들을 수 있다. 그러나 리튬은 생명체의 몸속에서 쉽게 찾아낼 수가 없다. 배터리로 움직이는 로봇이라면 모를까, 사람이 리튬 성분을 많이 먹어야 몸이 튼튼해진다든가 무슨 음식에 리튬이 많이 들었다는 식의 이야기를 들어 본 사람은 거의 없을 것이다.

엽장석에서 리튬을 처음 발견한 옛날 학자들도 그것이 소듐, 포타슘과 비슷하기는 하나 생명체에서는 찾아보기 어렵고, 돌에서만 볼 수 있다는 점을 큰 차이로 느낀 듯하다. 바로 그런 이유로 이 물질의 이름을 돌이라는 뜻의 그리스어 리토스λίθος에서 따와서 리튬이라고 부르게 되었다. 영어로 구석기시대를 팔레오리틱paleolithic, 신석기시대를 네오리틱neolithic이라고 하는데, 이때 나오는 돌이라는 뜻의 리틱lithic과 리튬은 뿌리가 같은 말이다. 그러므로 리튬을 글자 그대로 번역하자면 돌의 물질, 돌에서만 보이는 물질 정도가 될 것이다. 이것을 한자어로 만들자면 돌 석石을

써서 석소 같은 이름을 붙였을 법도 한데, 현대 중국어에서는 그냥 발음 그대로 '리鋰'라고 부른다. 그러고 보면 수소, 염소 같은 원소 이름은 번역이 되어 있는데 리튬은 그렇지 않다. 이것만 봐도 리튬이 현대 이전 한국인에게는 이름이 자주 불릴 정도로 많이 쓰이던 물질이 아니라는 티가 난다.

조금 더 생각해 보면 소듐, 포타슘, 리튬 중에서 왜 하필 리튬만 생명체에서 잘 발견되지 않는지 그 이유도 어느 정도 짐작할 수 있다. 생명체는 몸속에서 여러 가지 화학반응을 일으키기 위해서 ⊕전기를 잘 띠는 원자를 사용할 때가 있는데, 이를 위해 소듐과 포타슘 같은 물질을 몸속에 흡수해 활용한다. 그래서 생명체의 몸에는 소듐과 포타슘이 어느 정도 들어 있다. 그런데 소듐과 포타슘은 바닷물 속에 꽤 많다. 소듐이야 소금을 이루는 원자이니 짭짤한 바닷물 속에 아주 풍부하고, 포타슘의 양도 대략 소듐의 3~5% 정도는 된다. 바닷물에서 소금을 20kg 정도 얻었다면, 그 바닷물에서 포타슘 몇백 그램 정도는 뽑아낼 수 있다는 얘기다.

그렇지만 같은 양의 바닷물에 리튬은 포타슘의 0.1%도 안 들어 있다. 소금 20kg을 얻을 수 있는 바닷물에서 리튬은 0.1g이 나올까 말까 한 정도밖에 안 된다는 얘기다. 이러니 생명체가 리튬을 이용하고 싶어도 양이 너무 적어서 이용할 수가 없다. 혹시니 수십 억 년 전에 우연히 리튬을 활용해서 몸속에 필요한 화학반응을 일으키며 살아가는 세균 같은 것이 생겨났다고 해도, 리튬 성분을 바닷속에서 찾아 먹기가 너무 어려워서 다른 세균에 뒤처져 결국 살아남지 못하고 멸종했을 것이다.

혹시 머나먼 외계 어딘가에 아주 특이하게도 바닷물에 리튬이 풍부한 행성이 있다면, 그런 행성에서 자라난 생물들의 몸에는 소듐이나 포타슘 대신 리튬이 풍부할지도 모른다. 그런 곳이라면, 거기서 자라는 나무나 풀 또는 바닷물에서 리튬을 쉽게 뽑아낼 수 있을 것이다. 그저 상상일 뿐이지만, 그 행성에 외계인이 산다면 그들은 리튬을 쉽게 구할 수 있는 만큼 지구인보다 훨씬 오래전에 가볍고 오래가는 배터리를 개발했을 것이다. 그렇다면 그들은 스마트폰이나 날아다니는 자동차를 역사에서 훨씬 더 빨리 맞이한 독특한 문화를 꽃피우며 살고 있을지도 모른다.

리튬이온배터리가 리튬이라는 이름을 친숙하게 만든 대표이기는 하지만, 유일한 사용처는 아니다. 예로부터 흙이나 유리를 가공해 도자기나 유리 제품을 만들 때 원료의 성질을 조금씩 바꿔 주는 용도로 리튬을 함유한 약품을 자주 사용했다. 이때도 가볍고 작으면서 ⊕전기를 띠어 화학반응을 잘 일으키는 성질이 한몫했을 것이다.

리튬을 주원료로 뭔가를 만들지는 않더라도, 다른 물질들의 화학반응이 잘 일어나도록 돕느라 리튬을 쓰는 일도 있다. 특히 촉매catalyst 중에 리튬을 함유한 것들이 있다. 촉매는 한자로 닿을 촉觸, 중매 매媒를 쓰는데, 글자 그대로 풀이하면 접촉해서 중매를 맺어 준다는 뜻이다. 가만히 두면 화학반응을 일으키지 않는

물질들에 적당한 촉매를 섞어 주면 그때부터 화학반응을 일으킬 때가 있다. 이 과정에서 촉매 자신은 거의 변하지 않으면서 다른 물질은 계속 빠르게 화학반응을 일으키며 변화하도록 도와준다. 이 때문에 많은 화학 회사에서는 적합한 촉매를 개발하는 일을 핵심 기술로 여긴다. 촉매가 없으면 그저 원료일 뿐인 물질에 촉매를 넣어 화학반응을 일으키면 원하는 제품이 만들어지니, 중요하지 않을 리가 없다.

공기 중에는 산소도 많고 질소도 많고 수증기도 있지만, 이런 성분들이 저절로 화학반응을 일으키지는 않는다. 그런데 누군가 공기 중의 산소, 질소, 수증기가 서로 화학반응을 일으키게 하는 촉매를 만들어, 그 성분들이 질산과 수소 기체로 변하게 하는 기술을 개발했다고 상상해 보자. 그저 허공의 공기를 끌어와 이 촉매가 담긴 장치 안으로 불어 넣기만 하면 공업 원료인 질산과 연료로 쓸 수 있는 수소 기체가 계속 쏟아져 나올 것이다. 이런 촉매를 개발하기란 불가능에 가깝지만, 혹시라도 누군가 이런 촉매를 개발한다면 세계의 에너지 문제가 싹 해결될 것이다. 촉매란 이렇게나 중요한 물질이다.

리튬을 이용한 촉매 중에는 합성고무를 만드는 데 쓰이는 것이 유명하다. 합성고무는 탄소, 수소 등의 원자들을 무수히 많이 연결해서 만든다. 이런 원료 물질은 그냥 두면 제각기 흩어져 있을 뿐이지만, 리튬을 이용해서 만든 촉매를 넣어 주면 서로 화학반응을 일으키며 고무를 이루는 구조로 엉겨 붙는다. 한국의 고무

제조회사 중에는 자기 회사 고무 제품을 리튬 촉매로 만든다고 선전하는 곳도 있다.

리튬은 사람 몸에 꼭 필요한 물질은 아니다. 그렇다고 몸속에서 아무런 반응을 하지 않는다는 뜻은 아니다. 워낙 화학반응을 잘하는 만큼 몸속에서도 나름의 작용을 한다. 따라서 그냥 리튬 덩어리를 막 먹는다면 별별 이상한 화학반응이 빠르게 계속 일어나서 건강을 위협할 것이다. 그러나 몸에 해를 끼치지 않게끔 잘 가공한 리튬을 의사의 처방에 따라 적당히 섭취하면 건강에 도움이 되는 경우가 있다. 기분이 좋았다가 나빴다가 급격히 변하는 조울증 증세가 있을 때, 리튬 성분을 첨가한 약을 먹으면 효력이 있다는 사실이 1960년대 이후로 알려지기 시작했다. 이 약이 오락가락하는 기분을 안정적으로 잡아 주는 원리는 아직 정확히 밝혀지지 않았지만, ⊕전기를 잘 띠는 리튬이 몸속 어딘가에 들어가서 기분을 좌지우지하는 호르몬을 만들어 내는 화학반응을 조금 약하게 하는 것이 아닌가 추측해 볼 수 있다.

이 때문에 배터리 공장이나 전자제품 공장에서 자주 들을 법한 리튬이라는 말을 가끔 병원에서 듣게 될 때가 있다. 그뿐 아니라 재판 과정에서 사람의 마음과 기분, 정신 상태를 알아야 할 일이 있을 때, 누가 리튬 약을 먹고 있는지 아닌지를 따져 보기도 한다. 제법 큰 사건에 등장했던 사례도 있다. 2019년, 전 대법원장을 재판하는 과정에서 복잡한 사건에 휘말린 여러 사람의 상황을 따져 보게 됐는데, 그때 사건에 관련된 어떤 사람이 조울증을

앓고 있었다는 말을 누가 했느냐, 리튬 약을 먹었다는 말을 했느냐 안 했느냐 하는 문제로 논쟁이 벌어져 언론에 보도된 일이 있었다.

이런 사건 외에도 점점 더 많은 사람에게 조울증과 같은 질환이 진지한 고민거리가 돼 가고 있고, 그에 따라 사회적 관심도 높아 가는 듯하다. 여러 면에서 요즘은 리튬시대가 되어 가고 있다는 생각도 해 본다.

4

베릴륨과 보물찾기

Be

여행을 떠나면 한 번쯤은 기념품 가게나 면세점을 기웃거리게 된다. 뭐라도 하나 사서 돌아오면 훗날 그곳에 다녀온 추억을 되새길 수 있어 좋다. 기념품점을 둘러보면 어디든 빠지지 않고 한 자리 차지하는 것이 있으니, 목걸이, 팔찌, 머리핀, 브로치 같은 장신구들이다. 그 지역의 특징이나 상징을 드러내는 모양도 있고, 특산물을 이용해서 만든 물건도 있다. 말 그대로 그저 기념 삼아 살 만한 저렴한 제품이 많지만, 간혹 귀한 보석을 가공해서 만든 공예품도 볼 수 있다.

2019년, 한국갤럽조사연구소는 한국인들이 좋아하는 온갖 것을 항목별로 조사해 결과를 발표했다. 만 13세 이상 1,700명에게 조사한 결과라고 하는데, 이 조사에 따르면 보석 중에서는 다이아몬드가 1위를 차지했다. 전체 응답자의 64%가 다이아몬드를 가장 친숙한 보석으로 꼽았다. 2위는 진주였고, 3위에 오른 보석은 에메랄드였다.

1, 2, 3위로 꼽힌 보석 중에 다이아몬드는 탄소 원자끼리 단단하게 뭉쳐 있는 덩어리이고, 진주는 탄소, 칼슘, 산소 원자들이 규칙적으로 연결된 덩어리다. 둘 다 다채로운 화학반응을 일으키기로는 최고인 탄소 원자가 가장 중요한 역할을 하는 물질이다. 그러고 보니 뭔가 다채롭게 능력을 발휘할 수 있는 원자라야 어떻게든 이리저리 모양을 만들어 아름다운 결과물을 낼 수 있는 건가 싶기도 하다.

그런데 에메랄드는 탄소와 별 상관이 없다. 에메랄드는 오묘한 초록빛으로 잘 알려진 보석이다. 아름다운 바다를 보고 '에메랄드빛 바다'라고 표현하는 사람도 무척 많다. 여행안내 책자에서부터 각종 광고나 신문 기사에도 에메랄드빛 바다라는 말이 흔하게 쓰인다. 하지만 모르긴 해도 실제로 에메랄드를 본 사람보다야 에메랄드빛 바다라는 광고 문구를 본 사람의 수가 훨씬 더 많지 싶다. 정말 아름다운 에메랄드를 실제로 보게 됐을 때, 사람들은 '바다를 품은 빛깔'이라고 감탄할지도 모르겠다.

아름다운 초록빛 에메랄드를 이루는 핵심 성분은 베릴륨beryllium이다. 단, 베릴륨 덩어리 그 자체가 에메랄드인 것은 아니고, 베릴륨과 함께 알루미늄, 산소, 규소 같은 원자들이 규칙적으로 같이 붙어 있어야 에메랄드가 된다. 베릴륨과 여러 원자가 어울려 빛을 아름답게 반사하면서 멋진 색을 낼 때 비로소 에메

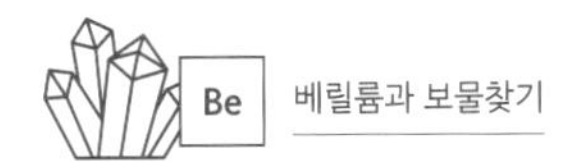

랄드라는 이름을 얻는 것이다. 특히 여러 원자 중에 크로뮴크롬 원자가 아주 약간 들어 있어야 제대로 된 에메랄드빛을 낸다고 한다.

학창 시절, 시험 때문에 주기율표를 외우며 보았음직한 물질 중에 가장 관심을 덜 받은 것이 리튬과 베릴륨 아니었나 싶다. 산소나 네온 등은 일상생활에서 흔하게 들었고, 인, 황, 탄소, 질소 같은 것들도 이런저런 물질 성분에 관심을 기울이다 보면 그런 원소가 어떤 물질을 이루며, 어디에 쓰인다는 이야기 정도는 쉽사리 들을 수 있었다. 그렇지만 리튬이나 베릴륨은 어떤 성질을 띠는지, 어디에 쓰이는지 제대로 설명을 들어 본 적 없이 그냥 그런 게 있다고만 배운 것 같다. 그나마 십수 년 전부터 리튬이온배터리가 실용화되어 널리 퍼지면서, 리튬은 배터리와 관련 있는 물질임을 많은 사람이 알게 되었으니, 이제 베릴륨이야말로 가장 별 볼 일 없는 원소처럼 느껴질 듯싶다.

그러나 베릴륨은 한국인이 가장 좋아하는 보석 3위에 오른 에메랄드에 들어가는 귀한 원소다. 알고 보면 베릴륨이라는 이름부터 에메랄드와 관련이 있다.

에메랄드는 녹주석이라는 돌에서 주로 발견된다. 예부터 녹주석에 관심을 기울인 학자들은 그 속에 무엇인가 독특한 성분이 있다는 사실을 어느 정도 짐작하고 있었다. 그러다가 19세기 초에 독일의 전설적인 화학자 프리드리히 뵐러Friedrich Wöhler가 그때까지 분류되지 않은 새로운 원자가 녹주석 속에 있음을 확인하는 데 성공한다. 이것이 바로 베릴륨인데, 유럽에서는 녹주석을 베릴beryl과 비슷한 말로 부르는 곳이 많다 보니 이 물질에 베릴륨이라는 이름이 붙게 되었다. 그러니 번역하자면 베릴륨은 녹주석의 물질이라 할 수 있겠다.

모르긴 해도 뵐러가 베릴륨을 발견할 무렵에 비슷한 발견을 했거나 발견에 도움을 준 다른 학자들도 있었을 것이다. 그렇지만 뵐러가 워낙 위대한 화학자로 자주 언급되는 사람이다 보니, 베릴륨 하면 일단 뵐러의 이름이 먼저 나오는 경우가 많다.

뵐러의 여러 업적 중에서 역사적으로 가장 중요하게 꼽는 일은 따로 있다. 바로 요소urea라는 물질을 인공적으로 만들어 낸 일이다.

그전까지 사람들은 생명체의 몸에는 신비한 생명의 기氣 같은 것이 있어야 하므로 생명이 없는 다른 물질로는 생명체의 몸을 구성하는 성분을 만들 수 없다고 생각했다. 그런데 뵐러가 생명체와 관련 없어 보이는 물질만을 사용해서 요소를 만들어 낸 이후, 생명체의 몸을 이루는 물질도 돌이나 공기 같은 무생물을 구성하는 물질과 같으며, 단지 그런 물질들이 복잡하게 엮여서 살아 있는 듯한 모양으로 움직이는 것이 생물일 뿐이라는 생각이 퍼져 나가기 시작했다. 뵐러가 요소 만드는 방법을 개발함으로써 유기화학organic chemistry이라는 새로운 분야가 탄생했다고도 할 수 있다.

놀랍게도 이토록 커다란 성과를 냈을 당시 뵐러는 아직 20대

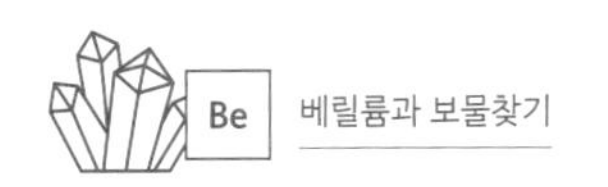

후반의 젊은 청년이었다. 심지어 그가 녹주석에서 베릴륨을 발견한 것도 20대 후반 무렵이었다. 흔히 과학자가 새로운 원소를 하나만 발견해도 그것이 평생의 업적이 되어 역사에 이름을 남긴다고 생각하기 마련이다. 그런데 뵐러의 경우에는 과학사에 워낙 큰 공을 많이 세우는 바람에 베릴륨을 발견한 것 정도는 그저 작은 곁가지 업적이 돼 버렸다. 일을 잘하는 사람이 왕성하게 일이 잘 풀리는 시절을 만나면 이렇게까지나 무슨 일이든 손을 대는 대로 멋지게 해내는구나 싶다.

만약 보석 장신구를 사려고 기념품 가게에 들르는 대신 직접 보물을 찾아 나선다면 어떨까? 에메랄드는 주로 콜롬비아와 브라질, 잠비아 등에서 세계로 수출하는 품목이지만, 어쩌면 한반도에서도 발견할 수 있지 않을까? 광업등록사무소의 자료를 보면 충청북도 충주, 청주, 제천 등지에서 녹주석이 좀 나올 가능성이 있는 것 같다. 그렇다면 혹시라도 이 지역을 지나갈 때 우연히 반짝거리는 녹색 돌 같은 것을 발견할 수도 있을까? 그러다 에메랄드를 찾아낼 수도 있을까? 그러나 녹주석이 나올 가능성이 있다고 해서 그 지역에 녹주석이 널려 있다거나, 캐기만 하면 돌 속에 베릴륨이 있고, 그러다 가끔 에메랄드도 나온다는 얘기가 아니다. 약간의 가능성만으로 아무 데나 에메랄드 광산이나 베릴륨 광산을 개발할 수도 없다. 그렇다면 어떤 방법으로 보물을 찾아야 한단 말인가?

보물 성분을 찾아내는 탐지기를 개발한다고 상상해 보자. 예를 들면 베릴륨 원자를 탐지하는 장치를 만들었다고 치자. 그 장치가 가리키는 방향을 잘 따라가면 베릴륨 성분이 많은 에메랄드가 묻혀 있다거나 하는 상상을 해 볼 수 있겠다.

이런 발상은 에메랄드에 대해서는 적용해 볼 만하다. 특정한 원자를 감지해 내는 탐지기가 있다고 해도 그런 탐지기로 다이아몬드나 진주를 찾기는 너무나 어려울 것이다. 다이아몬드는 탄소 덩어리이므로 다이아몬드를 찾으려면 탄소 원자를 감지해서 추적해야 한다. 그런데 탄소 원자 탐지기를 작동하면 그냥 내가 서 있는 지점을 가리킬 것이 뻔하다. 사람의 몸을 이루는 단백질, 지방 따위에 탄소 원자가 아주 많기 때문이다. 탄소 원자 탐지기가 제아무리 나를 가리키더라도 내 몸은 다이아몬드가 아니다. 나는 그저 탄소 원자가 많이 모인 평범한 피와 살로 이루어진 사람이다.

진주를 찾는 일도 이와 비슷하다. 진주는 탄소, 칼슘, 산소 등의 원자로 이루어졌으니, 탄소를 추적하면 마찬가지로 탐지기는 내 몸을 가리킬 것이다. 하지만 내가 조개처럼 진주를 품고 있다는 뜻은 아니다. 탄소는 안 되겠으니 이번에는 칼슘을 추적해 볼까? 그래 봐야 탐지기는 내 뼈에 잔뜩 들어 있는 칼슘을 가리킬 것이 뻔하다. 이제 남은 것은 산소인데, 산소를 추적해 봐야 역시 몸속에 있는 산소를 가리키거나, 그게 아니면 그냥 공기 중에 널린 산소를 아무렇게나 가리킬 것이 틀림없다.

그러므로 원자 탐지기로 보물을 찾으려면 다이아몬드나 진주

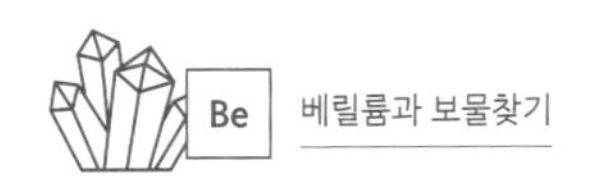

보다야 에메랄드를 노리는 편이 확실히 낫다. 베릴륨은 탄소, 산소, 칼슘처럼 우리 주위에 흔한 원소가 아니다. 따라서 베릴륨 탐지기를 만들어 낼 수만 있다면, 그 장치는 분명 베릴륨 원자가 많은 어떤 특별한 장소로 우리를 안내할 것이다. 에메랄드는 베릴륨이 집중적으로 모여 있는 보석이므로 베릴륨 탐지기가 이끄는 곳으로 가면 에메랄드를 찾아낼 가능성이 있다.

상상력을 좀 더 발휘해 정말로 베릴륨 탐지기를 만들어 한반도 방방곡곡을 돌아다니며 보물을 찾는다고 생각해 보자. 그러면 아마 바닷가 지역 마을 몇 군데서 뚜렷한 신호가 잡힐 것이다. 신호가 강한 걸 보니 정말 베릴륨이 많은가 봐, 그게 전부 에메랄드라면 값어치가 얼마나 될까, 혹시 오즈의 마법사가 산다는 에메랄드 성이 우리나라에 있는 건가, 이런 즐거운 상상을 하며 탐지기가 가리키는 곳으로 신나게 달려가면, 실망스럽게도 그곳에는 에메랄드와 별 상관없는 엉뚱한 건물이 있다. 영화 〈오즈의 마법사The Wizard Of Oz, 1939〉에서처럼 가짜 에메랄드 성이 있는 것은 아니다. 그래도 그곳에 정말로 베릴륨이 많은 것은 사실이다. 한국에서 베릴륨이 그렇게나 많이 있는 곳은 원자력발전소 내지는 원자력발전소에 필요한 재료를 만드는 공장이다.

우라늄은 중성자neutron와 충돌하면 원자핵이 둘로 나뉘어 다른 원자로 변하는 경우가 있다. 이처럼 원자핵이 쪼개지는 현상을 핵분열nuclear fission이라고 하며, 핵분열 현상이 일어날 때는 강한 열이 나온다. 원자력발전소에서는 우라늄이 핵분열을 일으킬 때 발생하는 뜨거운 열로 물을 끓여서 증기를 만들고, 그 증기로 증기기관이 장착된 발전기를 돌려서 전기를 얻는다. 다시 말해서, 원자력발전소를 운영하려면 우라늄 덩어리를 가져다 놓고 중성자를 적당히 넣어 주어야 한다.

여기까지만 보면 원자력발전소를 가동하기 위해 연료인 우라늄을 구하는 일 외에 중성자를 구해서 계속 넣어 주는 것도 굉장한 일거리일 것 같다. 하지만 다행히도 우라늄의 원자핵이 쪼개질 때 우라늄이 중성자를 뿜어낸다. 그래서 어떻게든 한 번만 중성자로 우라늄 원자를 맞히면, 그 원자핵이 쪼개질 때 튀어나온 중성자가 근처에 있는 우라늄을 또 맞힌다. 그러면 중성자와 부딪힌 우라늄이 변하면서 또다시 중성자가 튀어나와 다른 우라늄을 맞히고, 거기서 또 중성자가 나와 다른 우라늄을 맞히는 식으로 같은 일이 계속해서 일어난다. 따라서 이 상태를 잘 유지하기만 하면 준비해 둔 우라늄을 다 쓸 때까지 원자력발전소를 가동할 수 있다. 이런 식으로 꼬리에 꼬리를 물고 일어나는 반응을 체인 리액션chain reaction, 즉 연쇄반응이라고 한다.

그런데 이 과정을 유지하려면 한 가지 중요한 문제를 해결해야 한다. 중성자들이 원자로 밖으로 새어 나오지 않고 계속 우라늄 사이를 돌아다니도록 무엇인가로 막아 주어야 한다. 중성자는 이름 그대로 전기를 띠지 않는 중성 상태의 입자다. 그래서 딱히 다른 물질과 화학반응을 일으키지도 않고, 서로 밀고 당기는 일도 거의 없다. 움직이는 중성자는 다른 물질이 있든 말든 상관하지 않고 그냥 쓱 지나간다. 이런 성질 때문에 중성자는 평범한 용기에 담아 둘 수가 없다. 마치 〈고스트버스터즈Ghostbusters, 1984〉 같은 영화에 등장하는 유령처럼 중성자는 대부분의 벽을 스윽 통과한다.

유령 같은 중성자를 원자로 안에 가두려면 어떻게 해야 할까? 다행히 중성자는 다른 원자의 중심부인 핵 근처에서 그 핵을 이루는 양성자 또는 중성자에 이끌릴 수 있다. 그러니까 중성자는 대체로 다른 물질들을 그냥 통과하는 편이지만, 가끔 다른 원자의 정중앙 근처를 지나게 될 때는 그 원자핵에 들어 있는 양성자나 중성자에 이끌려 붙잡히거나 진행 방향이 바뀌는 일이 생길 수 있다.

베릴륨의 원자핵은 대개 양성자 네 개와 중성자 다섯 개로 이루어져 있다. 주기율표에서 수소, 헬륨, 리튬에 이어서 네 번째 자리를 차지하는 까닭이 바로 양성자가 네 개이기 때문이다. 그런데 중성자가 베릴륨의 원자핵 근처를 지나갈 때면 강하지도 않고 약하지도 않은 오묘한 수준의 힘에 이끌린다. 그리고 이 힘 때문에 중성자의 진행 방향이 꺾여서 엉뚱한 방향으로 움직인다. 이런 현상이 연달아서 일어나면 마치 중성자가 베릴륨에 부딪혀 튕겨 나가는 것과 비슷한 효과를 낸다. 즉, 베릴륨이 중성자를 튕겨내는 반사재reflector가 될 수 있다는 얘기다.

그래서 원자력발전소에서는 원자로 안에 베릴륨을 넣어 그릇처럼 만들고, 그 안에 중성자와 우라늄을 넣어 반응을 일으킨다.

이렇게 하면 제아무리 유령 같은 중성자라도 베릴륨에 가로막혀 계속해서 튕겨 나가고, 원자로 안에서는 연쇄반응이 꾸준히 일어난다.

당연한 얘기지만, 원자력을 다루는 기술이 어느 정도 발달한 나라에서는 베릴륨을 이용해 관련 부품을 만드는 기술을 보유하고 있다. 한국도 예외가 아니어서 가끔 어느 회사가 베릴륨으로 원자력발전용 부품을 만들고 있다는 기사가 보도되기도 한다. 또 항간에는 북한에서 핵무기 개발에 이용할 시설을 만드느라 어떻게든 베릴륨을 구하려고 노력한 적이 있다는 부류의 뜬소문이 돌기도 한다.

다시 베릴륨 탐지기로 돌아가자. 이번에는 원자력발전과 관련된 시설은 피해서 가도록 성능을 개선했다고 가정하자. 그러면 에메랄드 덩어리를 찾아낼 수 있을까? 탐지기에 잡히는 신호를 쫓아가면 아마 이번에는 군부대에 이를지도 모른다. 한국 공군에서 실전 배치한 전투기 중에 최강의 성능을 지녔다는 F-35 전투기에 베릴륨이 사용되었기 때문이다.

베릴륨은 세상의 모든 원자 중에 평균 무게가 네 번째로 가볍고, 그만큼 원자 자체의 크기도 작은 편이다. 그래서 다른 원자 덩어리 사이사이에 끼어 들어가기가 쉽다. 이런 성질을 이용해 베릴륨을 구리나 알루미늄 같은 다른 금속과 섞어서 베릴륨합금을 만든다. 대표적인 것으로 구리 덩어리에 베릴륨을 넣어서 만드는 베릴륨동합금beryllium-copper alloy이 있다. 비유하자면 자갈돌

사이사이 빈틈을 모래알로 촘촘히 채운 것과 비슷하다. 즉, 구리 원자가 자갈돌처럼 덩어리져 모여 있는 틈바구니에 베릴륨 원자들이 모래알처럼 끼어들어 있는 것이 베릴륨동이다. 원자들이 이렇게 다닥다닥 붙어 있으면 전체적으로 원자들끼리 서로 당기는 힘이 세진다. 그래서 베릴륨동은 일반적인 구리보다 훨씬 더 강하고, 오래 써도 거의 닳지 않으며, 세밀한 모양을 만들기에도 유용하다. 따라서 플라스틱 제품을 반복해서 찍어내는 틀을 만들거나, 극한 환경에서도 잘 견디는 무언가를 만들 때 베릴륨동이 요긴하게 쓰인다.

베릴륨동 제조 기술이 발달한 나라로는 일본을 꼽을 수 있다. 한국도 일본에서 베릴륨동을 수입해 쓴다. 그런데 2019년, 한국과 일본 간에 무역 마찰이 일어나 일본이 몇 가지 중요한 재료를 한국으로 수출하기 어렵게 제한한 적이 있다. 이 때문에 특정 재료를 꼭 사용해야 하는 국내 제조업체가 생산에 차질을 빚는 등 큰 소동이 일었는데, 그때 일본에서 수출을 제한한 재료 중에 베릴륨동도 포함되어 있었다.

보통 첨단 무기의 재료는 기밀 사항이어서 F-35 전투기의 어느 부품에 얼마만큼 베릴륨이 들어가는지는 잘 알려지지 않았다. 하지만 미국 지질조사국에서 배포한 자료 중 베릴륨이 사용되는 예를 제시한 부분에 F-35 전투기가 등장한다. 하늘 높이 올라가 빠르게 움직이고 정밀하게 상대방을 탐지하면서 레이더를 피해 숨는 재주도 뛰어난 F-35 전투기의 성능을 제대로 발휘하기 위해 민간인은 알 수 없는 어딘가에 베릴륨이 사용되었으리라 짐작하면 될 것이다.

원자력발전 설비나 전투기 말고 실생활에 좀 더 가까운 용도로 베릴륨이 사용되는 예도 찾아보면 드물지 않다. 일단 베릴륨은 무척 가벼운 물질이어서 무언가를 특별히 가볍게 만들어야 할 때 쓸모 있는 경우가 많다.

베릴륨은 118종의 원소 중에 네 번째로 가벼운데, 가장 가벼운 수소와 헬륨은 평상시에 기체 상태로 있으므로 형태를 갖춘 물건을 만드는 재료로는 쓸 수 없다. 그다음으로 가벼운 리튬은 고체 상태인 금속으로 존재하기는 하지만, ⊕전기를 쉽게 띠고 화학반응을 너무 잘 일으키는 성질 때문에 다른 물질의 도움 없이는 단단한 물건으로 만들기가 곤란하다. 따라서 특정 모양을 갖춘 안정적이고 단단한 물체로 가공할 수 있는 물질 중에는 사실상 베릴륨 덩어리가 우주 전체에서 가장 가벼운 재료일 가능성이 크다.

이 사실을 염두에 두고 베릴륨이 사용된 제품을 찾아보자면 소리를 들려주는 장치인 스피커를 꼽을 수 있다. 소리는 공기가 떨리면서 울려 퍼지는 현상으로, 공기가 빠르게 떨릴수록 높은 소리가 난다. 스피커에는 공기를 진동시키는 진동판이 있어서 전기가 흐르면 진동판이 떨리고, 그러면 주변 공기에 그 떨림이 퍼져 나가 우리 귀에 소리가 들리는 것이다. 그런데 스피커 중에는 높은 소리를 처리하는 부분과 낮은 소리를 처리하는 부분이 따

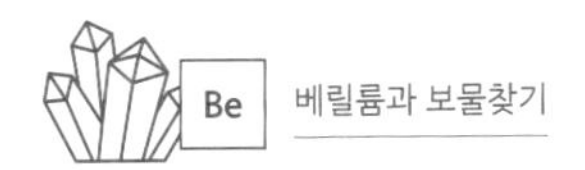

로 갖추어진 제품이 있다. 그중에 높은 소리를 담당하는 부분을 트위터tweeter라고 하는데, 높은 소리를 잘 내려면 진동판을 얇고 가볍게 만들어서 빠르게 잘 떨리도록 해야 유리하다. 가볍디가벼운 베릴륨으로 트위터를 만들면 더 좋은 소리를 낼 수 있다고 한다.

그러나 베릴륨은 흔한 물질이 아니라서 값이 비싼 만큼 스피커 중에서도 특히 성능이 뛰어난 고급 스피커에 쓰이곤 한다. 그런 스피커는 같은 음악이라도 기왕이면 좋은 소리로 듣고자 하는 욕망을 품은 사람들이 눈독을 들이다가 큰맘 먹고 지갑을 여는 귀한 물건이라 할 수 있다. 따라서 베릴륨 탐지기가 이끄는 대로 따라가다 보면 에메랄드 광산이 아니라 좋은 스피커를 파는 가게를 찾게 될 수도 있다. 물론 좋은 스피커가 값진 물건임은 분명하지만, 보물찾기에 성공했다고 말하기는 좀 아쉽다. 게다가 요즘에는 베릴륨을 아주 조금만 이용해서 만든, 그리 비싸지 않은 헤드폰이나 이어폰도 꽤 있는데, 그런 제품도 베릴륨을 앞세워 광고하는 경우가 많다.

원자력발전소도 아니고, 군부대도 아니고, 스피커 판매점도 아니라면, 대체 에메랄드는 어디서 찾아야 한단 말인가? 이러다가는 베릴륨 탐지기를 쓸모없는 것으로 여기게 될지도 모르겠다. 그러나 만약 베릴륨 탐지기의 성능을 더더욱 개선해서 베릴륨의 양을 아주 정밀하게 알아낼 수 있다면 완전히 다른 방식으로 보물찾기에 도전해 볼 수 있다.

생각하기에 따라서 베릴륨은 지구가 아닌 머나먼 다른 은하와 관련 있는 물질이라 할 수 있다. 드넓은 우주에는 셀 수 없이 많은 은하가 있고, 모두 어마어마하게 멀리 떨어져 있다. 그나마 지구에서 가까운 편이어서 이웃 은하라고 부르기도 하는 안드로메다은하Andromeda galaxy만 해도 약 200만 광년 거리에 있다. 1000조 km쯤은 가뿐히 넘는 거리다. 요즘 말로 뭔가가 아주 심하게 엇나갔음을 표현할 때 "안드로메다로 가버렸다."라고도 하는데, 다른 은하는 그 정도로 멀고 낯선 세계다.

그런데 그 먼 곳에서 생겨난 이상한 것들이 지구로 떨어질 때가 있다. 어떤 은하에서 여러 가지 이유로 생겨난 극히 작은 알갱이가 아주 빠르게 머나먼 우주 공간을 가로질러 온갖 장애물을 뚫고 지구에 도달하는 수가 있다는 얘기다. 이런 것들을 우주선cosmic ray이라고 하는데, 일종의 방사선과 비슷하다. 물론 지구에 도달하는 우주선이 전부 다른 은하에서 오는 것은 아니고, 태양이나 가까운 별에서 오는 것도 있다.

이 같은 우주선은 아주 작은 알갱이라서 크기도 무게도 너무나 미미하지만, 대단히 빠른 속도로 지구에 내려꽂힌다.

지상에 설치되어 있는 유럽입자물리연구소에서는 거대한 가속기accelerator를 이용해 수소의 원자핵을 빛의 속도에 가깝도록 빠르게 충돌시켜 이때 나오는 작고 빠른 알갱이를 관찰한다. 그런데 예전에 처음으로 가속기 실험을 시도하려 할 때, 그런 무지막지한 실험을 하다가 인류가 미처 예상하지 못한 이유로 지구

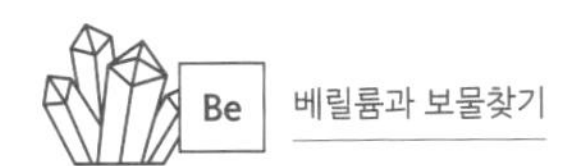

가 멸망하거나 블랙홀이라도 생기면 어쩌냐고 걱정하는 사람들이 좀 있었다. 물론 대다수 과학자는 그런 걱정을 전혀 하지 않았다. 먼 옛날부터 우주선이 엄청난 속도로 날아와 쉴새 없이 지구에 꽂히고 있다는 사실을 알고 있기 때문이다. 만약 수소의 원자핵을 가속기에서 빠르게 발사하는 정도로 무슨 일이 일어나서 지구가 멸망한다면, 그런 실험을 안 해도 우주에서 훨씬 무서운 우주선이 항상 떨어지고 있으므로 지구는 벌써 오래전에 없어졌을 것이다.

하지만 아무리 작고 가벼운 알갱이라 할지라도 오랜 세월 끊임없이 엄청난 속도로 지구에 내려꽂히다 보면 뭔가에 영향을 주기 마련이다. 예를 들어 땅 위에 훤히 드러나 있는 바윗돌이 계속해서 하늘에서 쏟아지는 우주선을 받고 또 받으면 그 충격으로 방사성을 띤 특수한 베릴륨이 아주 조금 생겨나는 수가 있다. 물론 하루 이틀 정도 우주선에 노출된 것으로는 그 흔적을 찾기도 어려울 것이다. 그렇지만 커다란 바위가 수천, 수만 년 동안 끊임없이 지구 바깥에서 날아오는 우주선을 받는다면 언젠가는 방사성 베릴륨이 쌓여서 그 양을 측정할 수 있을 정도가 될 수 있다.

따라서 어떤 돌멩이에 방사성을 띤 베릴륨이 얼마나 들어 있는지 정확하게 측정할 수 있다면, 그 돌멩이가 얼마 동안이나 우주선을 받고 있었는지 대략 추측할 수 있다. 만약 한 돌멩이에는 방사성 베릴륨이 많이 들어 있는데 다른 돌멩이에는 별로 없다면, 방사성 베릴륨이 많은 돌멩이는 오랫동안 땅 위에 드러나 있었고, 방사성 베릴륨이 적은 돌멩이는 땅에 묻혀 있었거나 다른 돌 밑에 깔려 있어서 하늘 아래 훤히 드러난 시간이 더 짧았을 것으로 추측할 수 있다. 바로 이런 기법으로 돌이 하늘 아래 드러나 있었던 기간을 추정하여 계산하는 기술을 베릴륨 연대측정법이라고 한다.

그런데 사람이 돌멩이의 시간을 헤아려 무엇에 쓸까? 한 가지 예를 들면 충청북도 청주시 만수리 유적에서 나온 돌도끼 비슷한 유물에 베릴륨 연대측정법을 적용해 볼 만하다. 이 돌도끼가 지상에 드러나 있을 때는 계속 우주선을 받아서 베릴륨이 아주 조금씩 생겨났을 것이다. 그러다 아무도 사용하지 않게 되어 땅에 묻히거나 동굴 안에 버려졌다면 우주선을 받지 못해서 더는 베릴륨이 생겨나지 않았을 것이다. 그러므로 돌도끼에 남아 있는 베릴륨의 양을 알면 하늘 아래 얼마나 노출되었으며, 그 후에는 시간이 얼마나 지났는지 추측할 수 있다.

멀리 지구 바깥에서 날아온 우주선 때문에 생긴 방사성 베릴륨을 분석한 학자들 가운데 일부의 추정에 따르면, 청주시 만수리 유적에서 발견된 돌도끼 모양 유물의 역사가 50만 년 전으로 거슬러 올라갈지도 모른다고 한다. 이 정도면 한반도에서 사람이 사용한 도구로 추정되는 유물 중에서는 가장 오래된 축에 속하는 것이다.

베릴륨 탐지기 같은 기계로 돌멩이의 시간을 누구나 믿을 만한

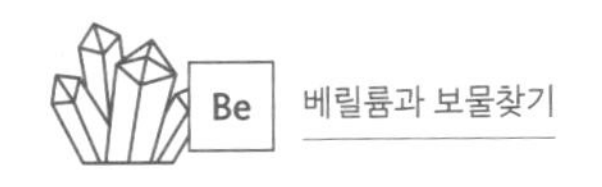

수준으로 헤아릴 수 있다면, 그저 평범해 보이는 돌멩이도 50만 년 전에 이 지역에서 사람이 활동한 흔적을 품고 있는 귀한 문화재가 될 수 있다. 정말로 누군가 베릴륨 탐지기를 만들어 그런 일을 해낸다면, 비록 에메랄드는 아니지만, 보물찾기에 성공했다고 말하기는 충분하다.

5

B

boron

붕소와 애플파이

B

나는 빵이나 케이크를 구울 때 재료의 양을 정확히 계량하지 않는다. 내가 굽는 케이크는 어차피 재미로 만들어서 재미로 먹기 위한 것이므로, 재료를 정확히 배합해서 최상의 맛을 내고자 노력하기보다는, 그때그때 상황에 따라 이렇게 하면 어떻게 될까, 오늘은 과연 성공할까, 궁금해하면서 다양한 시도를 해 보는 편이다. 빵 반죽을 만들고 있는데 누가 옆에 와서 "오늘은 설탕을 좀 덜 넣어 봐.", "이번에는 버터를 확 많이 넣어 보자.", "설탕 대신에 사탕을 빻아서 넣어 보는 건 어때?"라고 한다면 그 말대로 해 본다.

대체로 이런 도전은 좋은 결과로 이어지지 않는다. 빵이나 케이크를 만든답시고 한두 시간씩 애를 쓰지만, 결과는 떡이 된다. 그래도 그 모든 과정을 지켜보는 것이 재미라면 재미고, 결과가

망하더라도 흥미진진하게 망하면 그것 역시 또 다른 즐거움이 된다.

하지만 파이를 구울 때만은 예외다. 파이를 구울 때는 재료의 양을 정확하게 따져야만 한다. 재료를 정확히 배합하지 않으면 반죽을 납작하게 펼쳐서 파이용 틀에 넣고 속 재료를 담은 다음 그 위에 튼튼하고 예쁘게 뚜껑을 만들어 얹는 그 모든 과정이 아예 불가능해지기 때문이다. 특히 반죽을 가늘게 잘라서 씨실과 날실처럼 엮어 체크무늬 뚜껑을 만들고 나서는 그 규칙적인 모양에 깃든 아름다움을 즐기며 뿌듯함을 누릴 수 있어야 한다. 그러나 재료의 양을 똑바로 계량하지 않고 파이 반죽을 만들면 그 재미를 느낄 수 없다. 원하는 모양을 만들기는커녕 끈끈한 반죽 덩어리가 손가락에 아무렇게나 들러붙어 찢어지는 난감한 상황을 겪게 될 뿐이다.

그렇다고 반죽을 모양 빚기 쉽게 만들기만 하면 되는 것도 아니다. 파이 반죽은 일단 달콤한 맛이 나야 하고, 구웠을 때는 바삭한 느낌이 나야 한다. 그러면서 고소한 맛도 좀 있어야 하고, 속 재료와도 어울려야 한다. 가령 애플파이를 굽는다면 반죽의 맛이 사과 맛과 어울려야 하고, 사과를 담는 좋은 그릇 역할을 해서 다 구운 후에 틀에서 꺼내고 자를 때 쉽게 허물어지지도 않아야 한다.

이 모든 조건을 갖추기 위해서는 재료의 양을 제대로 계량하는 수밖에 없다. 그러려면 눈금이 있는 투명한 계량컵을 사용해야

한다. 그리고 주방에서 안전하고 편리하게 사용할 수 있는 튼튼한 유리 제품을 만들려면 결국 붕소boron의 도움을 받아야 한다.

우리가 사용하는 유리는 규소와 산소 원자들이 서로 붙어 있는 물질을 주재료로 만든다. 특별한 공정을 거치지 않으면 여기에 소듐과 칼슘 원자도 약간 섞여 있는 것이 일반적이다. 예로부터 이런 성분으로 이루어진 유리를 제조해서 유리컵이나 유리창을 만드는 데 사용했고, 지금까지도 그 기술이 이어지고 있다. 경주 황남대총에서 발견된 신라시대 유리그릇도 이와 같은 성분으로 이루어졌다고 한다.

이런 유리는 갑작스러운 온도 변화에 약하다. 특히 유리를 뜨겁게 하면 유리를 이루고 있는 원자들이 떨린다. 사실 어떤 물체가 '뜨겁다'거나 '온도가 높다'는 말 자체가 그 물체를 이루고 있는 원자들이 빠르게 움직이고 있다는 뜻이다. 그런데 유리의 온도가 높아지면서 모든 원자가 빠르게 떨리다 보면 규소 원자와 산소 원자 사이에 끼어든 소듐 원자 근처에 틈이 생길 수 있다. 원자들 사이에 틈이 생기면 유리의 강도가 약해진다. 이 때문에 유리에 열을 가하면 쉽게 깨진다. 주성분인 규소 원자와 산소 원자가 서로 고르게 연결돼야 단단하게 달라붙은 상태를 유지할 수 있는데, 중간중간 끼어든 소듐 원자가 약점이 되어 갑작스러운 빠른 떨림 때문에 서로 어긋나 깨져 가는 것이다.

요리할 때 유리가 쉽게 깨지면 골치 아프다. 애플파이를 만들다 보면 설탕과 함께 부글부글 끓인 사과 조각을 정확히 부어야 할 때가 있다. 뜨겁게 녹인 버터를 얼마나 넣을 것인지 정해야 할 때도 있다. 양이 어느 정도인지 눈금을 읽기 쉬우려면 계량컵이 투명한 유리여야 하는데, 끓인 사과나 녹인 버터를 넣을 때마다 유리컵에 금이 가고 깨지면 곤란하다.

다행히 요즘 주방에서 사용하는 유리 제품들은 제법 높은 열에도 잘 견디는 것들이 있다. 유리를 만들 때 붕소 성분을 약간 넣기 때문이다. 규소 원자와 산소 원자 사이에 섞여 있는 소듐 원자 때문에 틈이 생길 만한 자리마다 붕소 원자가 끼어들게 해서 그 틈을 메워 버리는 것이다. 붕소 원자의 크기는 그런 역할을 하기에 꼭 맞다. 1915년, 미국의 한 회사는 이렇게 열에 잘 견디는 유리로 제품을 만들어 본격적으로 팔기 시작해 지금까지도 명성을 이어오고 있다.

유리그릇으로 음식을 만들면 요리가 어떻게 진행되는지 지켜볼 수 있다는 것이 큰 장점이다. 요즘은 속이 투명하게 보이는 상태로 물을 끓일 수 있는 유리 냄비나 주전자를 구하기도 전혀 어렵지 않다. 잘만하면 아예 유리그릇에다가 애플파이를 만들면서 재료가 익어 가는 과정을 볼 수도 있을 것이다.

열에 잘 견디는 유리 제품은 주방을 떠나 실험실에서도 유용하게 쓰인다. 시험관이나 비커, 플라스크 같은 유리 용기들은 모두 열에 잘 견딜수록 좋다. 일단 실험을 제대로 하려면 실험 물질의 양을 정확하게 재야 하는데, 그러려면 눈금이 그려진 투명한 유리 용기를 이용해야 한다. 용기 안에서 화학반응이 어떻게 일

어나고 있는지, 물질들이 어떻게 변해 가는지 관찰하기 위해서도, 나아가 실험 재료를 데우고 끓이고 태우는 갖가지 실험을 하기 위해서도 투명하고 열에 강한 유리 용기가 필요하다. 그래서 모든 종류의 실험실에서 붕소를 첨가한 유리가 대단히 유용하게 쓰인다. 과학기술은 온갖 실험을 통해 발전해 왔고, 그 실험을 가능하게 해 준 것이 다름 아닌 열에 강한 유리 용기들이었으니, 현대 과학기술은 모두 붕소에 조금씩 빚지고 있다.

이렇게 이야기하면 붕소가 굉장히 특수한 원소로 느껴질지도 모르겠다. 사실 헬륨이나 리튬 같은 원소들은 헬륨 풍선, 리튬이온배터리처럼 자주 접하는 제품 이름에 등장하기라도 한다. 하지만 붕소는 이름을 들어볼 기회조차 흔하지 않다. 그러니 붕소가 더 낯설게 느껴질 법도 하다. 그런데 알고 보면 붕소는 무척 오래전부터 주목받아 온 물질이다. 붕소라는 원소를 정확하게 분리해 내기 전부터, 붕소 원자가 들어 있는 붕사硼砂라는 물질이 다양한 용도로 쓰였기 때문이다.

붕사는 붕소와 소듐, 수소, 산소 같은 원자들이 규칙적으로 붙어 있는 물질이다. 붕소를 붕소라는 이름으로 부르는 까닭도 붕사에 붕소 원자가 많이 들어 있었기 때문이다. 영어로는 붕소를 보론boron이라고 하는데, 이것 역시 붕사를 보랙스borax라고 하는 데서 유래한 이름이다.

한반도에는 조선시대 이전부터 붕사가 잘 알려져 있었다. 조선시대 사람들이 계량컵을 만들거나 애플파이를 굽느라 붕사를 쓴 것은 아니다. 그보다는 무엇인가 신기한 성질을 지닌 약품으로 여긴 경우가 많았던 듯하다.

붕사는 소금을 캐는 땅 근처에서 가끔 보이는 물질로, 생김새도 소금과 비슷하다. 하지만 사용해 보면 확실히 소금은 아니다. 이 때문에 옛날 사람들은 붕사를 뭔가 특이한 재료라고 생각해서 다양한 용도에 조금씩 사용했다. 중국에서는 도자기의 빛깔을 좋게 하려고 붕사를 썼고, 조선에서는 청기와를 만들 때 붕사를 사용했다. 경복궁 건축 과정을 기록한 《경복궁영건일기》에는 궁전 지붕을 멋지게 장식할 청기와를 만들기 위해 붕사를 사용해 푸른색을 내려고 했다는 기록이 있다. 또 조선시대의 학자 이경화는 중국 기록들을 참조해서 생선 가시가 목에 걸렸을 때 붕사를 먹으면 좋은 것 같다는 생각을 《광제비급》이라는 책에 기록했다.

과거에는 쇠붙이를 용접할 때 붕사를 섞으면 잘 붙는다고 생각했던 듯하다. 삼국시대 유물 중에 금으로 만든 귀고리에 아주 작은 금 알갱이를 이리저리 붙여서 무늬를 완성한 것이 있다. 《한국민족문화대백과사전》의 〈누금세공〉 항목에는 이런 공예품을 만들 때 붕사를 이용한 것이 아닌가 추측하는 이야기도 소개되어 있다. 그게 아니라도 조선 후기쯤에 이르러서는 붕사를 이용해 땜질을 할 수 있다는 생각이 널리 퍼진 것 같다. 조선 후기에 박지원이 남긴 《열하일기》에 벽돌은 석회로 붙이고, 아교풀로는 나무를 붙이고, 붕사로 쇳덩이를 붙인다는 대목이 보인다. 현대

에도 용접할 때 붕사를 쓰는 경우가 종종 있다.

1809년, 영국의 위대한 과학자 험프리 데이비Humphry Davy가 순수한 붕소를 분리해 내고, 이후 화학 기술이 점점 더 발전하면서 붕소와 관련된 물질은 더 다양한 용도로 활용되기 시작했다.

쓰임새가 많은 것으로 보아 붕소는 정말 특이한 원소일 것 같지만, 사실은 그렇지 않다. 리튬이나 플루오린불소처럼 화학반응을 매우 잘하는 원소도 아니고, 헬륨처럼 화학반응을 아주 안 하는 원소도 아니다. 탄소처럼 온갖 복잡한 모양으로 들러붙는 재주도 없고, 질소처럼 공기 중에 널려 있어서 구하기 편한 원소도 아니다. 금이나 은처럼 보기 좋은 원소도 아니고, 하다못해 베릴륨처럼 이름이 특이하지도 않다. 그러니 붕소는 모든 면에서 좀 어중간한 원소라는 생각도 든다. 그런데 붕소를 이용해 만든 물질들을 가만히 보면 그런 어중간한 성질을 기가 막히게 활용한 것 같다.

붕소 원자가 들어 있는 화학물질 중에 널리 쓰이는 것으로 붕산boric acid이 있는데, 붕산 역시 성질이 좀 어중간한 편이다. 산acid이라고는 하지만 황산이나 염산, 질산처럼 다른 물질을 무시무시하게 녹이지는 않는다. 그런 대표적인 산성 물질에 비하면 사람에게 해를 끼치는 정도도 훨씬 덜하다. 붕산은 이처럼 어중간한 산성을 띠는 덕분에 살충제로 요긴하게 쓰인다. 곤충이 붕산을 먹으면 붕산의 몇 가지 성질이 함께 작용해 몸속을 망가뜨려 살아남지 못한다. 하지만 사람은 실수로 붕산을 조금 먹더라도 치명적인 해를 입지는 않는다. 그래서 집 안에 개미나 해충이 보이면 붕산을 함유한 약으로 퇴치하곤 한다.

만약 붕산이 강력한 산성 물질이었다면 안전한 살충제로 사용할 수 없었을 것이다. 가끔 살충제로 사람을 독살하려다가 실패했다는 기사가 신문에 실릴 때가 있는데, 이렇게 실패한 사건에 붕산이 쓰인 경우가 왕왕 있다. 그만큼 붕산이 인체에 미치는 영향이 적다는 뜻이다. 그렇다고 해서 의사나 약사의 충고에 따르지 않고 붕산을 먹어서는 안 된다. 단지 붕산이 비슷한 다른 물질들에 비해서 상대적으로 안전한 축에 든다는 얘기다. 한편 붕산은 소독제로도 유용해서 효모나 곰팡이 따위를 없애는 용도로도 쓰인다.

첨단기술 영역에서도 붕산은 제법 굵직한 역할을 한다. 흔히 LCD라고 부르는 액정디스플레이 장치를 만들려면 화면을 이루는 플라스틱판에 여러 가지 물질을 섞어 넣고 그 판을 단단하게 굳혀야 한다. 이때 플라스틱판을 살짝 녹이면서 붙여서 굳히기 위해 쓰는 물질을 가교제cross-linking agent라고 한다. LCD 부품 중에서도 편광판이라는 부품을 만들 때 한국의 공장에서 자주 쓰는 가교제 성분이 바로 붕산이다. 만약 붕산이 강력한 화학반응을 일으키는 물질이었다면 화면을 이루는 재료들을 마구 녹여버려서 가교제로 사용할 수 없었을 것이다. 이번에도 붕산의 어중간한 성질이 잘 들어맞은 셈이다.

누구나 귀하게 여기는 보석인 다이아몬드는 탄소가 규칙적인 모양으로 결정을 이룬 것이다. 그런데 탄소보다 양성자가 한 개 적은 붕소와 탄소보다 양성자가 한 개 많은 질소를 정확히 조합하면, 탄소가 규칙적으로 결정을 이룬 것과 아주 비슷한 모양을 만들 수 있다. 이런 식으로 붕소와 질소가 힘을 합친 물질을 질화붕소boron nitride라고 한다. 질화붕소는 다이아몬드처럼 화려한 보석과는 거리가 멀지만, 다이아몬드 못지않게 단단하다. 열에 견디는 능력은 오히려 더 뛰어나다. 그래서 값비싼 다이아몬드를 도저히 쓸 수 없는 공구의 재료로 질화붕소를 사용한다. 총알을 막는 방탄판 재료로 쓸 때도 있다.

이 밖에도 붕소는 많은 식물의 성장 과정에서 세포벽을 만드는데 소량 쓰인다. 그래서 농사를 짓다 보면 비료로 붕소 성분을 아주 약간 주어야 할 때가 있다.

역시 소량으로 사용되지만, 붕소는 반도체를 만드는 핵심 재료다. 반도체의 주재료는 규소인데, 순수한 규소에는 전기가 잘 흐르지 않는다. 여기에 규소와 성질이 비슷하면서도 약간 다른 붕소를 불순물처럼 아주 조금 넣어 주면 훌륭한 반도체가 된다. 규소에 붕소를 살짝 뿌려 주는 이 작업을 도핑dopping이라고 한다. 도핑 작업을 거치면 규소와 붕소의 비슷한 듯 다른 듯한 미묘한 성질 차이 때문에 어떤 때는 전기가 흐르고 어떤 때는 흐르지 않는 반도체의 특징이 생겨난다. 그리고 그 덕택에 계산하고 분석하고 인공지능 프로그램을 작동하는 등 온갖 용도로 반도체를 활용할 수 있다.

끝으로 원자력발전소에서 중요하게 관리해야 하는 방사선인 중성자를 다룰 때도 붕소가 꼭 필요하다. 베릴륨이 중성자를 잘 튕겨 내서 핵분열을 부채질하는 것과 반대로 붕소는 중성자를 잘 흡수하는 성질을 지녔다. 그래서 핵분열이 과도하게 일어나서 원자력이 지나치게 강해질 것 같으면 붕소를 넣어 핵분열을 줄인다. 2011년, 일본 후쿠시마 원자력발전소에서 사고가 났을 때, 한국은 사고 수습을 돕기 위해 붕산 52t을 급히 일본으로 보내기도 했다.

원자력발전의 주재료는 우라늄이나 플루토늄이다. 핵분열로 어마어마한 에너지를 방출하는 이들 원자에 비하면 붕소는 대단찮아 보인다. 하지만 매사에 어중간하고 눈에 띄지 않는 붕소가 있기에 원자력을 안전하게 이용할 수 있다.

6

C

carbon

탄소와 스포츠

C

몸을 움직이며 즐겁게 노는 시간을 생각해 보자. 힘을 쓰면서 노는 것이라면 무엇이든 좋다. 모처럼 시간을 내서 작은 카누를 타고 강물에 나왔다고 생각해 봐도 괜찮겠다. 노를 저으면 카누는 강물 한가운데로 나아간다. 평소 같으면 다리 위를 쌩하고 지나갈 때 잠깐 넘겨다볼 그 강물에 내가 떠 있다. 카누를 타고 물 위에 떠서 강변을 달리는 자동차들을 쳐다보면 이렇게 보내는 시간이 더 여유롭다는 생각이 든다. 힘을 내어 노를 더 저으면 카누는 더 빠르게 움직인다. 팔에 힘이 들어가고, 숨이 차오른다.

다른 아무 스포츠를 상상해도 상관없다. 무엇이건 몸을 움직이고 그러다가 숨이 차올라서 헉헉거리게 되는 운동이라면 좋다. 그 무슨 운동을 하든지 간에 사람은 몸 안에 있는 당분이 화학반응을 일으킬 때 같이 생기는 여러 가지 현상의 힘을 이용해서 몸 곳곳을 움직인다. 그리고 숨을 헐떡이는 동안 그 화학반응을 일으키고 남은 찌꺼기라고 할 수 있는 이산화탄소carbon dioxide를 입 밖으로 내뱉는다. 그러니까 사람이 내뱉는 숨 속에는 대개 이산화탄소가 조금씩 들어 있다는 얘기다.

이산화탄소는 탄소carbon 원자 하나마다 산소 원자가 둘씩 붙어 있는 물질이다. 그런데 따지고 보면 운동할 때마다 몸속에서 소모되는 당분 역시 탄소 원자, 산소 원자, 수소 원자가 여러 개씩 엉겨 붙은 물질이다. 여기에도 탄소가 보인다. 당분이 들어 있는 밥이나 빵, 떡이나 케이크 같은 것을 먹을 때마다 흔히 탄수화물carbohydrate이 많이 들어 있다고 이야기하는데, 탄수화물이라는 말 자체가 탄소 원자에 물을 구성하는 원자인 수소 원자와 산소 원자가 달라붙어 있는 물질이라는 뜻이다.

이처럼 사람은 움직일 때마다 탄소가 많이 든 물질을 사용하고, 역시나 탄소가 섞인 물질을 내뿜는다. 물론 수소와 산소도 등장하기는 했지만, 수소는 우주를 통틀어 가장 흔하며, 산소 역시 지구에 흔하다는 점을 생각하면 아무래도 이 과정의 주인공은 탄소다. 아닌 게 아니라 사람 몸을 구성하는 물질의 주재료도 사실은 탄소다. 사람의 몸은 60% 이상이 수분이므로, 수분을 이루는 수소 원자와 산소 원자가 몸속에 많기는 하지만, 수분을 제외한 나머지만 놓고 보면 탄소가 많다.

사람뿐 아니라 지구의 모든 생물이 수분을 빼고 나면 거의 탄소로 이루어져 있다. 생명체의 주성분인 단백질은 탄소를 중심

으로 수소, 산소, 질소, 황 같은 원자들이 좀 더 다양하게 연결된 물질이고, 유전자가 들어 있는 DNA 역시 탄소를 중심으로 수소, 산소, 질소, 인 같은 원자들이 좀 더 모여 만들어졌다. 이렇듯 지구의 생물은 하나같이 탄소를 많이 사용한다. 왜 그럴까?

화학에서 탄소는 원소들의 황제라고 할 수 있다. 이렇게 말하는 이유는 탄소를 이용하면 다양한 물질을 여러 가지 모양으로 만들어 내기가 무척 편리하기 때문이다. 아주 단순한 것부터 별희한한 성질을 띠는 복잡한 물질까지, 탄소 원자를 이리저리 조합하면 얼마든지 만들어 낼 수 있다. 탄소 원자가 중심이 되어 만들어지는 물질은 그 종류가 어찌나 많은지, 화학의 세부 분야를 나누는 용어 중에 유기화학organic chemistry과 무기화학inorganic chemistry이 있을 정도다. 정확한 설명은 아니지만, 화학을 단순하게 구분하자면 탄소가 많이 들어 있는 물질을 주로 다루는 분야와 그 외의 분야로 크게 나눌 수 있다. 이 중 탄소가 많이 들어 있는 물질을 주로 다루는 분야를 유기화학, 그 외의 분야를 무기화학이라고 해도 크게 틀린 말은 아니다.

탄소가 이렇게나 다양한 물질의 재료가 될 수 있는 까닭은 탄소 원자 한 개가 다른 원자 네 개와 결합하려는 성질을 띠기 때문이다. 탄소 원자 하나에 다른 원자를 붙잡을 수 있는 갈고리가 네 개 달렸다고 상상하면 적당하겠다. 그런데 이처럼 다른 원자를 넷씩이나 가져다 붙일 수 있는 성질이 아무 원자에나 있는 것이 아니다. 우주에서 가장 흔한 수소는 다른 원자 한 개하고만 결합할 수 있다. 갈고리가 한 개뿐인 셈이다. 그러니 수소만 가지고서는 다양한 모양을 만들어 내기 어렵다. 산소는 다른 원자 두 개와 결합할 수 있다. 갈고리가 두 개라고 생각하면 된다. 수소보다야 낫지만, 역시나 산소만으로는 다양한 모양을 만드는 데 한계가 있다.

갈고리가 네 개나 있는 탄소를 이리저리 붙여 가면서 뭔가를 만든다면 다른 원소를 재료로 삼는 것보다 더 다양하고 복잡한 모양을 만들 수 있다. 게다가 탄소 원자가 다른 원자와 달라붙는 힘은 너무 강하지도, 너무 약하지도 않다. 어떤 조건이 갖추어지느냐에 따라 아주 튼튼하게 달라붙을 수도 있고, 조건이 바뀌면 조금만 충격을 받아도 쉽게 떨어지는 상태가 되기도 한다. 그러다 보니 같은 탄소로 이루어진 물질이라도 원자끼리 어떻게 붙어 있느냐에 따라 성질이 달라진다.

탄소의 이러한 특징을 이야기할 때 가장 흔하게 비교하는 것이 다이아몬드와 흑연이다. 탄소 원자 한 개에 또 다른 탄소 원자가 네 개씩 붙은 모양으로 수없이 규칙적으로 연결되어 덩어리를 이룬 것이 다이아몬드로, 빛깔이 곱고 아주 단단하다. 그런데 탄소 원자 한 개에 다른 탄소가 세 개씩만 규칙적으로 달라붙는 방식으로 뭉치면 색이 검고 쉽게 부스러지는 흑연이 된다. 다이아몬드와 흑연은 탄소 원자가 잔뜩 모인 덩어리라는 점에서는 같지만, 쓰임새나 값어치는 너무나 다르다. 흑연은 연필심으로 쓰기는 좋으나 결혼반지로는 적합하지 않다.

이도 저도 아닌 탄소 덩어리 중에는 그냥 까만 숯가루 같은 모양이 되는 것도 많다. 아마 이 때문에 숯을 뜻하는 한자 탄炭을 가져와 탄소라는 이름을 붙였을 것이다. 영어로 탄소를 뜻하는 카본carbon도 라틴어 계통의 말에서 숯, 석탄 따위를 카르보네스carbones 등으로 부른 데서 유래한 이름이다. 이탈리아에서는 숯 굽는 사람, 석탄 캐는 사람을 카르보나리carbonari라고 불렀는데, 파스타의 한 종류인 카르보나라carbonara가 바로 숯 굽는 사람들 사이에서 먼저 퍼진 음식이었기 때문에 그런 이름이 붙었다는 풍문이 있다. 그게 사실이라면 탄소의 원소기호 C와 카르보나라의 알파벳 첫 글자 C는 뿌리가 같다. 카르보나라는 탄수화물이 풍부한 음식이니, 그 속에 탄소가 많이 들어 있기도 하다.

1869년, 남아프리카 공화국의 드비어스De Beers 형제는 농장에서 우연히 84캐럿짜리 다이아몬드를 발견한 덕분에 다이아몬드 회사의 이름이 되어 지금껏 사람들 입에 오르내린다. 다이아몬드 속 탄소는 숯덩이 속 탄소나 생물의 몸속에 있는 탄소와 다르지 않다. 만약 실험실에서 다이아몬드를 탄소 원자로 분해한 뒤에 물을 이루고 있는 산소 원자, 수소 원자와 조합할 수 있다면 이 재료들로 달착지근한 당분을 만들어 낼 수 있을 것이다. 이 방법으로 84캐럿짜리 다이아몬드와 물 한 컵으로 당분을 만든다면 얼추 사탕 한 봉지 정도는 만들 수 있다.

탄소 원자를 어떻게 조합하느냐에 따라 얼마든지 다양한 물질을 만들 수 있다 보니 가끔 탄소 원자로 이상한 물질을 만드는 곡

예와 같은 실험에 도전하는 과학자들도 있다. 보통 C_{60}라고 부르는 물질이 그 대표적인 예다. C_{60}는 탄소 원자 예순 개를 잘 조합해서 축구공과 같은 모양을 이루도록 한 물질이다. 이 축구공 모양 입자 한 개의 크기는 100만 분의 1mm 정도밖에 되지 않는다. 비슷한 방식으로 탄소 원자를 조합해서 가느다란 빨대 모양으로 만드는 실험을 한 사람들도 있었다. 이렇게 만들어 낸 물질은 탄소 원자로 이루어진 아주 가느다란 관이라는 뜻에서 탄소나노튜브carbon nanotube라고 부른다. 탄소나노튜브의 단면 지름은 100만 분의 1mm에서 10만 분의 1mm에 불과하지만, 길이는 훨씬 길게 계속 이어 붙일 수 있다.

초창기에는 이런 물질을 만드는 일이 그저 신기한 곡예같이 느껴졌지만, 요즘 과학자들은 이렇게 탄생한 새로운 물질의 특성을 필요한 곳에 활용하는 방안을 찾아내고 있다. 예컨대 탄소나노튜브는 전기에 대한 성질이 특이해서 배터리 성능을 높이기에 좋다고 한다. 그래서 한국의 어느 화학 회사는 탄소나노튜브를 대량생산하는 공장을 지어 1년에 1,000~2,000t가량 끊임없이 이 물질을 만들어낸다. 한 걸음 더 나아가 이 회사는 세계 최대의 탄소나노튜브 공장을 건설할 준비도 하고 있다. 계획대로 일이 풀린다면 한반도는 탄소나노튜브를 세계에서 가장 많이 생산하는 곳이 될 것이다.

다채로운 물질을 만들어 낼 수 있는 탄소는 생물의 다양한 활동에 필요한 갖가지 물질을 만들기에도 적합한 재료다. 탄소가

아무 이유 없이 우리 몸의 주재료가 되지는 않았을 것이다. 수십 억 년 전, 지구상 모든 생명체의 선조인 작은 세균 비슷한 생물이 처음 생겨날 때를 상상해 보자. 물속을 떠돌아다니던 탄소 원자들이 저마다 화학반응을 일으켜 조금 더 복잡한 물질로 변해 간다. 탄소는 복잡하고 다양한 구조의 여러 물질을 만들어 낼 수 있으므로 더욱 다양하고 복잡한 물질을 계속 만드는 재료가 되는 경우가 잦았을 것이다. 그리고 그렇게 생겨난 복잡한 물질이 서로 서서히 엉겨 붙다가 어느 날 아주 간단한 생물의 모습을 갖추게 되었을 것이다. 그리하여 탄소에서 출발한 그 생명체의 후손들이 모두 탄소를 함유한 당분을 사용해 생명 활동을 하고, 숨 쉴 때마다 이산화탄소를 내뱉는 삶을 살게 되었을 것이다.

그런데 118종의 원소를 모두 살펴보면 탄소처럼 다른 원자 네 개와 잘 달라붙을 수 있는 것이 몇 가지 더 있다. 주기율표에는 이런 원소들이 탄소 아래에 한 줄로 나열되어 있다. 탄소 바로 아래 칸에는 규소가 적혀 있는데, 규소 역시 탄소처럼 다른 원자 네 개와 잘 달라붙을 수 있다. 미국의 TV 시리즈 〈스타트렉Star Trek, 1966〉에는 주인공 일행이 머나먼 외계 행성에서 규소가 주성분인 생명체를 발견하고 놀라는 장면이 있다.* 원자라는 재료로 얼마나 복잡한 모양을 만들 수 있는지만 따진다면 그런대로 말이 되는 이야기다. 그래서 한때 SF에 규소가 주성분인 생명체가 종종

* 시즌 1의 25회 에피소드 '어둠 속의 악마The Devil in the Dark' 편.

등장했고, 이런 생물들을 규소 기반 생명체silicon based life form로 부르기도 했다.

같은 방식으로 이름을 붙여 보면 지구에 사는 생명체를 이루는 주성분은 탄소니까 우리는 모두 탄소 기반 생명체carbon based life form인 셈이다. 앞서 탄소가 많이 들어 있는 물질을 주로 다루는 분야라고 설명했던 유기화학이라는 말도 원래는 유기체organism를 이루는 성분에 관한 화학이라는 뜻이다. 지구에 사는 모든 유기체, 즉 생명체의 몸에는 탄소가 많이 들어 있다. 그리고 생명체의 삶이란, 탄소가 많이 들어 있는 온갖 물질을 만들고 분해하고 주고받고 빼앗고 활용하는 과정이라고 요약할 수 있다. 그러므로 유기화학은 탄소에 관한 화학이 될 수밖에 없다.

그렇다면 우리 몸을 이루고 있는 탄소는 모두 어디서 왔을까? 우리는 밥을 먹고 살고, 밥을 먹으면 몸에 살이 붙는다. 밥은 쌀로 만드는데 그 속에 있는 탄수화물, 단백질, 지방은 모두 탄소가 많이 들어 있는 물질이고, 이 물질들이 몸속에서 소화되면서 분해되고 나중에 다시 새롭게 조립되면서 피와 살이 된다. 그러니까 우리 몸을 이루는 탄소 원자들은 원래 쌀과 같은 식물을 이루고 있다가 우리에게로 왔다고 할 수 있다. 혹시 “나는 쌀은 거의 먹지 않고 고기만 먹고 사는데?”라고 하는 사람이 있다면 가축이라는 단계를 하나 더 거쳤다고 보면 된다. 쌀, 콩, 건초 같은 식물을 먹은 소가 식물 속의 탄소를 흡수해서 자기 몸을 만드는 데 사용하고, 그 쇠고기를 먹은 사람이 쇠고기에 들어 있는 탄소를 다시 흡수해서 몸을 만드는 데 사용한다.

그러면 쌀이나 콩 같은 식물을 이루는 탄소는 어디서 온 것일까? 식물은 공기 중에 있는 이산화탄소를 흡수하고 태양에너지를 받아 탄수화물을 만든다. 식물뿐 아니라 물속에 사는 남세균 cyanobacteria 같은 세균도 이런 재주를 부린다. 이처럼 식물이나 남세균 같은 생물이 햇빛을 받아 공기 중의 이산화탄소를 탄수화물로 바꾸는 화학반응을 광합성이라고 한다.

탄소 원자 관점에서 이 과정을 다시 보면, 탄소 원자들이 산소 원자와 들러붙어 이산화탄소라는 물질을 이룬 상태로 허공을 떠다니다가, 식물의 잎사귀나 세균의 몸에 닿아 이산화탄소에서 떨어져 나오고, 그곳에 있던 다른 원자들과 새롭게 들러붙어 탄수화물이 되어서 식물 몸의 일부로 자리 잡는다고 볼 수 있다. 그래서 광합성 과정을 탄소고정carbon fixation이라고 부르기도 한다.

결국 우리에게 친숙한 생물 대부분은 공기 중의 이산화탄소가 변하고 또 변해서 만들어졌다고 할 수 있다. 공기 속의 이산화탄소가 식물의 몸이 되었다가, 다시 그 식물을 먹은 동물의 몸이 되는 것이다. 더러 옛날이야기에서는 흙을 빚어 사람을 만들었다고 하는데, 사람 몸의 주재료가 탄소라는 사실을 생각하면 흙보다는 이산화탄소, 즉 공기가 모여서 사람이 만들어진 것에 더 가깝다. 산을 뒤덮고 있는 나무와 풀, 흙 위를 기어 다니는 개미와 같은 벌레들, 새와 사람 같은 모든 생물이 이를테면 공기와 바람의 자손인 셈이다.

화성이나 금성의 대기 중에도 이산화탄소가 꽤 많다. 그래서 사람들은 광합성을 하는 식물이나 세균이 화성이나 금성에 발붙이고 살게 할 수만 있다면, 그곳에 생물이 사는 땅을 만들 수 있지 않을까 상상하기도 한다. 화성의 춥고 메마른 땅이나 금성의 뜨겁고 두꺼운 구름 속에서도 견디는 광합성 세균을 기를 수만 있다면, 그 세균들이 화성과 금성에 번성해 다른 생물을 위한 먹이와 자원이 될 것이다. 특히 광합성 과정에서 부산물로 생기는 산소가 조금씩 많아지다 보면 우주 저편의 삭막한 행성에서 사람이 숨 쉴 수 있는 날이 올지도 모른다.

이야기하고 보니 이산화탄소가 마치 수많은 생명체의 어머니같이 느껴지기도 한다. 그런데 사실 지구의 공기 중에는 이산화탄소가 별로 없다. 지구의 공기는 질소가 78%, 산소가 21%를 차지하고, 생명체를 이루는 재료인 이산화탄소는 고작 0.04%밖에 되지 않는다. 그래도 공기 중의 이산화탄소가 금방 바닥나는 일은 없다. 생명체가 죽으면 곰팡이와 세균이 화학반응을 일으켜 유해를 썩게 하는데, 이 과정에서 생명체의 몸은 다시 이산화탄소로 변해서 공기 중으로 돌아간다. 그러니 지상의 수많은 생물이 살아가는 모습을 요약하면 공기 중에 0.04%밖에 없는 이산화탄소 중 일부가 화학반응을 거치며 탄수화물이 되고, 단백질과 지방의 재료로도 활용되어, 마침내 생물의 몸이 되었다가, 생명활동을 마친 뒤 분해되어 다시 이산화탄소로 돌아가는 과정이라고 할 수 있다. 그 많은 생물의 모든 삶은 허공을 채운 공기의

0.04%가 이렇게 변했다가 저렇게 변하는 과정인 셈이다.

흔히 사람은 흙에서 태어나 흙으로 돌아간다는 표현을 쓸 때가 있는데, 이렇게 보면 생명은 이산화탄소에서 태어나 이산화탄소로 돌아간다고 해야 할 것 같다. 문학적 상상력을 조금 보태서 사람은 바람 속에서 태어났다가 바람으로 돌아간다고 말해 볼 수도 있겠다.

이런 과정에서 이산화탄소 속의 탄소 원자들은 저마다 다른 여정을 거칠 것이다. 어떤 탄소 원자는 광합성을 하는 세균의 몸에서 탄수화물이 되었다가 다시 이산화탄소가 되어 5분 뒤에 그 세균이 생을 마감하며 내뿜은 숨에 섞여 공기 중으로 튀어나왔을 수 있다. 또 다른 탄소 원자는 광합성을 하는 풀의 엽록소에 붙잡혀 잎사귀를 이루고 있다가, 그 풀을 뜯어 먹은 소의 몸속에 있다가, 소가 만들어 낸 우유에 있다가, 그 우유를 먹은 아이의 몸에 들어가서 신체의 한 부분을 이루고 있다가, 그 아이가 100년 인생을 사는 동안 몸속에 머물다가, 그가 세상을 떠난 후에 비로소 공기 중으로 나올 수도 있다.

요즘 우리에게는 생물들이 이산화탄소를 얼마나 흡수하고 또 얼마나 내뿜는지 지구 전체의 상황을 따져 보는 일이 점점 중요한 문제가 되어 가고 있다. 만일 살아 있는 생물이 흡수하는 이산화탄소의 양과 죽은 생물이 썩고 분해되면서 되돌려놓는 이산화탄소의 양이 서로 비슷하다면, 공기 중 이산화탄소의 전체 양은 일정하게 유지될 것이다.

그런데 지구의 46억 년 역사 중에 그 균형이 크게 깨진 경우가 가끔 있었다. 수십억 년 전에는 광합성을 할 수 있는 세균들이 갑자기 늘어나 번성하면서 이산화탄소를 마구 흡수하는 바람에 공기 중 이산화탄소가 확 줄어든 적이 있다. 반대로 화산이 폭발해 땅속의 이산화탄소가 갑자기 튀어나와 공기 중의 이산화탄소가 늘어나는 일도 생긴다.

요즘은 인간의 활동으로 이산화탄소가 늘어나는 것이 심각한 문제가 되고 있다. 공기 중의 이산화탄소는 지구를 덮는 이불 같은 역할을 할 수 있다. 사람들이 연료를 태울 때 배출된 이산화탄소가 공기 중에 점점 많아지면 지구 어딘가의 기온이 높아지고, 이 때문에 날씨가 괴상하게 바뀌어서 사람들이 해를 입을 가능성이 커진다. 탄소배출carbon emission이 늘어나서 기후변화climate change가 일어난다는 말이 바로 이 얘기다.

우리가 연료로 자주 사용하는 석탄이나 석유는 수억 년 전에 살았던 생물들이 땅속에 묻혀 생성된 것이다. 생명체를 이루는 주재료가 탄소이므로 석탄과 석유의 주재료도 탄소일 수밖에 없다. 이런 물질을 태우면 탄소가 배출되고, 탄소가 공기 중의 산소와 만나 이산화탄소로 변한다. 그러니 우리가 석탄이나 석유 같은 연료를 많이 태울수록 공기 중 이산화탄소의 양이 늘어난다.

지금까지 우리가 이런 물질을 연료로 애용해 온 이유는 사용하기가 너무나 편리하기 때문이다. 특히 석유는 탄소의 원천일 뿐 아니라 공장에서 가공하기도 편리하다.

석유를 캐는 유전에서는 탄소가 들어 있는 다양한 물질을 뽑아낼 수 있는데, 탄소 원자 하나에 수소 원자가 넷씩 붙어 있는 물질이 메테인이다. 흔히 메탄가스라고 부르며 가스레인지나 가스보일러의 연료로 쓰는 도시가스, 즉 LNG의 주성분이다. 탄소 원자 네 개에 수소 원자 열 개가 붙어 있는 것은 뷰테인으로, 다른 말로 부탄가스라고 한다. 휴대용 가스 캔에 들어가는 바로 그 연료다. 부탄가스는 원래 기체지만, 메탄가스보다 입자가 더 큰 물질이라 서로 끈적하니 달라붙어 액체로 변하기가 쉽다. 투명한 플라스틱으로 만든 라이터는 그 안에 담긴 액체 연료가 보이는데, 부탄가스에 압력을 가해서 액체로 만들어 넣은 것이다. 옥탄이라고도 부르는 옥테인 역시 석유에서 뽑아낸다. 탄소 원자 여덟 개에 수소 원자 열여덟 개가 붙어 있는 이 물질은 가만히 두어도 서로 들러붙어 액체가 된다. 옥탄은 휘발유gasoline의 주요 성분으로 잘 알려져 있다.

태워서 연료로 이용하는 방법 말고도 석유를 가공해서 쓰는 방법은 대단히 많다. 예를 들어 석유에서 탄소 원자가 둘씩 붙어 있는 물질을 뽑아낸 다음, 각 탄소 원자에 수소 원자가 두 개씩 달라붙도록 가공하면 에틸렌ethylene이 된다. 에틸렌은 화학반응을 잘 일으키는 성질이 있어서 탄소가 많이 든 다른 여러 물질을 만들어 내는 원료로 쓸 수 있다.

예를 들면 에틸렌 분자들이 줄줄이 소시지처럼 계속 달라붙어 기다란 실 모양을 이루도록 만든 물질을 폴리에틸렌이라고 한다.

폴리에틸렌은 열을 가하면 녹지만 식히면 딱딱하게 굳는다. 그래서 무엇이든 원하는 모양으로 만들어 낼 수 있다. 얇고 가벼운 비닐봉지부터 플라스틱 그릇이나 장난감, 기계 부품 등 주변에서 흔히 보는 수많은 플라스틱 제품이 폴리에틸렌으로 만든 것이다. 또 폴리에틸렌을 실 모양으로 뽑아내서 천 모양으로 붙인 것이 부직포인데, 이 부직포로 전염병을 예방하는 마스크를 만들 수 있다. 한국에서는 매년 1000만 t에 가까운 에틸렌을 생산해 세계에 수출한다.

폴리에틸렌 말고도 폴리프로필렌, 폴리에스터, 폴리스티렌, 폴리카보네이트, 친숙한 약자인 PET로 부르곤 하는 폴리에틸렌테레프탈레이트 등 수많은 물질을 석유에서 뽑아낸 탄소 원자로 만들고, 이런 재료를 사용해 옷, 가구, 전자제품, 자동차 부품 등 현대인의 생활에 필요한 온갖 물건을 만든다. 수출액을 기준으로, 이 같은 산업이 한국 경제의 20~25%를 떠받치고 있으니 한국은 어찌 보면 화학의 나라라 할 수 있다. 유전이 많은 나라에서 석유를 캐내 한국으로 보내면 한국에서는 석유로 온갖 화학제품을 만들어 다시 전 세계에 판매한다. 이것이 한국 경제를 움직이고 한국 사회가 돌아갈 수 있게 하는 한 축이다.

게다가 석유에서 뽑아낸 물질을 잘 가공해 특별히 정교한 구조를 이루는 물질을 만들어 내면 생명체의 몸을 조종하는 성질을 띠게 할 수도 있다. 실제로 석유에서 뽑아낸 물질을 가져다가 여러 단계에 걸쳐 화학반응을 일으켜 병을 치료하는 여러 가지 약

을 만든다. 이처럼 석유는 그저 연료로 태워 버리기에는 쓰임새가 너무나 다양하다. 이렇게 보면 석유를 연료로 써 없애기보다는 이산화탄소를 덜 배출하면서 꼭 필요한 무언가를 만드는 용도로 아껴 쓰는 편이 더 낫지 않을까?

마지막으로, 생명체를 이루는 탄소 원자가 대부분 공기 중의 이산화탄소로부터 온 것이라면, 애초에 그 탄소 원자들은 어떻게 생겨났을까? 무엇이 변해서 지구의 공기 속 탄소 원자가 되었을까?

한 원자를 다른 원자로 변하게 하는 일은 굉장히 어렵다. 화학 공장에서는 석유에서 뽑아낸 물질로 푹신한 폴리스티렌 재질도 만들 수 있고, 딱딱한 폴리에틸렌 재질도 만들 수 있지만, 화학 공장의 거대한 설비 속에서도 탄소 원자가 황 원자나 철 원자로 바뀌는 일은 일어나지 않는다. 화학 공장에서 일어나는 일은 원자 자체가 다른 원자로 바뀌는 것이 아니라, 원자들끼리 붙어 있는 순서가 바뀌거나 조립된 모양이 달라지는 것일 뿐이다. 옛날 연금술사들이 납으로 온갖 시도를 다 하고서도 금을 만들 수 없었던 것은, 화학 실험실에서는 납 원자에 무슨 짓을 해도 그것이 금 원자로 바뀌지 않기 때문이다.

그런데 방사성 물질이 일으키는 아주 특수한 반응이나, 거대한 별의 중심부와 같이 온도와 압력이 엄청나게 높은 환경에서는 한 원자가 다른 원자로 바뀌기도 한다. 이런 반응을 핵반응nuclear reaction이라고 한다. 원자로 안에서는 방사성 물질인 우라늄 원자가 중성자와 충돌할 때 원자핵이 쪼개져 크립톤 원자와 바륨 원자로 바뀐다. 이렇게 원자핵이 쪼개지는 반응을 핵분열이라고 하며, 원자력발전소에서는 핵분열 현상이 꾸준히 일어나게 해서 그때 발생하는 열로 증기기관이 달린 발전기를 돌린다.

그리고 온도와 압력이 어마어마하게 높은 별의 중심부에서는 원자들이 날아다니다가 부딪힐 때 원자핵이 서로 합쳐지면서 다른 원자로 바뀐다. 이것이 핵융합 현상이다. 지금도 태양에서 수소 원자들이 합쳐져 헬륨 원자로 변하고 있듯이, 태양보다 더 강하게 핵융합반응을 일으키는 별 속에서는 수소보다 더 큰 원자들이 서로 합쳐져 헬륨보다 더 무거운 원자로 바뀔 수 있다. 이 같은 과정을 통해서 별의 주성분인 수소가 점점 더 무거운 원자로 변해 가며 여러 가지 원자가 생겨난다. 즉, 대폭발로 우주가 탄생할 때 수소가 잔뜩 생겨났고, 수소가 모여서 별이 된 후에는 핵융합반응으로 수소 원자들이 합쳐지면서 점점 더 무거운 원자로 변해 가는 것이다. 대폭발 당시에는 수소와 함께 약간의 헬륨과 리튬이 생겨난 정도였고, 그 외의 원자들은 대부분 이런 식으로 별이 빛을 내는 과정에서 생겨났으리라는 것이 요즘 과학자들 생각이다.

따라서 사람을 비롯해 모든 생명체를 이루는 여러 가지 원자들도 아주 먼 옛날 어느 별에서 가벼운 원자들이 빛을 내뿜으며 합쳐지는 과정에서 생겨났다고 볼 수 있다. 그 원자들이 긴 시간 우주를 떠돌다가, 우연히 한자리에 모여서 지구라는 행성이 되었고, 지구에 모인 다양한 원자 가운데 재주 많은 탄소를 중심으로 다른 여러 원자가 연결된 것이 바로 독자 여러분과 나, 우리다. 하늘에서 별을 따다 준다는 말이 있는데, 별 중에서도 탄소 원자가 좀 많은 부분을 따 온 것이 바로 우리다. 그러니 이 행성에서 생물이 살아가는 동안 힘이 들어 한숨을 쉴 때가 있다면, 그 숨결 속에 들어 있는 이산화탄소도 결국은 별의 지친 잔해라고 말해 볼 수 있다.

7

N

nitrogen

질소와 목욕

N

하루 일을 마치고 이제 좀 쉬어 볼까 싶을 때 따뜻한 물을 받은 욕조 안에 멍하니 앉아 있으면 즐겁다. 온몸이 풀리면서 마음도 편해진다. 20세기 초만 해도 이런 호사를 즐기기가 쉽지 않았지만, 이제는 집집이 연결된 수도시설과 난방장치 덕분에 훨씬 많은 사람이 편안하게 휴식을 누릴 수 있게 되었다. 2019년에 환경부가 발표한 자료를 보면 한국은 가구의 99.1%에 수도가 연결되어 있다고 한다.

그런데 이 한가롭고 평화로운 휴식을 방해하는 문제가 생길 때가 가끔 있다. 여기서는 그런 문제 중에서도 화장실 냄새에 관해 이야기하려 한다.

요즘 집들은 대체로 욕조 또는 샤워 부스와 세면대, 변기가 한 공간에 설치되어 있다. 이렇게 해야 깨끗한 물이 나오는 상수도와 사용한 물을 내보내는 하수도를 편리하게 연결할 수 있기 때문이다. 화장실을 사용한 뒤에 손을 씻어야 한다는 점을 생각해도 이런 구조는 편리하다. 그래서 대다수 집은 욕실과 화장실이 한 공간에 있다. 그러다 보니 간혹 모든 근심을 잊고 따뜻한 물속에서 좀 쉬어 보려는데 하수구 깊은 곳에서부터 역한 냄새가 올라와 평화를 깨뜨릴 때가 있다.

우리가 냄새를 맡는다는 것은 기체가 콧속에 들어와서 화학반응을 일으켰다는 뜻이다. 이때 어떤 기체가 들어왔느냐에 따라서 다른 냄새가 난다. 예를 들어 탄소 원자 열 개와 수소 원자 열여섯 개가 붙어서 만들어지는 리모넨이라는 물질이 코에 닿으면 귤이나 레몬 향기를 느끼게 된다. 탄소 원자 여섯 개와 수소 원자 여섯 개가 붙어서 만들어지는 벤젠이라는 물질이 코에 닿으면 주유소에서 나는 것과 비슷한 기름 냄새를 느끼게 된다.

화장실에서 나는 냄새의 원인 물질은 암모니아, 인돌, 스카톨, 황화수소 따위다. 이 중에서 꼭 짚고 넘어가야 할 물질을 고른다면 단연 암모니아ammonia와 인돌indole이다. 많은 사람이 암모니아 하면 코를 찌르는 강한 악취를 떠올릴 것이다. 인돌은 암모니아보다 이름이 낯설지만, 화장실 하면 떠오를 만한 그 구수하고 묵직한 냄새의 주인공이다. 암모니아와 인돌은 화장실 냄새의 양대 산맥이라 할 수 있다.

이 두 물질은 모두 질소nitrogen를 품고 있다. 암모니아는 질소 원자 한 개에 수소 원자 셋이 붙어 있는 물질이다. 우주에 가장 흔한 것이 수소임을 생각하면 암모니아는 질소를 이용해 만들 수 있는 무척 간단한 물질이라 할 수 있다. 인돌은 이보다 좀 더 복잡해서 탄소 원자 여덟 개와 수소 원자 일곱 개가 붙어 있는 모양에 질소 원자가 한 개 연결된 형태다. 어느 쪽이든 화장실 냄새가 난다는 것은 질소를 품은 어떤 물질이 사람 몸에서 나와 화장실 곳곳에 퍼져 있을 가능성이 크다는 얘기다.

그럴 수밖에 없는 것이 질소는 사람에게 꼭 필요한 물질이라 늘 우리 몸속을 들락날락한다. 사람 몸은 단백질로 이루어졌는데, 단백질은 아미노산amino acid이라는 물질이 수없이 붙어 있는 덩어리다. 그런데 여기서 아미노amino라는 말은 질소가 들어 있는 대표적인 물질 암모니아에서 온 것이다. 좀 더 따져 보면 아미노는 아민amine을 포함했다는 뜻을 지닌 말이고, 아민은 아미노산을 구성하는 수소 원자들에서 한두 개가 빠지고 그 대신 다른 원자들이 붙어 있는 것을 일컫는 말이다. 따라서 아미노산이라는 말을 문자 그대로 풀이하면 '암모니아 비슷한 느낌의 산성 물질'이라고 할 수 있을 것이다. 당연히 아미노산에는 질소가 들어 있다. 그러니 아미노산으로 이루어진 단백질 속에도 질소가 많을 수밖에 없다.

그리고 사람 몸이 단백질로 이루어졌으니 신체를 유지하려면 반드시 질소를 섭취해야 한다. 우리 몸의 60% 이상을 차지하는 수분 속의 수소와 산소, 생명체에서 가장 중요한 원자인 탄소를 제외하면, 그다음으로 가장 많은 양을 차지하는 원소가 아마 질소일 것이다. 그 정도로 질소는 우리 몸에 꼭 필요한 물질이다.

얼핏 생각하면 질소는 얼마든지 쉽게 섭취할 수 있을 것 같다. 우리가 사는 지구의 공기는 78%가 질소다. 공기를 연료로 움직이는 자동차를 만든다거나 공기 중에서 토끼나 동전을 꺼낸다면 분명 놀라운 일이겠지만, 공기에서 질소를 얻는 일은 딱히 어려울 게 없어 보인다. 질소가 얼마나 흔한지 과자 봉지에도 질소 기체를 듬뿍 넣는다.

그런데 좀 더 살펴보면 생각보다 골치 아픈 문제를 맞닥뜨리게 된다. 사람이 공기를 아무리 들이마셔도 그 속에 있는 질소를 아미노산과 단백질의 재료로 활용할 수가 없다. 여기서 인생의 어려움, 삶의 피곤함, 생명의 고난이 시작된다.

우리 몸은 매우 복잡하고 섬세하고 놀라운 성능을 지녔지만, 공기 중에 널린 질소 기체에서 질소 원자를 뽑아내 단백질을 만드는 기술은 신체 어느 부위에도 없다. 산소의 경우, 우리가 폐로 숨을 쉬어 산소 기체를 빨아들이면 혈액이 산소를 싣고 온몸을 돌아다니면서 산소 원자가 필요한 곳에 전해 준다. 그런데 질소 기체를 담당하는 신체 기관은 찾아볼 수가 없다.

신기하게도 사람뿐 아니라 다른 동물도 사정이 같다. 질소 기체는 질소 원자가 두 개씩 짝지어 붙은 물질인데, 이것을 각각의 원자로 쪼개서 아미노산이나 단백질의 재료로 사용할 줄 아는 동물이 발견됐다는 소식은 못 들어 봤다. 지구에는 전기를 내뿜는 전기뱀장어, 초음파로 세상을 보는 박쥐 등 신기한 동물이 많고도 많은데, 그 많은 동물 가운데 공기 중의 질소를 빨아들여서 몸을 키우는 재료로 쓰는 동물은 없다. 심지어 식물도 마찬가지다. 식물은 공기 중에 0.04%밖에 없는 이산화탄소를 알뜰하게도 흡수해서 광합성 재료로 활용해 당분을 만들어 내는 놀라운 재주를 지녔다. 그런데도 공기의 78%나 차지하는 질소 기체를 활용할 줄 아는 식물은 없다. 물론 식물이 자라는 데도 질소가 필요하다. 그래서 식물은 질소를 공기 중에서 얻는 대신 뿌리를 통해 땅에서 흡수한다.

생명체가 질소 기체를 몸속에서 단백질 재료로 바꾸지 못하는 것은 질소 원자 특유의 성질 때문이다. 질소 원자 자체는 화학반응을 잘한다. 그래서 질소 원자가 든 물질을 이용해 다양한 화학물질을 만들어 내는 공장도 많다. 무기나 불꽃놀이 재료로 사용하는 화약에도 대부분 질소 원자가 들어 있다. 질소 원자가 아주 빠르고 강하게 화학반응을 할 수 있도록 만든 다음, 필요할 때 폭발적인 속도로 반응하게끔 해 둔 것이 화약이다. 로켓이나 미사일을 발사할 때도 질소가 화학반응을 빠르게 일으킨다는 점을 활용한다. 한국의 나로호 로켓도 질소를 이용해 만든 과염소산암모니아라는 물질을 사용해 폭발적으로 불꽃을 뿜게 한 덕분에 인공위성을 궤도에 올릴 수 있었다.

과거에는 질소 원자가 많이 들어 있는 초석이라는 돌을 화약이나 비료를 제조하는 원료로 유용하게 사용했다. 초석을 영어로 나이터niter라고 하는데, 질소를 뜻하는 영어 단어 나이트로젠

nitrogen이 바로 여기서 나왔다. 마찬가지로 유럽 여러 나라 언어로 질소를 뜻하는 단어들도 나이터가 이리저리 변해서 생겼다.

참고로 한자어 질소에 사용된 질窒은 질식한다는 뜻을 지닌 글자로, 초석과는 별 상관이 없다. 유럽에서 질소를 발견한 초창기에 이 물질이 공기 대부분을 차지하기는 해도 이것만 있어서는 숨을 쉬지 못한다는 뜻에서 붙였던 이름이다. 숨을 쉬려면 질소보다는 산소가 있어야 하니까 이 이름도 일리는 있다. 그리고 그 이름이 아시아 지역으로 전해져 번역되면서 질소라는 단어가 생긴 것으로 보인다. 프랑스의 전설적인 화학자 앙투안 라부아지에Antoine Lavoisier는 이런 뜻에서 질소를 아조트azote라고 했는데, 이 말은 생명이 없다는 뜻을 지닌 그리스어 아조토스ἄζωτος에서 온 것이라고 한다. 아조트의 영향으로 지금도 질소와 관련된 화학물질 중에 아조azo나 아진azine 같은 이름이 붙은 것들이 있다. 로켓이나 미사일 연료로 자주 쓰이는 물질 중에 하이드라진hydrazine이라는 것이 있는데, 이름이 '-아진'으로 끝나는 만큼 이 물질에도 질소 원자가 들어 있다.

질소 원자는 화약으로 만들 수 있을 만큼 화학반응을 잘하는데, 어째서 공기 중의 질소 기체에서 질소 원자를 뽑아내 생명체의 몸속에서 활용하는 일은 어려울까? 그 까닭은 질소 원자가 자기들끼리 화학반응을 유독 강하게 할 수 있기 때문이다. 질소 원자 자체는 다른 원자들에 달라붙으며 화학반응을 잘하지만, 질소 원자 둘이 만나서 질소 기체가 되면 서로 착 달라붙어 웬만해

서는 안 떨어진다고 생각하면 얼추 비슷하겠다.

원자들이 서로 달라붙을 때는 주로 원자 안에 있는 전자가 다른 원자를 끌어당겨 붙드는 갈고리 역할을 한다. 질소 원자에는 보통 일곱 개의 전자가 있는데, 일곱 개 전부가 갈고리 역할을 하는 것은 아니고, 전자들이 질소 원자 내부에서 움직이는 속도와 거리, 전자의 무게 등이 작용한 결과로 일곱 개 중 세 개가 다른 원자를 끌어당겨 붙들 수 있는 위치에 온다. 그러니까 전자 세 개가 갈고리 역할을 할 수 있다는 뜻이다. 예를 들어 질소 원자 하나에 달린 세 개의 갈고리에 각각 우주에서 가장 흔한 원자인 수소 원자가 하나씩 걸려 있다고 생각해 보자. 그러면 질소 원자 하나마다 수소 원자 셋이 붙어 있는 덩어리가 만들어질 텐데, 이런 물질이 바로 암모니아다. 그런데 같은 질소 원자 둘이 달라붙을 때는 이들 세 전자가 모두 한꺼번에 서로서로를 이끌어 붙이는 갈고리 역할을 해서 서로가 서로를 아주 야무지게 붙어 있게 한다. 이런 모습을 가리켜 질소가 삼중결합을 했다고 표현한다. 원자 하나에 전자가 셋씩이나 갈고리 역할을 하며 서로를 끌어당기고 있는 물질은 많지 않다. 그런데 질소 기체가 여기에 해당한다.

이 때문에 생명체가 질소 기체를 아무리 들이마셔 봤자 어지간해서는 질소 원자 두 개를 서로 떼어 낼 수가 없고, 당연히 질소 원자를 재료 삼아 다른 물질을 만들 수도 없다. 이렇듯 삼중결합의 힘이 너무나 강한 탓에 질소 기체는 별다른 화학반응을 일으키지 못한다. 질소 원자를 필요로 하는 생명체로서는 안타까운 노릇이지만, 한편에서는 바로 그 이유로 과자 봉지에 질소 기체를 넣는다. 질소 기체가 과자 봉지 안에서 아무런 화학반응도 일으키지 않으므로 과자의 질이 변하지 않는다. 화학반응을 안 한다는 점만 고려하면 헬륨을 넣어도 비슷한 효과를 볼 수 있겠지만, 헬륨보다는 질소가 훨씬 값이 싸고 공기 중에 얼마든지 있으니 구하기도 쉽다.

그렇다면 동식물이 몸속에서 질소 원자를 활용하려면 어떻게 해야 할까? 질소 기체가 아닌 화학반응을 잘하는 다른 물질 속에 들어 있는 질소 원자를 흡수하면 된다. 그러기 위해서는 누군가가 질소 기체의 삼중결합을 끊어서 화학반응을 잘하는 다른 물질로 바꾸어야 한다. 그래야 동식물이 그 물질 속에 있는 질소 원자로 몸에 꼭 필요한 아미노산과 단백질을 만들어 낼 수 있다.

다행히도 지구에는 오랜 옛날부터 이런 일을 해 온 특별한 생물이 있다. 다름 아닌 세균들이다. 수많은 세균 중 몇몇 종류가 공기 중의 질소 기체를 흡수해서 화학반응을 잘하는 다른 형태의 물질로 바꾼다. 식물은 땅속 세균들이 바꿔 놓은 물질을 뿌리로 빨아들여 그 속에 든 질소 원자를 이용해 단백질 등 여러 가지 필요한 물질을 만든다. 그리고 동물들은 바로 그 식물을 먹는다. 단백질에 초점을 맞춰 생각하면 우리 눈에 잘 띄지도 않는 세균들이 세상의 모든 생명을 떠받치고 있는 셈이다. 질소 기체의 삼중결합을 끊어 생명체가 활용하기 좋은 질소 원자로 바꿔 주는 이 세균들이 없다면 식물이 자라지 못하고, 동물도 살아갈 수 없다.

세균이 머나먼 옛날부터 끊임없이 해 온 이 일을 사람은 20세기 초반이 돼서야 해냈다. 공장을 짓고 값비싼 수소 기체와 높은 압력을 이용하는 거대한 기계를 설치해서 겨우겨우 질소 기체를 다른 물질로 바꾼다. 20세기 초에 드디어 인류가 이런 일을 해냈다는 소식이 알려졌을 때, 온 세상 사람들이 감격했다. 농작물을 잘 키우려면 질소 원자를 포함하고 있으면서 화학반응을 잘 일으키는 물질을 비료로 주어야 하는데, 그때까지 인공적으로 그런 물질을 만들어 내는 기술이 없었기 때문이다.

질소 기체로 암모니아를 만들어 내는 방법을 알아낸 독일의 과학자 프리츠 하버Fritz Haber는 1918년에 노벨상을 받았다. 하버 덕분에 세균들만 갖고 있던 신비로운 기술을 드디어 인류가 손에 넣은 것이다. 질소 기체로 만들어 낸 암모니아를 화학비료의 원료로 사용하게 되면서 세계적으로 식량 생산량이 크게 늘어 사람들이 굶주림에서 벗어나게 되었다. 이 때문에 제1차 세계대전 중 하버의 행적에 대한 논란에도 불구하고 하버의 업적을 화학사상 최고의 성과라고 말하는 사람들이 적지 않다.

식물이 흙에서 빨아들인 질소 원자는 식물을 먹고 사는 동물의 몸속으로 들어온다. 사람도 음식을 먹어서 몸에 필요한 질소 원자를 얻는다. 순두부찌개를 먹던 날을 떠올려 보자. 두부 속 단백질에 든 질소 원자는 어디서 왔을까? 아마도 몇 년 전, 공기 중에 있던 질소 기체가 비료 공장에서 화학비료로 바뀌었다가, 콩밭에 뿌려져 콩 뿌리에 흡수되었다가, 콩이 자라는 과정에서 단백질의 재료로 변했다가, 마침내 내 입으로 들어왔으리라 추측해 볼 수 있다. 만약 화학비료를 뿌리지 않고 기른 콩으로 만든 두부라면, 땅속 세균들이 공기에서 질소를 가져와 콩의 뿌리에 넣어 주었고, 거기서 생긴 단백질이 두부가 되어 내 순두부찌개 속에 들어 있다고 보면 될 것이다.

어느 과정을 거쳤든 몸에 들어온 질소 원자가 필요한 곳에 쓰이고 남으면 다시 몸 밖으로 나가는데, 이때 암모니아나 인돌 같은 물질이 되어 화장실에 나타난다. 그러니 화장실 냄새는 세균, 식물, 동물로 이어지는 생물들 간의 긴 연결 고리를 상징한다고 할 수 있다. 한편으로는 인류가 세균의 힘을 빌리지 않고 질소 기체를 질소 원자로 바꾸는 방법을 개발해서 식량난을 극복한 20세기의 위대한 성취가 화장실 냄새에 녹아 있다고도 할 수 있다.

그런데 화장실 냄새가 질소라는 공통점을 가지기는 했어도 좀 더 따져 보면 암모니아와 인돌을 만들어 낸 장본인이 서로 다르다. 두 물질 다 사람 몸에서 나온 것이지만, 근본적으로는 차이가 있다. 암모니아 쪽은 간단하다. 암모니아는 사람이 단백질을 소화하고 분해하는 과정에서 자연스럽게 만들어지는 물질이다. 그런데 인돌은 사람이 직접 만들어 낸 물질이 아닐 가능성이 상당하다. 인돌은 사람의 장에 사는 여러 미생물이 장을 통과하는 음식물을 먹고 내뿜는 물질이다. 그러니까 암모니아 냄새는 화장실 주인이 만든 것이지만, 인돌 냄새는 화장실 주인의 배 속에 사는 미생물들이 만들어 낸 냄새라고 해야 할 수도 있다.

인돌은 많은 미생물이 중요하게 활용하는 물질이다. 미생물들은 서로 인돌을 내뿜고 감지하면서 의사소통하듯이 행동하기도 하고, 자기 몸의 기능을 조절하느라 인돌을 활용하기도 한다. 그래서 미생물을 연구할 때 인돌을 내뿜는지 아닌지를 기준으로 미생물을 분류하기도 한다. 이런 분류 방법을 인돌시험법indole test이라고 하는데, 세균은 현미경으로 겉모습만 봐서는 다들 비슷비슷하게 생겼기에, 그 종류를 구분하려면 이런 습성을 확인하는 것이 꽤 유용하다. 예컨대 사람의 대장 속에 사는 대표적인 미생물인 대장균은 인돌을 내뿜는다. 따라서 관찰하던 미생물이 대장균 같긴 한데 좀 헷갈릴 때, 인돌 냄새를 아주 정밀하게 감지하는 측정 방법을 이용해서 그것이 인돌을 내뿜는지 확인하면 된다.

인돌 냄새는 대표적인 악취다. 그런데 신기하게도 인돌이 아주 조금만 코에 닿으면 오히려 향기로운 꽃향기의 일부처럼 작용하기도 한다. 실제로 여러 가지 꽃향기의 성분을 분석하면 인돌이 조금 들어 있을 때가 있다. 그래서 향수를 만들 때 인돌을 첨가해 원하는 향을 만들기도 한다. 심지어 차를 마실 때 나는 그윽한 향기에도 인돌이 약간 있어서 특유의 평온한 분위기를 자아낸다. 악취와 향기가 한 몸이었다니, 모든 일에는 양면성이 있고 선과 악은 종이 한 장 차이라는 말이 새삼 떠오른다. 떠도는 이야기로 사람은 공기 중에 0.00000003%의 인돌만 있어도 그 냄새를 맡을 수 있다고 한다. 어쩌면 선과 악의 차이 역시 1억 분의 3% 수준에서 결정되는 문제일 수도 있겠다는 생각도 해 본다.

그러고 보면 암모니아도 인돌 못지않은 양면성을 지녔다. 암모니아는 화학반응을 잘한다. 그래서 다른 물질을 잘 녹인다. 바로 이런 성질을 이용해 때를 닦아 내는 용도로 암모니아를 활용한다. 화장실 냄새의 원인 물질인 암모니아로 화장실을 깨끗하게 청소할 수도 있다는 뜻이다. 암모니아를 이용한 세정제에는 여러 가지가 있는데, 시중에서 흔히 살 수 있는 유리 세정제에도 암모니아가 약간 들어 있다. 유리 세정제 용기에 적혀 있는 성분 중에 수산화암모늄이 보인다면 그것이 물에 녹인 암모니아다.

냄새를 풍기는 물질 외에도 질소는 여러 곳에 있다. 우리가 먹는 약은 대부분 탄소 원자와 수소 원자를 주로 이용해서 만드는데, 적절한 위치에 질소 원자나 산소 원자를 붙여서 화학반응을 잘하는 구조로 만든다. 그래야 약이 몸속에서 빠르게 화학반응을 일으켜 의도한 효과를 낼 수 있다. 담배 속의 니코틴이나 각성제로 쓰는 암페타민 같은 물질이 탄소 원자와 수소 원자로 이루어진 뼈대에 질소 원자를 붙여 만드는 대표적인 약이다.

또 질소 원자를 탄소 원자와 조합해 플라스틱을 만들거나 실을 만들어 옷감을 짜기도 한다. 스타킹이나 속옷부터 방탄복까지, 요즘 우리가 입는 옷 대부분이 탄소 원자, 수소 원자에 질소 원자를 연결해서 화학 공장에서 만들어 낸 옷감으로 제작한 것이다.

질소는 의료 현장에서도 활약한다. 액체질소는 워낙 온도가 낮아서 주변 온도까지 확 낮출 수 있다. 그래서 여러 냉동 설비에 액체질소가 자주 쓰이는데, 의료 현장에서는 수혈이나 장기이식

수술을 위해 액체질소로 혈액과 장기를 보존할 때가 많다.

미래를 대비해 질소에 관심을 기울이고 연구하는 사람도 점점 늘고 있다. 만약 암모니아를 손쉽게 대량생산할 수 있다면 태워서 연료로 쓸 수 있으니 에너지 문제 해결에 도움이 될 것이다. 한편에서는 질소 원자와 산소 원자가 결합한 질소산화물이 공기를 오염시키는 주원인이라는 점에 주목해, 자동차 배기가스로 배출되는 질소산화물을 줄이고자 애쓰는 사람들도 있다.

어떤 사람들은 고대 로마 시절, 지금의 리비아 근처에 있던 어느 신전 부근에서 지금 우리가 암모니아라고 부르는 물질과 비슷한 무언가가 자주 발견된 것과 암모니아라는 이름이 관련 있다고 말한다. 고대 이집트 문화권에 암몬Ammon이라는 이름을 가진 신이 있었다는데, 그 말이 변해서 암모니아라는 물질 이름이 되었다는 것이다. 그러므로 암모니아는 암몬 신의 물질이라는 뜻이라고도 할 수 있다. 지금은 그 말이 변한 단어가 질소 원자가 들어 있는 여러 성분의 이름에도 쓰인다.

공기 속에 섞여 어디에나 풍부하게 있으나 사람이 제대로 활용하기는 쉽지 않고, 그렇지만 일단 활용할 수 있는 형태로 바꾸고 나면 농사짓는 비료에서부터 목숨을 구할 약과 우주로 나갈 로켓까지 온갖 물질의 재료가 되는 것이 질소 원자다. 이만하면 어떤 신의 물질이라는 별명에 얼추 어울린다는 생각도 해 본다.

이런 정도의 생각은 욕조에 누워 별 고민 없이 떠올려 보는 공상거리로도 적당하다.

8

oxygen

산소와 일광욕

O

한가로운 휴가를 생각할 때 가장 쉽게 떠올릴 수 있는 장면은 무엇일까? 일단 영화 속 세상에서는 햇볕 내리쬐는 해변에 누워 쉬는 모습이 가장 흔한 휴가 장면일 것이다.

느릿느릿 밀려오는 파도, 파란 하늘에 새하얀 구름, 얇은 옷만 걸쳐도 좋은 따사로운 기후. 그런 장소에서 주인공이 쉬고 있다. 영화에서 이 정도 장면이 나오면 더 설명하지 않아도 주인공이 한가롭게 휴가를 보내고 있다는 뜻이다. 해변에 누워 있는 주인공을 보면서 건축 측량사인 주인공이 해변에 건물을 짓기 위해 측량 작업을 하러 와서 열심히 일하다가 잠시 멈춘 것으로 생각하는 사람은 없다. 해변에서 휴가를 보내는 장면이 나오는 영화가 어찌나 많은지, 듀나 작가는 영화 속 클리셰cliché를 다룬 저서에 〈그리고 그들은 해변에 갔다〉라는 제목으로 해변의 휴가는 영화 속 상투적인 행복한 결말 장면이라고 지적하기도 했다.

그런데 실제로 그런 해변으로 휴가를 간다면 영화 장면처럼 무방비 상태로 누워 있어서는 곤란하다. 해변에서 쉬는 것 말고 다른 일정이 없는, 그야말로 한가한 휴가라 해도 반드시 신경 써야 할 것이 있다. 심지어 날씨가 좋을수록 더 조심해야 한다. 그것은 바로 자외선ultraviolet ray이다.

하늘에서 쏟아지는 자외선은 피부에 해롭다. 자외선을 심하게 쬐면 피부에 화상을 입을 수 있다. 살갗이 붉어지고, 따끔거리면서 가렵고, 더 심해지면 피부 바깥층이 허물 벗겨지듯 떨어져 나오기도 한다. 그뿐 아니라 자외선을 너무 많이 쬐면 피부가 늙어버리고, 심하면 피부암에 걸릴 수도 있다.

이렇게만 말하면 자외선은 무시무시하고 이상한 현상 같지만 사실 자외선은 빛의 한 종류일 뿐이다. 빛이란 허공에서 전기electricity와 자기magnetism가 서로 얽혀 물결치듯 나아가면서, 전기는 자기를 만들어 내고, 자기는 전기를 만들어 내면서 퍼져 나가는 현상이다. 이때, 빛이 물결치는 모양은 촘촘하기도 하고 느슨하기도 한데, 모양이 촘촘할수록 자주 물결친다는 뜻이다. 이렇게 물결치는 정도를 주파수라고 하며, 주파수가 다른 빛이 날아오면 사람의 눈은 그것을 다른 색깔이라고 느낀다. 예를 들어 1초에 400조 번 정도 물결치는 빛은 붉은색으로 보이고, 1초에 650조 번 정도 물결치는 빛은 푸른색으로 보인다. 이렇게 물결치는 횟수를 Hz헤르츠라는 단위를 써서 나타내면 붉은색 빛은 주

파수가 약 4억 MHz메가헤르츠, 푸른색 빛은 주파수가 6억 5000만 MHz 정도가 된다.

헤르츠 단위에서 대충 느낌이 오듯이, 방송에 사용하는 전파도 알고 보면 빛의 일종이다. 한국에서 FM 라디오 방송에 사용하는 90~100MHz 정도의 전파는 1초에 9000만~1억 번 정도 전기와 자기가 물결치는 빛이다. 사람 눈에는 이렇게까지 느슨하게 물결치는 빛은 보이지 않는다. 하지만 보이지 않아도 전파는 보통 빛과 크게 다를 바가 없다. 대개 빛이라고 하면 사람들은 눈에 보이는 빛을 떠올리는 경향이 있으므로, 혼동하지 않기 위해 사람 눈에 보이는 빛과 보이지 않는 전파를 아울러 말할 때는 전자파electromagnetic wave라는 말을 사용하기도 한다.

자외선은 전자파 중에서 사람이 볼 수 있는 빛보다 약간 더 주파수가 높은 빛을 가리키는 말이다. 방송에서 많이 사용하는 메가헤르츠 단위로 나타내면, 자외선은 주파수가 8억~300억 MHz 정도 되는 빛이다. 사람 눈으로 볼 수 있는 빛 중에 가장 주파수가 높은 것이 보라색인데, 그런 보라색보다 주파수가 높다고 해서 자색violet 바깥의 빛줄기라는 뜻으로 자외선이라는 이름을 붙인 것이다. 사람이 볼 수 있는 빛 중에 주파수가 가장 낮은 것은 빨간색이고, 빨간색보다 더 주파수가 낮은 빛은 적색red 바깥의 빛줄기라는 뜻으로 적외선infrared ray이라고 부른다. 새나 물고기처럼 눈의 구조가 사람과 다른 동물 중에는 사람이 보지 못하는 자외선 일부를 볼 수 있는 동물도 있다. 그러니 자외선은 그저 색깔이 좀 독특해서 우리 눈에 보이지 않는 빛일 뿐이다. 마찬가지로 방송에 사용하는 전파 역시 아주 색깔이 특이해서 눈에 보이지 않는 빛이라고 할 수 있다.

자외선처럼 매우 촘촘하게 물결치는 빛, 즉 주파수가 높은 빛은 주파수가 낮은 빛보다 큰 힘을 갖고 있다. 자외선의 힘은 우리 주변에서 흔히 볼 수 있는 물질 속의 전자를 자주 튀어나오게 할 수 있을 정도로 강력하다. 만약 어떤 물질이 자외선에 맞아서 그 속에 있던 전자가 튀어나와 다른 데로 가 버렸는데, 하필 그 전자가 물질의 성질을 결정하는 데 중요한 역할을 하고 있던 전자라면, 그 물질의 성질이 달라질 수 있다. 우리 몸을 이루고 있는 정교한 물질들은 이런 일을 겪으면 아예 망가지기도 한다. 그래서 피부를 이루고 있는 세포들이 자외선을 맞아 손상되기도 하고, 세포 속의 DNA가 부서지다가 잘못된 돌연변이를 일으켜 피부암으로 자라기도 한다. 자외선소독기는 이 같은 자외선의 힘을 역으로 사람에게 유용하게 활용해 식기 따위를 더럽히는 미생물의 세포를 파괴한다.

이처럼 무서운 자외선이 태양으로부터 쉬지 않고 날아오는데, 우리는 대개 햇빛 쏟아지는 거리를 별걱정 없이 나다닌다. 어째서 그럴까? 지상에 도달하는 자외선의 양이 일상생활도 못 할 만큼 많지는 않기 때문이다. 그렇다면 어째서 지구에는 우리가 그럭저럭 버틸 만한 정도의 자외선만 내려오는가? 태양이 지구에 사는 생명체들을 위해 특별히 지구에만 자외선을 덜 보내기라도

한단 말인가? 그럴 리는 없다. 태양이 내뿜는 자외선을 지구 주변 우주 공간에서 그대로 다 받는다면 우리 피부도 버티지 못할 것이다. 심지어 태양에서 지구보다 훨씬 더 멀리 있는 화성에서도 자외선을 조심해야 할 것으로 추측하는 학자들도 있다. 그런데 화성보다 더 가까운 지구에서 태양 빛을 받는 우리는 그 막강한 자외선을 어떻게 견디는 것일까?

지구 상공에는 자외선을 흡수하는 보호막이 있다. 바로 지구를 감싸고 있는 오존층ozone layer이다. 오존층은 자외선을 잘 흡수하는 오존ozone이라는 물질이 많이 모여 있는 공기층을 일컫는 말로, 지상에서 대략 20~25km 높이에 해당한다. 사실 공기 중에 있는 오존을 다 모아도 전체 양은 그리 많지 않은데, 그중 90%가 지상에서 10~50km 상공에 있고, 특히 20~25km 높이에 집중적으로 모여 있어서 이 공기층을 오존층이라고 부르는 것이다. 이렇게 모여 있는 오존이라는 물질이 상공에서 지구를 감싸고 있으면서 자외선을 어느 정도 흡수하는 덕분에 우리가 생활하는 지상에 도달하는 자외선은 확 줄어든다.

태양계에서 지구처럼 오존층이 있는 행성은 찾아보기 어렵다. 만약에 오존층이 없었다면 지구상의 생물은 자외선을 견디기 위해 지금과는 전혀 다른 모습으로 살아야 했을 것이다. 어쩌면 자외선이 너무 강해서 땅 위에는 생물이 거의 살지 못했을 수도 있다. 오존이라는 특이한 물질이 공기 중에 살짝 서려 있는 이런 독특한 현상이 없었다면 지구의 생물은 바닷속이나 지하에서만 살게 되었을지도 모른다.

생각해 보면 마치 먼 옛날에 누군가가 지구의 생명체들에게, 이제부터 자외선을 막아 줄 테니 자신 있게 땅으로 올라가서 더 새롭고 화려한 삶을 살아 보아라, 하며 지구에 오존층을 씌워 준 것 같은 느낌이 들기도 한다. 그런데 오늘날 과학자들은 지상의 생명체들을 위해 오존층을 선물로 준 것이 누구인지 짐작하고 있다. 바로 세균, 그중에서도 남세균 종류다.

수십억 년 전에 전 세계 바다에 나타난 남세균들이 이산화탄소를 흡수해 광합성을 하면서 산소oxygen 원자가 두 개씩 붙은 산소 기체를 공기 중에 내뿜었다. 이 세균들이 수억 년 동안 줄기차게 산소 기체를 내뿜자, 지구는 산소 기체가 풍부한 행성으로 변했다. 지구가 원래부터 이랬던 것은 아니다. 우주에는 산소 기체가 풍부한 행성이 드물다. 지구와 가장 비슷하다는 화성만 해도 대기 중 산소 기체 농도가 0.2% 정도밖에 되지 않는다. 그러나 남세균의 활약 덕분에 지구의 공기에는 산소 기체가 20%도 넘게 들어 있다.

지구 대기에 산소 기체가 풍부하다 보니, 자외선이 쏟아지는 저기 하늘 높은 곳에서는 산소 기체가 자외선을 맞고 오존으로 변한다. 자세히 설명하면, 산소 원자가 두 개씩 서로 짝지어 있는 것이 보통 산소 기체의 모습인데, 그러다 자외선을 맞으면 원자들이 떨어지고, 이내 세 개씩 다시 들러붙어 새로운 물질로 바뀐다. 이것이 바로 오존이다.

남세균 덕분에 지구는 산소 기체가 넉넉한 행성이 되었고, 그 덕분에 오존층이라는 방어막도 생겼다. 나는 《세균 박람회》라는 책에서 만약 지구에 관해 전혀 모르는 외계인이 난생처음 지구에 찾아온다면, 지구를 지배하고 있는 생물은 남세균이라고 생각할 것이라는 이야기를 한 적 있다. 오존층에 관해서 생각해 봐도 이 말은 틀리지 않은 것 같다.

남세균이 지구에 산소 기체를 이만큼이나 공급하는 일은 결코 쉬운 일이 아니었을 것이다. 산소는 화학반응을 무척 잘하는 원소다. 어쩌다 산소 원자 두 개가 달라붙어 산소 기체가 되더라도 그 상태로 가만히 있기보다는 뭔가 화학반응을 일으켜 다른 물질로 변해 버릴 가능성이 크다. 즉, 산소 기체가 자꾸 다른 물질로 변한다는 뜻이다. 따라서 지금처럼 공기 중 산소 기체의 양을 넉넉하게 유지하려면 다른 물질로 변해서 없어지는 것을 보충하고도 남을 정도로 남세균들이 계속해서 산소 기체를 내뿜어야 한다. 그러니 남세균은 그 수도 어마어마하게 많았을 것이고, 대단히 긴 시간 동안 꾸준히 광합성을 했을 것이다.

산소를 이용하는 다른 생물들은 남세균이 만든 산소 기체의 덕을 톡톡히 보고 있다. 호흡으로 산소 기체를 들이마시는 수많은 동물 역시 산소 기체가 화학반응을 잘한다는 점을 활용해 살아간다. 음식을 소화하고 몸을 움직일 에너지를 얻는 과정이 모두 갖가지 화학반응인데, 동물은 산소 기체를 몸속에 끌어들여 온갖 화학반응에 이용한다. 사람 역시 호흡으로 산소 기체를 들이 마시고 있으니, 우리 몸은 지금, 이 순간에도 산소 기체의 화학반응 능력을 활용하고 있는 셈이다.

그뿐 아니라 사람은 먼 옛날부터 산소 기체의 화학반응을 동물들과 다른 수준에서 아주 요긴하게 활용해 왔다. 인류는 구석기 시대부터 산소 기체를 이용해 화학반응을 일으키는 방법으로 추위를 물리칠 궁리를 했다. 불을 피웠다는 뜻이다. 대전 대덕구 용호동에서는 최대 10만 년 전까지 거슬러 올라가는 구석기시대 유적이 발견되었는데, 이 유적에도 사람이 불을 피운 흔적이 있었다. 어쩌면 역사상 사람이 의지를 갖고 일부러 일으키려고 했던 화학반응 중에 가장 먼저 일으킨 것이 바로 불을 피우는 일 아니었을까? 불을 피운다는 것은 다름 아닌 산소 기체와 다른 물질이 빠르게 합쳐지게 하는 화학반응이다.

불을 다루는 기술은 사람과 다른 동물의 결정적인 차이점이다. 인류가 불을 피우지 못했다면 다른 동물들과 싸워 이기지 못했을 것이고, 음식을 조리하거나 그릇을 굽는 등 불을 이용하는 기술들을 발전시키지도 못했을 것이다. 그러니 사람이 문명을 발전시킬 수 있었던 것도 남세균들이 산소 기체를 넉넉하게 만들었기 때문이다. 지구에 산소 기체가 조금밖에 없었다면 이곳은 불을 피우기 어려운 행성이 되었을 테고, 사람은 별다른 문명을 건설하지 못했을 것이다. 그랬다면 사람이라는 동물은 아마 털이 없어서 추위를 많이 타지만, 괜히 뇌가 발달해 잡다한 고민만 많이 하는 좀 우울한 고릴라의 일종으로 보였을지도 모른다.

오랜 옛날부터 불을 다룰 줄 알았기 때문일까? 화학반응에 관해 지금처럼 잘 알지 못하던 옛날에도 사람들은 산소가 요긴하다는 사실을 어느 정도 알고 있었던 것 같다. 산소가 무엇인지는 몰라도 그것이 물질에 불이 붙게 하는 원인이라는 점은 제법 짐작하고 있었을 거라는 얘기다. 인류가 철을 이용하기 시작한 것도 그 증거로 볼 수 있을 듯하다.

청동기시대에 도구를 만드는 재료였던 구리는 1,085℃까지만 온도를 올리면 녹아내린다. 그런데 철은 그보다 훨씬 높은 온도인 1,538℃까지 온도를 올려야만 녹는다. 철을 녹일 수 있어야 그것을 이용해 도구를 만들 텐데, 이렇게 높은 온도에 도달하기란 쉬운 일이 아니니다. 철을 녹일 수 있느냐 없느냐는 중요한 문제였다. 철로 도구를 만들 수만 있다면 사람들의 삶이 완전히 바뀔 터였다. 청동으로 만든 칼은 귀하다. 귀한 칼은 마을 사람들이 떠받드는 몇몇 지도자와 전사들만이 쓸 수 있는 물건이었다. 그러나 흔해 빠진 철을 마음대로 가공할 수만 있다면 누구나 칼을 가질 수 있게 될 것이고, 사회가 바뀔 것이다. 그러기 위해서는 철을 녹일 방법을 찾아야만 한다.

더 높은 온도에 도달하기 위해 옛사람들이 찾아낸 방법 중 한 가지는 불을 피울 때 풀무질을 해서 공기를 불어 넣는 것이었다. 공기에는 산소 기체가 많이 들어 있다. 땔감이 타고 있을 때 산소가 더 활발히 들어오면 화학반응이 격렬해지면서 더 많은 빛과 열이 나온다. 그리고 그 열에 의해 마침내 철이 녹아내린다.

이런 수법은 전 세계에 널리 퍼졌다. 2,000여 년 전, 한반도 남부에 살던 사람들이 특히 이 방법에 정통해서, 철 덩어리를 많이 생산해 사용하고, 이웃 일본과 중국에 활발히 수출하기도 했다. 《삼국지》 같은 중국 기록에 당시 삼한三韓이라고 부르던 한반도 남부 지역에서는 철 덩어리를 마치 돈처럼 사용했다는 이야기가 나올 정도다.

그렇게 철을 녹이는 방법이 개발된 뒤로 인류의 삶은 정말로 완전히 달라졌다. 감자를 캐는 호미부터 한강에 떠다니는 유람선까지 사람들이 쓰는 수많은 물건이 철로 만들어졌다. 건물의 뼈대부터 주방의 크고 작은 조리 도구까지 철이 쓰이지 않은 것이 드물다. 놀라운 사실은 산소를 더 많이 불어 넣어서 철을 녹이는 고대의 수법을 지금도 그대로 쓰고 있다는 점이다. 산소통에 모아 둔 산소 기체를 빠르게 불어 넣으면서 불꽃을 더 뜨겁게 해 쇳덩어리를 녹여 붙이는 방법을 산소용접이라고 하는데, 간단한 방법으로 강력한 효과를 얻을 수 있어서 굉장히 널리 쓰이고 있다. 산소용접기가 어찌나 유용한지, 2009년에는 금고털이범들이 산소용접기를 이용해 철로 만든 금고에 구멍을 내고 절도 행각을 벌인 적도 있다.

산소 기체가 이렇게 화학반응을 잘 일으키는 만큼, 산소 원자는 자기들끼리 붙어 있는 산소 기체 형태뿐 아니라 다른 원자에 붙어 있을 때도 화학반응을 잘 일으키는 경우가 적지 않다. 예를 들어 산소 원자가 세상에서 가장 흔한 원자인 수소와 한 개씩 짝

지어 붙어 있으면 알코올alcohol로 변할 수 있는 기본 재료가 된다. 가장 다양한 화학반응을 보여 주는 원자인 탄소로 이루어진 물질에 이렇게 산소와 수소가 붙게 되면 메탄올, 에탄올, 옥탄올 같은 다양한 알코올 계열 물질이 만들어진다. 그중에 술의 원료가 되는 에탄올은 우리 몸속에서 활발하게 화학반응을 일으켜 사람의 정신을 헷갈리게 하고, 간을 망가뜨리며, 한밤에 헤어진 옛 애인에게 문자메시지를 보내게 만들기도 한다.

만약 산소 원자가 탄소 원자들끼리 연결된 사이에 끼어들면 에테르ether가 된다. 이런 물질은 잘 증발해서 사람 코와 폐 속으로 들어올 수 있는 경우가 많다. 동물을 마취할 때 흔히 사용하는 에틸에테르 같은 약품이 에테르의 일종이다. 산소 원자가 다른 탄소 원자에 혼자서 들러붙으면 케톤ketone이 되는데, 케톤 종류 물질은 산성을 띠는 경우가 많은 듯하다. 이런 식으로 산소 원자는 온갖 물질에 들러붙어서 그 물질이 색다른 화학반응을 일으키도록 할 수 있다.

지구가 다양한 생명체가 함께 어울려 사는 아름다운 행성이 된 원인을 따져 보면 온갖 복잡하고 다채로운 화학반응이 일어났기 때문이라고 할 수 있고, 그 화학반응을 가능케 한 것은 지구에 산소 원자가 풍부한 데다 특히 화학반응을 잘 일으키는 산소 기체 형태로 대기 중에 가득 차서 곳곳에 스며 있는 덕분이라고 할 수 있다. 이 모든 것은 지구의 지배자인 남세균이 오랫동안 활동한 덕택에 이루어진 일이기도 하다.

이야기가 더 재미있어지는 것은 사람들이 기술을 발전시키자 바로 그 세균을 없애는 방법을 개발하고 싶어 했다는 점이다. 세균 중에는 사람 몸에 들어와 병을 일으키는 것들도 적지 않기에, 사람들은 오래전부터 세균을 죽이는 방법을 찾고자 노력했다. 간단하게는 물을 끓여 마시거나 손을 비누로 깨끗이 씻는 방법을 찾아냈고, 기술의 힘을 빌려 여러 가지 세균을 없애기도 한다. 최근에는 오존을 이용해 세균을 죽이는 기술이 주목받고 있다. 지상의 모든 생물을 위해 자외선을 막아 주고 있는 오존층이 세균 덕분에 생겼는데, 정작 그 오존층의 성분인 오존을 사람이 인공적으로 만들어서 세균 무리를 없애는 데 쓰고 있다.

산소 원자가 세 개씩 달라붙은 오존은 원자 두 개짜리 산소 기체보다 화학반응을 더 강하고 빠르게 일으킬 수 있다. 심지어 생물의 몸을 이루고 있는 물질과도 화학반응을 해서 다른 물질로 바꿔 버린다. 즉, 생물의 몸을 상하게 할 수 있다는 얘기다. 농도가 높은 오존은 사람 몸에도 해롭다. 특히 점막과 폐는 진한 오존에 닿으면 상해 버린다. 사람이 이럴진대 조그마한 세균은 어떻겠는가? 오존은 세균을 죽이는 데 효과가 뛰어나다.

그 밖에 사람에게 불쾌감을 줄 수 있는 잡다한 물질들을 파괴하는 데도 오존이 유용하게 쓰인다. 서울에서는 수돗물을 공급할 때 고도정수처리시설을 이용해 평범한 정수 공정으로는 완전히 제거되지 않는 물질들을 없애는데, 이때 물에 오존을 뿌려 화학반응을 일으켜서 오염 물질을 소독한다.

워낙에 화학반응을 잘 일으키는 오존은 사람 콧속에 조금만 들어와도 세포를 자극해 냄새를 느끼게 한다. 애초에 오존이라는 이름부터가 냄새난다는 뜻의 그리스어 오제인ὄζειν에서 따온 말이다. 모터가 들어 있는 전기 드릴 같은 공구를 쓰다 보면 뭔가 전기에 탄 듯한 냄새가 날 때가 있는데, 그 특이한 냄새의 원인 가운데 일부는 전기의 힘을 받아 만들어지는 소량의 오존이다. 또 복사기나 레이저프린터를 사용할 때도 강한 에너지 때문에 약간의 오존이 생기는 수가 있고, 그 오존이 일으키는 화학반응 때문에 복사기나 레이저프린터가 작동할 때 특유의 냄새가 난다.

자외선이 강한 여름날에는 지상에서 오존이 저절로 생겨나기도 한다. 특히 도시에는 오존이 생겨나는 반응을 돕는 갖가지 오염 물질이 많아서 이런 일이 더 자주 일어날 수 있다고 한다. 우리 주변에서 정말로 많은 오존이 만들어지면 그것이 사람 몸에 들어와 해를 끼칠 수 있다. 다시 말해, 오존은 하늘 높은 곳에서는 자외선을 막아 주는 방어막이지만, 땅에 내려오면 사람의 폐를 갉아먹는 자극적인 물질이 된다. 그래서 기상청에서는 오존의 농도가 인체에 해로운 수준에 이르면 오존주의보를 내려 야외 활동을 자제하라고 당부한다.

이렇게 보면 햇살이 눈 부신 좋은 날일수록 자외선을 조심해야 하는 동시에 자외선을 막아 주는 물질인 오존도 조심해야 한다. 그러니 해변의 태양을 즐기는 일도 쉽지만은 않다.

그래도 이 정도 귀찮은 일이 있다고 해서 해변에서 보내는 휴가를 포기하고 싶지는 않다. 따지고 보면 영화의 결말에서 보는 행복한 해변 장면의 분위기와는 달리 어디를 가든 자잘하게 신경 쓸 일이 이것저것 생기기 마련이다. 이를테면 산소로 된 물질 중에 가끔 몸속에서 생겨나는 활성산소라는 것이 몸에 해로워서 노화를 촉진하기도 한다는 이야기가 있다. 그렇지만 몸에서 나쁜 산소를 뿌리 뽑겠다고 아예 산소로 숨을 안 쉴 수야 없지 않나? 자잘한 걱정거리까지 떨칠 수는 없다고 해도, 해변 태양 아래 휴식은 여전히 즐겨 볼 만한 일이라고 생각한다.

9

F

fluorine

플루오린과 아이스크림

F

초등학교 1학년 때, 학교와 집을 오가다가 여름에는 돌아다니면 참 덥다는 사실을 깨달았다. 물론 그보다 더 어릴 때도 더위를 느낀 적은 있었다. 하지만 여름이 되면 덥구나, 더우면 괴로울 수도 있구나, 이걸 피하고 싶구나, 하는 생각을 뚜렷하게 한 것은 초등학교 1학년 때가 처음이었다.

나는 교실에서 내 뒷자리에 앉은 친구와 함께 조금이라도 더위를 피할 방법을 찾고자 여러 가지로 궁리를 했다. 그러다가 '시원해지는 묘수'를 하나 찾아냈다. 찬물로 세수를 한 다음, 물기를 닦지 않은 상태에서 플라스틱 책받침으로 부채질을 하는 방법이었다. 그렇게 하면 얼굴에 묻어 있던 물기가 마르면서 확 시원해지는 느낌이 들었다. 너무나 당연한 방법이었지만, 그때 우리는 대단한 것을 발명하기라도 한 듯 의기양양하여 담임 선생님께 시원해지는 방법을 개발했다고 자랑까지 했던 기억이 난다. 나중에는 그 방법을 좀 더 개량하기도 했다. 책받침에 물을 묻혀 부채질하면 물방울이 얼굴에 계속 튄다. 그러면 작은 물방울이 더욱 잘 말라서 한결 더 시원했다.

운동 후 땀에 젖은 상태로 바람을 쐬면 춥다고 느끼게 되는 현상, 소독용 알코올을 피부에 발랐을 때 그 부위가 시원하게 느껴지는 현상, 몹시 더운 날 땅에 물을 좀 뿌려 두면 물기가 마르면서 주변이 시원해지는 현상 등이 모두 같은 원리다. 물 같은 액체 상태의 물질이 마르면서 수증기라는 기체 상태로 변할 때, 주변의 열을 가져가면서 시원해지는 현상이 일어나기 때문이다. 이렇게 액체가 기체로 변하면서 가져가는 열을 기화열heat of vaporization이라고 부르기도 한다.

어릴 적에 발명한 시원해지는 묘수는 지금 생각하면 발명 같지도 않은 발명이었다. 하지만 나중에 과학을 배우고 보니 실제로 이렇게 어떤 물질이 마르면서 열을 빼앗는 현상을 이용한 발명품들이 주변에 널리 쓰이고 있었다. 바로 냉방기나 냉장고같이 뭔가를 차갑게 하는 장치들이다. 대부분의 냉각장치는 액체 상태의 물질이 배관을 따라 흐르는 과정에서 기체로 변하면서 주위의 열을 가져가 주변을 차갑게 만드는 기계다.

물이 마르면서 열을 가져가는 작용이 냉각장치의 핵심이라면, 어릴 적에 그랬던 것처럼 수돗물을 뿌리고 마르게 하는 과정만 반복해도 안 될 것은 없다. 그렇지만 물은 증발 속도가 그렇게 빠르지 않다. 부채질하는 것처럼 바람을 불어 주는 장치가 있다면 증발 속도를 조금 더 빠르게 할 수 있겠지만, 냉장고만큼 온도를 낮추기에는 부족하다. 소독용 알코올을 계속 뿌리고 증발시키는 장치를 만든다면 물보다는 좀 나을지도 모르겠다. 하지만 그래 봐야 냉장고 같은 온도에 도달하기는 쉽지 않다.

냉장고 정도의 냉각 효과를 내려면 아주 쉽게 기체로 변하는 물질이 유리하고, 기왕이면 재활용하기 위해 기체로 변한 뒤에 액체로 되돌리기 편리한 것이 좋다. 이런 용도로 이용하는 물질을 냉매refrigerant라고 한다. 주변에서 쉽게 볼 수 있는 물질 중에 냉매로 쓸 만한 것을 찾아본다면 라이터에 넣는 부탄가스, 즉 뷰테인을 후보에 올릴 수 있다. 부탄가스는 보통은 기체지만, 압력을 높이거나 온도를 낮추면 쉽게 액체로 변한다. 라이터 속에서 높은 압력을 받아 물처럼 찰랑거리는 액체가 되어 있는 물질이 바로 부탄가스다. 라이터의 누름 장치를 누르면 내부의 압력이 낮아져 액체 상태의 부탄가스가 곧바로 기체로 변해 라이터 밖으로 새어 나온다. 이처럼 순식간에 기체로 변하는 부탄가스를 압축해서 냉장고 옆을 휘감고 흐르게 설치했다고 생각해 보자. 액체 상태의 부탄가스가 기체로 변하면서 주변의 열을 흡수한다면 아마 냉장고가 제법 시원해질 것이다.

한쪽에서는 액체 상태의 부탄가스를 흘려보내고, 반대쪽에서는 기체로 변한 부탄가스를 모아서 펌프로 압축해 액체로 되돌린 다음 다시 흘려보내면 한 번 넣어 둔 부탄가스를 여러 번 사용할 수 있다. 이런 장치를 계속해서 가동할 수 있다면 정말로 부탄가스를 냉매로 사용하는 냉장고를 만들 수 있을지 모른다.

그렇지만 부탄가스는 가정에서 냉매로 사용하기에 썩 좋은 물질이 아니다. 혹시라도 냉장고 밖으로 새어 나오면 가스에 불이 붙을 수 있으므로 위험하다. 불이 붙지 않더라도 사람이 들이마시면 몸에 해를 입을 수 있다. 이처럼 사용하기에 위험한 물질은 그것을 이용해 제품을 만드는 과정에도 위험이 도사리고 있을 가능성이 크다. 부탄가스처럼 불이 잘 붙는 물질을 용기에 넣어서 냉장고를 조립하다가 실수로 불꽃이 튀기라도 하면 부탄가스에 불이 붙어 폭발할 수도 있다.

냉장고로 이용할 정도의 온도와 압력에서 재빨리 기체로 변하고, 기체 상태의 냉매를 모아 압축하면 다시 액체로 빠르게 되돌아가는, 좀 더 안전한 물질이 필요하다. 아울러 냉장고 전체를 차갑게 유지하려면 꽤 많은 양의 냉매가 필요할 테니 값이 너무 비싸면 안 된다.

냉장고를 개발하던 초창기에 인기 있었던 물질로는 암모니아를 꼽을 수 있다. 암모니아도 조금만 압축하면 액체로 변하고, 그것을 뿌리면 빠르게 마르면서 주변을 시원하게 하는 물질이다. 구하기 쉬워서 가격도 싸다. 하지만 부탄가스와 비슷하게 암모니아도 화재 위험이 있고, 역시나 사람이 들이마시면 몸에 해롭다. 그나마 냄새가 지독하다는 점을 장점이라고 할 수는 있겠다. 암모니아가 냉장고에서 조금만 새어 나와도 사람들이 금방 알아

차리고 대피할 수 있을 테니 말이다.

어쨌든 더 나은 물질을 찾기 전까지는 암모니아가 그럭저럭 쓸 만했고, 요즘에도 암모니아를 냉매로 쓰는 냉동고가 일부 사용되고 있다. 그러나 아주 가끔 그런 냉동장치가 고장 나서 화재 사고로 이어지기도 한다. 가정용 냉장고는 어린이들이 물이나 우유를 마시겠다면서 하루에도 몇 번씩 쿵쾅거리며 문을 여닫는 제품이다. 그러니 가정용 냉장고의 냉매는 암모니아보다 더 안전해야만 한다.

그러다 개발한 것이 염소chlorine, 플루오린fluorine, 탄소carbon 원자를 조합해 만든 물질이다. 각 원소 이름의 알파벳 첫 글자를 따서 CFC라고 부르는데, 미국의 한 화학 회사가 이 물질을 만들고 상품명을 프레온Freon이라고 한 것이 유명해져서 흔히 프레온가스라고 한다. CFC는 부탄가스나 암모니아보다 훨씬 안전하다. 불이 잘 붙지도 않고, 다른 물질을 녹슬게 하지도 않는다. 압력을 조금 높이면 액체로 변하고, 압력을 낮추면 곧바로 마르면서 주변을 시원하게 한다. 그래서 냉장고 뒤판에 내뿜으면 얼음보다 차가워지도록 온도를 낮출 수 있다. 그리고 다시 한쪽으로 모아서 압축하면 액체 상태로 되돌아온다.

냉매로 쓰기 위한 조건을 모두 갖춘 CFC 덕택에 냉장고와 에어컨은 전 세계로 빠르게 퍼져 나갔다. 현대인들이 음식이나 식료품을 냉장고 안에 쌓아 두고 살며, 한여름에도 에어컨이 내뿜는 시원한 공기 속에서 여유를 부릴 수 있게 된 것이 모두 값싸고 유용한 냉매 덕분이다. 프레온가스는 독성이 별로 없어서 과거에는 화장품이나 머리 모양을 매만지기 위한 스프레이를 만들 때도 자주 이용했다. 압축해서 액체로 만들어 다른 재료와 함께 스프레이 통 안에 넣어 두면 누름 장치를 누르자마자 기체로 변해 빠르게 튀어나오면서 같이 들어 있던 물질과 함께 공기 중에 흩뿌려진다. 1980년대까지만 해도 CFC를 이용하는 냉장고나 스프레이가 무척 많았다.

그런데 CFC가 공기 중으로 빠져나오면 하늘 높이 올라가서 오존층을 파괴한다는 주장이 제기되었다. CFC를 사용하는 사람에게 당장 해를 끼치지는 않지만, 조금씩 하늘로 올라가 오존층을 파괴하다 보면 태양이 내뿜는 강한 자외선이 지상에 훨씬 많이 쏟아져 들어올 것이라는 이야기였다. 정말로 그렇게 되면 자외선이 사람에게 피부병을 일으킬 뿐 아니라, 지상의 모든 생명체를 위협하게 될지도 모른다.

1989년, 여러 나라 대표가 캐나다의 몬트리올에 모여 CFC를 사용하지 말자는 내용을 담은 몬트리올의정서Montreal Protocol를 채택하며 CFC를 사용하는 사업에 규제를 가하기 시작했다. 이 때문에 요즘에는 CFC 대신 오존층을 파괴하지 않는 HFC라는 물질을 쓰기도 한다. HFC는 수소, 플루오린, 탄소 원자 등을 성분으로 만드는 물질이므로, 여기에도 플루오린은 들어간다.

이렇게 보니 플루오린은 무엇인가 성질이 특이한 물질을 만들 때 쓰이는 경우가 많다는 느낌이 든다. 플루오린은 예전에 플루

오르fluor 또는 불소라고도 불렀던 물질인데, 화학반응을 잘 일으키는 대표 원자로 꼽을 수 있다. 보통 지상에서 플루오린 원자들만 있다면 플루오린 원자가 둘씩 짝지어 달라붙어 플루오린 기체가 되어 날아다닌다.

그런데 플루오린 주위에 다른 원자가 있으면 상황이 달라진다. 플루오린은 화학반응을 극히 잘 일으키는 물질이어서 도저히 화학반응이 일어나지 않을 것 같은 상황에서도 다른 물질을 건드려 끝내 화학반응을 일으키곤 한다. 무엇인가를 녹이거나 굳히거나 하는 화학반응을 일으키려면 어떻게 해야 좋을까 궁리를 해 보는데, 아무리 노력해도 화학반응이 잘 일어나지 않을 때, 화학자들이 마지막으로 찾는 수단이 바로 플루오린이라는 느낌이다.

극단적으로는 핵무기를 만들 때 플루오린을 가공작업에 사용하는 것을 생각해 볼 수 있다. 우라늄으로 핵폭탄을 만들려면 평범한 우라늄보다 약간 가벼운 우라늄-235를 많이 구해야 한다. 우라늄-235는 평범한 우라늄 사이에 섞여 있는데 그 양이 전체 우라늄의 0.7%밖에 되지 않는다. 게다가 우라늄-235는 평범한 우라늄보다 약간 가볍다는 점 외에는 별 차이가 없어서 분리해내기도 무척 어렵다. 엎친 데 덮친 격으로 그 무게 차이도 아주아주 작다. 평범한 우라늄, 즉 우라늄-238과 핵무기용 우라늄, 즉 우라늄-235의 무게 차이는 238:235밖에 되지 않는다. 다시 말해, 평범한 우라늄 사이에 아주 적은 양만 섞여 있으면서 무게 차이가 고작 1% 정도밖에 나지 않는 우라늄-235 원자를 콕 집어서 잔뜩 골라내는 데 성공해야만 핵무기를 만들 수 있다.

이렇게 우라늄-235만 많이 모은 것을 농축우라늄enriched uranium이라고 한다. 핵폭탄을 만들기 위해서는 우라늄-235를 90% 이상 포함한 거의 순수한 우라늄-235 덩어리를 먼저 만들어야 한다. 이런 일을 해내려면 우선 평범한 우라늄과 우라늄-235가 마구 섞인 우라늄 금속 덩어리를 원자 하나하나 단위로 뜯어내야 한다. 그런 다음 그 하나하나의 원자를 어떻게든 잘 구분해서 그 중에 좀 더 가벼운 우라늄-235만 골라내야 한다.

무슨 수로 이런 작업을 할 수 있을까? 만약 이게 우라늄 같은 쇳덩어리가 아니라 기체로 된 물질이었다면 그나마 시도해 볼 만한 방법이 있다. 헬륨 같은 기체는 처음부터 원자 하나하나가 떨어진 채로 이리저리 날아다니고 있다. 그러니까 분리해 내려는 물질이 기체라면 일단 원자들이 하나하나 떨어진 상태이므로 그중에서 어떻게든 구별해 내기만 하면 될 것이다.

헬륨 같은 기체를 통 안에 담아 두었다가 방 안에서 뚜껑을 연다고 생각해 보자. 곧 기체가 슬며시 빠져나와 사방으로 퍼질 것이다. 냄새가 퍼져 나가는 것과 비슷하다. 그런데 이렇게 퍼져 나가는 기체 원자들 간에 무게 차이가 있다면 어떻게 될까? 아무래도 무거운 기체는 좀 덜 퍼져 나가고 가벼운 기체는 상대적으로 더 멀리 퍼져 나갈 것이다. 그렇다면 기체를 통에 담아 두었다가 어떤 방 한가운데서 뚜껑을 열었을 때, 방 가장자리에 제일 먼저 도착하는 원자가 좀 더 가벼울 확률이 높다. 따라서 그것들만 따로 모으면 비교적 가벼운 원자를 골라낼 수 있다. 이런 일을 몇 차례 반복하면 정말 가벼운 원자만 모을 수도 있다. 만약 우라늄이 기체였다면 이런 식으로 퍼져 나가게 해서 멀리 떨어진 곳에 먼저 도착한 원자들만 모으면 거기에 조금 더 가벼운 우라늄-235가 많이 들어 있을 것이다.

그러나 우라늄은 금속이다. 원자들이 한두 개씩 짝을 이루어 하늘거리며 날아다니는 기체가 아니다. 우라늄은 원자들이 수백억, 수천억, 수백조 개로 끝도 없이 서로서로 연결된 단단한 덩어리다.

대체 이런 우라늄에 무슨 짓을 해야 단단한 금속 덩어리가 원자 하나하나로 쪼개져 기체처럼 가벼워질까? 쉽지 않은 문제다. 바로 이럴 때, 모든 화학반응이 통하지 않을 때 마지막으로 시도해 보는 수단, 화학반응을 너무나 잘 일으키는 물질, 플루오린을 이용한다면 방법이 보일 것이다.

플루오린과 우라늄을 반응시키면 플루오린 원자 여섯 개가 우라늄 원자 한 개와 연결될 수 있다. 플루오린이 우라늄 사이사이에 끼어들며 우라늄을 녹여낸다고 생각해 봐도 좋다. 화학반응을 잘 일으키는 플루오린이 우라늄을 산산이 쪼개면서 우라늄 원자 하나하나에 달라붙는다. 이렇게 탄생한 물질은 기체로 만들기가 어렵지 않다. 플루오린 원자 여섯 개와 우라늄 원자 한 개가 붙은 덩어리라는 뜻에서 이 물질을 흔히 UF_6라고 하는데, 플루오린 원자 여섯 개가 힘을 합쳐서 우라늄 원자를 하나씩 뜯어내고 붙들고 날아올라 기체가 된 물질이라고 생각하면 된다.

우라늄 덩어리를 UF_6라는 기체 물질로 바꾸어 통에 담은 다음, 방 안에서 뚜껑을 열어 퍼져 나가게 하면 조금 가벼운 우라늄-235를 가진 UF_6가 좀 더 멀리 퍼져 나갈 것이다. 이런 식으로 멀리 퍼져 나간 기체를 모아서 다시 거르고 거르는 과정을 반복하다 보면 우라늄-235를 가진 UF_6를 조금씩 모을 수 있다. 이렇게 모은 UF_6에 다른 화학반응을 일으켜 플루오린을 제거하면 결국 우라늄-235만 남을 것이다.

그렇다면 이런 이야기를 한번 상상해 보자. 수상한 사람들이 플루오린 공장에 찾아왔다. 그들은 냉장고와 에어컨을 만들 거라며 냉매의 원료로 쓸 플루오린을 잔뜩 사 갔다. 그런데 아무리 봐도 이 사람들이 냉장고나 에어컨을 만드는 것 같지가 않다. 냉매를 만들어 판매하는 것도 아닌 듯하다. 뭔가 다른 용도로 플루오린을 사용하는 듯한데 잘 모르겠다. 혹시 비밀 공장을 지어서 겉으로는 냉장고용 냉매를 만드는 척하지만, 사실은 플루오린으로 우라늄을 골라내서 몰래 핵무기를 만들려고 하는 것은 아닐까? 이런 의심이 든다면 첩보원을 보내 사실을 확인할 필요가 있을지도 모른다. 실제로 이런 이야기는 몰래 핵무기를 개발하는 나라나 단체를 경계해야 한다고 주장하는 사람들이 가끔 언급하곤 하는 줄거리다.

너무 첩보영화 같은 상상을 해서 플루오린이 현실과 동떨어진

물질로 느껴질지도 모르겠다. 당연히 훨씬 더 친숙한 용도로 플루오린을 쓰는 사례도 많다.

별별 화합물을 다 만들 수 있는 원자인 탄소와 플루오린을 함께 엮어서 플라스틱처럼 굳히면 매끄럽고 독특한 물질이 생긴다. 1938년 4월, 미국의 화학자 로이 플렁킷Roy J. Plunkett은 플루오린을 이용해 냉장고용 냉매를 이것저것 개발하다가 우연히 탄소와 플루오린을 재료로 플라스틱을 만들 수 있다는 사실을 알았다. 이 물질의 원자들이 붙어 있는 형태는 플루오린 원자들이 아주 많이 들어 있다는 점만 제외하면 투명 비닐봉지를 만드는 데 흔히 쓰는 재료인 폴리에틸렌과 비슷하다. 그래서 이 물질을 폴리테트라플루오로에틸렌polytertrafluoroethylene이라고 부른다. 대개는 알파벳 약자로 PTFE라고 한다.

공교롭게도 이 물질 역시 나중에 핵무기 공장에서 특별한 용도로 쓰이게 됐지만, 처음에는 딱히 어디에 사용하면 좋을지 알지 못했다. 그래서 PTFE가 개발된 뒤에도 한동안은 그다지 알려지지 않았다. 그러다 세월이 흘러 1956년, 어느 프랑스 화학자의 아내였던 그레구아르Gregoire가 이 물질을 그릇에 바르면 표면이 아주 매끄러워져 음식이 잘 달라붙지 않는다는 사실을 알아냈다. 이후 PTFE로 코팅한 주방용품이 빠르게 인기를 얻었는데, 그 당시 미국의 화학 회사에서 PTFE를 제품으로 만들어 팔 때 쓴 상품명이 테플론Teflon이다. 프라이팬 같은 조리 도구에 테플론을 살짝 입힌 제품들은 지금도 널리 쓰이고 있다. 플루오린을 핵무기 만드는 데 쓸 수도 있지만, 부침개 부쳐 먹는 데 쓸 수도 있다는 얘기다.

플루오린 원자는 ⊖전기를 띠는 상태로 잘 변한다. 이 말은 플루오린 원자가 주위의 다른 원자 속에 있는 전자를 쉽게 빼 온다는 뜻이다. 사람들은 ⊕전기를 띠는 상태로 잘 변하는 리튬을 이용해 배터리를 만든다. 그런데 리튬과 반대로 ⊖전기를 잘 띠는 플루오린 역시 배터리를 만드는 데 유용하게 사용할 수 있다. 요즘 배터리 중에는 리튬 원자와 플루오린 원자를 함께 사용해 만든 것도 있다.

플루오린이 화학반응을 잘 일으키는 성질이 언제나 좋기만 한 것은 아니다. 이런 성질 때문에 순수하게 플루오린만으로 이루어진 물질을 만들기가 너무나 어려웠다. 어떤 물질에서 플루오린만 뽑아내려고 하면, 도중에 생각지도 못한 다른 물질과 플루오린이 덜컥 화학반응을 일으키는 일이 많았다. 심지어 플루오린을 뽑아내는 실험을 하고 있는데, 실험 도구 자체와 화학반응을 일으켜 버리는 일도 있었다.

19세기 무렵에 이미 사람들은 주변에 있는 물질에서 플루오린이라는 새로운 물질을 뽑아낼 수 있다는 사실을 알고 있었다. 특히 형석이라는 돌을 가지고 이리저리 화학반응을 일으키다 보면 특별한 결과를 얻을 때가 많았다. 그때 발생하는 특별한 물질만을 모아서 한 움큼 뽑아낼 수 있다면, 그게 바로 순수하게 플루오린 원자만으로 이루어진 플루오린 기체가 될 터였다.

실제로 형석에는 플루오린 원자가 많이 들어 있다. 과거에는 금속을 가공할 때 용광로의 금속이 잘 흘러내리게 하려고 형석을 넣었다고 하는데, 흘러내린다는 말을 라틴어로 플루에레fluere라고 하는 데서 플루오린이라는 이름이 유래했다는 이야기가 있다. 그러니까 플루오린은 형석의 물질, 형석소, 흘러내림의 물질이라는 뜻이다. 참고로 불소라는 한자어는 플루오린과 발음이 비슷한 불弗자를 가져다 만든 이름이다.

요즘 화학 회사에서 배터리에 관한 연구를 많이 하듯이, 옛날에도 화학에 조예가 깊은 학자들이 배터리를 만들고자 이런저런 물질을 섞으며 연구하는 일이 많았다. 전류의 세기를 나타내는 단위 A암페어와 배터리 용량을 나타내는 단위 mAh밀리암페어시에 공통으로 쓰인 'A'는 프랑스의 학자 앙드레-마리 앙페르Andre-Marie Ampere의 성에서 따온 것인데, 앙페르 역시 화학을 잘 아는 사람이었다. 앙페르는 형석처럼 플루오린 원자가 들어 있는 다른 물질에서 순수한 플루오린을 뽑아내려고 노력하면서 여러 연구 결과를 내놓았으나, 그조차도 모든 실험에서 다 실패하고 말았다.

특히 실험 과정에서 플루오린 원자가 수소와 들러붙는 일이 자주 생겼다. 수소와 플루오린이 연결된 물질을 플루오린산fluoric acid, 혹은 불산불화수소산이라고 하는데, 이름에서 짐작할 수 있듯 불산은 산성을 띤다. 아주 강한 산성은 아니지만, 다른 물질과 쉽게 화학반응을 일으키면서 자꾸 스며들고 파고드는 경향이 있어서 사람 피부나 다른 생물에 닿으면 위험하다. 몇 해 전, 한국의 어느 공장에서 사고로 불산이 새어 나와 주변 사람들이 해를 입고 많은 사람이 걱정한 일이 있다. 그 사고 때문에 각종 법령과 제도가 바뀔 정도였다.

19세기에 플루오린 기체를 뽑아내려고 노력하던 학자들도 실험 도중 우연히 만들어진 불산이 새는 바람에 실험에 실패하고 해를 입기도 했다. 특히 불산은 유리를 뚫고 나오는 성질도 있어서 실험 중에 사고가 생기기 쉽다. 누구라도 최초로 플루오린을 뽑아내는 데 성공한다면 학자로서 명성을 누릴 수야 있겠지만, 실험 자체가 위험해서 도전하다가 다치는 사람들이 계속해서 나왔다. 플루오린 순교자라는 말이 생길 정도였다.

그런데도 사람들의 도전이 끊이지 않은 이유는 형석처럼 플루오린을 포함한 물질이 주변에 많았기 때문이다. 형석은 한반도에도 여기저기 묻혀 있고, 요즘 기술로는 형석에서 플루오린을 뽑아낼 수도 있다. 1960년대까지만 해도 한국에 형석 광산이 여러 군데 있었다. 지금은 수지 타산이 맞지 않아 광산을 운영하지 않지만, 여차하면 한국에서 캐낼 수 있는 형석의 양도 적지 않다. 이렇듯 플루오린을 뽑아낼 만한 재료는 흔한데 실험은 될 듯 말 듯 잘 안 되니, 학자들의 도전 욕구가 사그라지지 않았던 듯하다.

많은 사람의 도전이 이어지던 중에 마침내 플루오린 기체를 정복한 인물이 나왔으니, 프랑스의 노벨상 수상자, 앙리 무아상Henri Moissan이었다.

무아상은 어린 시절부터 다양한 화학반응을 일으켜 온갖 물질을 만들어 낼 수 있다는 데 깊이 빠져 있었다. 화학만 너무 좋아하다 보니 다른 과목 성적이 낮아서 대학 입학 자격시험을 통과하지 못했다가, 노력 끝에 뒤늦게 대학에 입학했다고도 한다. 나중에는 탄소 덩어리를 재가공해서 다이아몬드를 만들어 내는 현대판 연금술에 도전한 것으로도 유명하다. 무아상이 탄소로 다이아몬드를 만드는 데 성공했느냐 실패했느냐를 두고 논란이 일기도 했다. 소문 같은 이야기지만, 무아상이 불가능해 보이는 도전에 너무 매달리는 것을 안타깝게 여긴 제자가 무아상 몰래 실험 장치에 다이아몬드 한 조각을 슬쩍 집어넣었는데, 그 때문에 실험에 성공한 것으로 착각했다는 영화 같은 사연도 들어본 적 있다.

다이아몬드는 몰라도 무아상이 플루오린 기체를 뽑아내는 데 성공한 것은 명백한 사실이다. 1886년, 무아상은 영하 20℃ 이하로 온도를 낮추는 기술을 적용하기도 하고, 백금으로 만든 실험 도구를 사용하기도 하는 등 갖가지 수단을 동원한 끝에 사상 처음으로 플루오린 원자만으로 이루어진 순수한 플루오린 기체를 뽑아냈다. 이후 기술이 발전해 요즘에는 플루오린 성분이 든 여러 가지 물질을 대량생산하는 시설이 곳곳에 있고, 병을 고치는 약품에서부터 금속 재료를 만들어 내는 용도까지 다양한 곳에 플루오린 원자가 사용되고 있다.

19세기에 플루오린 기체를 뽑아내려던 사람들에게 골칫거리였던 불산 역시 요즘에는 유용한 목적으로 쓰인다. 반도체를 생산하려면 작은 칩 위에 수없이 많은 부품이 연결된 회로를 만들어야 한다. 그래서 반도체 부품은 크기가 1만 분의 1mm, 10만 분의 1mm 정도로 매우 작다. 이렇게 작은 부품을 아주 정밀하게 만들려면 재료를 세밀하게 깎아야 한다. 그 작은 부품을 조각칼 같은 도구로 깎을 수는 없으므로, 적절한 화학물질을 이용해서 불필요한 부분이 삭게 한다. 바로 이 공정에 불산을 쓴다. 말하자면 불산은 반도체를 깎는 가장 날카로운 칼인 셈이다.

불산을 이처럼 정밀한 작업에 사용하려면 순도가 아주 높아야 한다. 미세한 불순물이 조금만 섞여 있어도 불량품이 나올 수 있다. 반도체산업에 쓰이는 불산의 순도는 대개 99.999% 이상이다. 순도를 나타내는 값에 숫자 9가 다섯 개 적혀 있다고 해서 파이브-나인five-nine이라는 말을 쓰기도 한다. 파이브-나인 대신 순도가 99.99%인 포-나인four-nine 불산을 사용하면 불량품이 생길 확률이 커진다.

그런데 2019년, 한국과 일본 사이에 무역 마찰이 생겨서 일본에서 생산한 고순도 불산을 한국으로 수입하기 어려워진 일이 있었다. 그 당시 언론에서는 이러다가 고순도 불산이 없어서 반도체를 만들지 못할까 봐 걱정하는 보도가 쏟아졌다. 한편으로는 앞으로 이런 일이 닥쳐도 걱정하지 않도록 파이브-나인, 혹은 그보다 더 순수한 식스-나인six-nine 불산 등을 국내에서 생산해야 한다는 이야기도 자주 나왔다. 더불어 플루오린을 뽑아낼 수 있는 형석 광산도 잘 보존해야 하지 않겠느냐는 말이 들리기도 했다.

최근에는 기후변화에 관심이 깊어지면서 플루오린과 관련 있는 다른 걱정거리가 생겼다. 냉각장치의 냉매로 쓰이는 HFC 물질 중에 공기 중으로 빠져나오면 이산화탄소처럼 온실기체가 되는 것이 있을 수 있다는 지적이 나왔기 때문이다. 그러니까 HFC는 프레온가스처럼 오존층을 파괴하지는 않지만, 기후변화를 일으킬 수 있다. 만약 HFC를 만들고 쓰는 과정에서 새어 나온 물질이 지구 온난화에 끼치는 영향이 크다면 골치 아픈 일이다. 그래서 HFC를 다른 물질로 대체해야 한다고 주장하는 사람들도 적지 않다. 물론 이렇게 새로 개발되는 물질 중에서도 플루오린의 화학반응 능력을 이용하는 물질들이 단연 눈에 띄는 편이다.

플루오린을 이용해 만든 냉매 덕분에 에어컨을 가동할 수 있다는 점을 생각하면, 홍콩이나 싱가포르 같은 동남아시아 지역의 도시가 발전하는 데도 플루오린의 공이 컸다고 할 수 있다. 더운 지역에서 뜨거운 날씨에 에어컨이 없었다면 사람들이 온종일 열심히 일하기가 쉽지 않았을 것이다. 싱가포르와 홍콩 사람들이 지어 올린 대규모 빌딩들과 그 빌딩에 둥지를 튼 금융회사들이 다루는 막대한 액수의 돈까지도, 플루오린이 아니었다면 없었을지도 모른다. 그랬다면 그 도시들이 지금처럼 거대하고 화려하지는 않았으리라는 생각도 해 본다.

싱가포르의 고층 빌딩에 투자하는 재미를 즐길 정도로 여유가 없다고 해도, 플루오린 덕에 느끼는 시원함을 즐길 방법은 많다. 한 예로 플루오린 원자가 든 냉매로 돌아가는 냉장고 덕택에 우리는 언제나 아이스크림을 먹을 수 있다.

요즘 한국에서는 아이스크림을 먹는 정도는 어지간하면 누구든 즐겨 볼 수 있는 여유다. 하지만 적당한 냉매가 없고 좋은 냉장고가 없던 200년 전만 하더라도 여름철에 아이스크림 같은 음식을 먹어 본다는 것은 세계에서 가장 부유한 나라의 황제라고 하더라도 쉽게 즐길 수 없는 사치였다. 삶이 힘들고 인생이 피곤하기만 한 것 같을 때, 잠깐 아이스크림 하나 사 먹으면서 그래도 이런 엄청난 즐거움도 쉽게 누릴 수 있는 시대를 살고 있지 않냐고 생각하며 숨을 돌려 보는 것도 나는 괜찮다고 생각한다.

아이스크림 같은 음식을 너무 많이 먹으면 충치가 생길 위험이 있기는 하다. 하지만 너무 걱정할 필요는 없다. 충치 예방에 좋다는 다양한 치약을 저렴하게 구할 수 있으니 말이다. 이런 치약에도 불소, 즉 플루오린 성분이 들어 있어서 충치 세균으로부터 우리 치아를 지켜 준다.

10

neon

네온과 밤거리

Ne

신태화는 1877년, 서울에서 태어났다. 《주간조선》에 실린 고정일 선생의 글에 따르면, 그의 가문은 무인 집안이었다고 하는데, 아마 직업군인으로 일하는 사람들이 대대로 많았던 것으로 보인다. 19세기 말이면 아직 조선시대이니 신태화 역시 선대처럼 무과에 급제하여 장군으로 출세하기를 꿈꿀 만도 했을 것이다. 하지만 당시 집안 사정이 과거 시험을 준비할 만큼 넉넉하지는 않았던 듯하다. 게다가 조선이라는 나라도 점점 쇠락하고 있었다.

그래서인지 신태화는 다른 기술을 배워 먹고살 길을 찾기로 한 것 같다. 그는 귀금속을 세공하는 가게에서 일하며 기술을 조금씩 배웠고, 나중에는 그 일을 직업으로 삼아 생계를 이어 보기로 한다. 나라가 기울어도 부자들은 어떻게든 잘살 테니, 부유한 사람들이 많이 찾는 금은을 다루는 기술이 유용하리라 짐작했던 것인지도 모르겠다. 그리하여 20세기가 막 시작될 무렵, 신태화는 남대문시장 어귀에 작은 가게를 차린다. 그의 가게는 차츰 번창해 나갔고, 일제강점기가 시작된 뒤에도 꾸준히 성장했다.

40대 초가 된 1918년, 신태화는 가게를 기업으로 키우면서 종로의 제법 큰 건물로 자리를 옮겨 새 사업을 시작한다. 회사 이름은 자신의 이름자를 따서 '화신상회'라고 지었다. 화신상회는 지금의 종각역이 있는 큰 사거리에 있었다. 종각 지역은 조선시대부터 종을 치며 시간을 알리던 보신각이 있는 곳으로, 그때나 지금이나 누구나 알 만한 서울의 중심가다. 당시 그런 곳에 큰 건물을 마련해 사업을 벌인다는 것은 서울에서 1등으로 꼽힐 만큼 회사를 크게 키우겠다는 뜻으로 보였을 것이다. 예상대로 신태화는 사업을 더욱 발전시킨다. 화신상회는 처음에 귀금속 제품을 팔다가 사업 영역을 차츰 넓혀 나중에는 여러 종류의 고가품들을 이것저것 같이 파는 화려한 곳이 되었다.

이후 10여 년이 지난 1931년, 화신상회는 박흥식이라는 사나이에게 팔린다. 박흥식은 한국 최초의 재벌이라고 할 수 있는 몇 사람 중에서도 손꼽히는 인물이다. 그는 인쇄업으로 사업을 시작했다가 종이를 유통하는 일을 하면서 큰돈을 벌었다. 박흥식은 화신상회를 더욱 현란하고 멋진 곳으로 키우겠다는 야심을 품고 있었던 것 같다. 현대 소비문화와 자본주의를 상징하는 가장 근사한 업종으로 그가 떠올린 것은 백화점 사업이었다. 곧 박

흥식은 화신상회를 '화신백화점'으로 개조하는 일에 착수한다. 일제강점기부터 광복 후 1980년대까지, 거의 20세기 내내 한국의 대표적인 백화점으로 사람들 입에 오르내리던 화신백화점은 그렇게 탄생했다.

마침 화신백화점이 생길 무렵, 현대 도시의 소비문화를 상징한다고 할 만한 또 다른 발명품이 서울에 서서히 모습을 드러내고 있었다. 도시의 밤 풍경 하면 바로 떠오르는 네온사인neon sign이다.

네온사인에 관해 이야기하자면 시간을 좀 더 거슬러 올라가 한 세대 앞선 독일인 요한 하인리히 가이슬러Johann Heinrich Geißler에 관해 살펴보아야 한다. 가이슬러가 개발한 가이슬러관Geissler tube이라는 기구 덕분에 네온사인이 탄생할 수 있었기 때문이다. 그뿐 아니라 가이슬러관을 이용해 여러 가지 새로운 실험을 할 수 있었던 덕택에 원자에 관한 연구가 다방면으로 이어져 전자와 엑스선의 발견을 이끌었고, 그 덕분에 양자 이론과 같은 현대 과학의 가장 중요한 성과를 이룰 수 있었으며, 전자공학을 기초로 하는 온갖 기술이 발전해 나가는 길을 텄다고 할 수 있다.

그런데 정작 그 시대 사람들은 가이슬러를 인류 문명의 흐름을 바꾼 위대한 과학자로 여기기보다 유리를 가공하는 기술이 특별히 뛰어난 재주꾼 정도로 생각했던 것 같다. 가이슬러가 개발한 가이슬러관은 어떤 기체를 넣어 놓은 유리관에 전기를 걸면 어떤 현상이 생기는지 알아볼 수 있는 실험 장치였다. 사람들이 가이슬러관을 두루 사용하면서부터 원자의 성질에 관해 새로운 생각을 펼칠 수 있게 되었고, 나중에는 이 장치를 다른 모양으로 바꿔 가면서 다양하고 새로운 이론의 증거를 찾아내기도 했다.

가이슬러관에 기체를 넣고 강한 전기를 걸면, 기체 원자 속에 있던 전자가 전기의 힘 때문에 튀어나온다. 전자는 ⊖전기를 띠므로 전자를 잃은 기체 원자는 ⊕전기를 띠게 된다. 이렇게 전기를 띤 상태로 돌아다니는 기체 원자를 요즘에는 플라스마plasma라고 부른다. 혹시 전자제품의 광고 문구에 플라스마라는 말이 보인다면, 가이슬러관 안에서 일어나는 일과 비슷한 현상을 일으켜 활용하는 제품이라고 보면 된다. 플라스마라는 단어가 아직 낯선 사람들에게는 SF 속 우주전쟁에 등장하는 플라스마 대포나 플라스마 총처럼 먼 미래의 기술이 담긴 이름같이 들리기도 할 것이다. 하지만 이미 과거의 발명품이 되어 버린 네온사인도 플라스마를 이용하는 장치다.

가이슬러관에서 만들어진 플라스마, 그러니까 ⊕전기를 띤 기체 원자는 자연히 ⊖전기 쪽으로 이끌려 날아간다. 플라스마가 유리관 안에서 다른 기체 원자들과 이리저리 부딪히면서 ⊖전기가 있는 쪽으로 날아가다 보면 다른 원자 안에 들어 있는 전자들과 부딪히거나 서로 이끌리기도 한다. 그 과정에서 전자들은 힘을 받기도 하고 잃기도 한다.

전자가 갑자기 속도를 잃을 때는 전자파를 내뿜는다. 그러므로 플라스마 상태로 이리저리 전자를 당기거나 밀치고 다니는 원자 중에서도 전자파를 내뿜는 것이 생긴다. 따라서 가이슬러관에 넣은 기체의 종류와 양, 압력을 잘 조절하면 전자파를 끊임없이 만들어 낼 수 있고, 그 전자파의 주파수도 조절할 수 있다. 만약 플라스마가 내뿜는 전자파의 주파수를 4억~8억 MHz 정도로 유지할 수 있으면, 그 전자파는 사람 눈에 감지되어 빛으로 보인다. 즉, 가이슬러관이 빛을 내게 된다.

가이슬러관으로 빛을 만들면 상당히 신비롭고 아름다운 색이 나온다. 전설이나 신화 같은 이야기에서는 주인공이 신비의 보검이나 악을 물리칠 천사의 보석을 발견했을 때, 그 보물이 은은하고 묘한 빛을 사방으로 뿜고 있다고 묘사하는 경우가 더러 있다. 그런데 가이슬러관이 내뿜는 빛이 딱 그런 신비로운 느낌을 줄 때가 있다. 그 때문인지 19세기 말과 20세기 초에 가이슬러관 실험이 상당한 인기와 관심을 얻었고, 관련 연구를 하는 사람이나 가이슬러관을 개조해서 다른 방식으로 실험을 해 보려는 사람들이 세계 각국에서 계속 등장했다. 바로 그 실험들 가운데 현대 과학의 발전을 이끈 매우 중요한 실험들도 있었다.

가이슬러관 실험에 감탄한 사람 중에는 프랑스의 화학자이자 물리학자인 조르주 클로드Georges Claude도 있었다. 클로드는 가이슬러관을 응용한 장치로 과학을 발전시키겠다는 생각 대신 그것으로 아름다운 장식품을 만들 수 있겠다는 생각을 했다. 특히 그는 여러 가지 기체 중에 네온neon을 유리관에 넣고 전기를 걸어 주면, 플라스마와 전자의 힘이 마침 잘 맞아서 밝고 눈에 잘 띄는 붉은 빛이 나온다는 사실을 알아냈다. 그뿐 아니라 네온을 이용하면 다른 장치보다 전기를 덜 소모하면서도 굉장히 오랫동안 빛을 내뿜게 할 수 있었다. 구식 전구로 불빛을 밝히면 시간이 지남에 따라 필라멘트가 견디지 못하고 끊어져서 전구를 갈아 끼워야 하는 일이 생기기 마련인데, 네온사인은 애초에 눈에 보이지 않는 기체를 유리관에 채워 넣기만 하면 됐으니, 오래 써도 필라멘트가 끊어질 일을 걱정하지 않아도 되었다. 결국 클로드는 1910년 무렵에 네온 불빛으로 사람들의 시선을 사로잡는 유리 장식품을 만드는 데 성공했다. 최초의 네온사인이 등장한 것이다. 그날 그렇게 현대의 밤거리가 시작되었다.

클로드가 만든 장치는 홍보나 광고 일을 하는 사람들의 관심을 얻기 시작했다. 사실 가이슬러관은 빛을 내뿜기만 하면 무슨 기체를 써도 되는 장치였기에, 네온 대신 다른 기체를 넣어 네온사인을 만들기도 했다. 나중에는 유리관에 다른 물질을 발라서 색깔을 바꾸는 방식도 개발되었다. 1920년대가 되자 세계 곳곳에서 상점 간판을 네온사인으로 장식하는 것이 본격적으로 유행했다. 미국 로스앤젤레스에서 1922년에 어느 자동차 판매상이 처음으로 네온사인으로 간판을 장식했다는 이야기가 있는데, 그 모습이 굉장히 멋지다고 소문이 나서 한동안은 사람들이 그 네온사인을 구경하러 멀리서 찾아올 정도였다고 한다. 제1차 세계대전이 끝나고 아직 대공황은 시작되지 않아 경기가 괜찮던 시절이었다. 그러니 세계 각국의 장사하는 사람들은 재빨리 네온

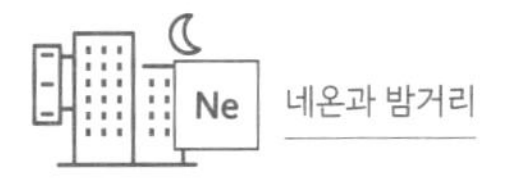

사인을 도입해 더욱 멋지게 광고를 하겠다는 계획을 세웠을 것이다.

정확한 기록을 찾지는 못했지만, 1920년대 후반쯤에는 서울의 거리에도 한두 개의 네온사인 장식이 생겼을 것으로 짐작된다. 1931년 무렵부터 네온사인을 화려한 밤거리의 상징으로 언급하는 글이 보이기 시작하기 때문이다. 1931년 10월 17일 자 《조선일보》 5면에 실린 양기철의 시 〈서울 거리〉는 다음과 같이 시작한다.

체신국의 탑상 시계가 일곱 시 사십 분
거리에는 일광이 사라진 지 오래
점두마다 반짝이는 전등과 네온이
1931년의 상업 전술인가
거리의 밤
인간들의 홍수

같은 해 11월, 《동아일보》에 실린 소설가 염상섭의 문화비평 칼럼을 보면, 그 당시의 문학이 너무 상업적으로 타락하고 있다고 지적하면서, "네온사인의 광고탑과 같은 퇴폐문학"이라는 표현을 썼다. 이미 90년 전 서울 시민에게도 네온사인은 도시 문명을 현란하게 장식하는 신문물로 친숙했던 것이다.

하지만 정황을 좀 더 살펴보면 그 시절에 실제로 거리마다 네온사인이 가득했다기보다는, 그런 광경이 담긴 사진이나 영화, 다른 나라 풍경에 관한 소식 등을 접하게 되면서 네온사인에 대한 감상이 먼저 유행한 듯하다. 1932년 10월 26일 자 《동아일보》 사설 〈대경성의 조선인〉이라는 글에서 당시 서울의 거리 풍경을 언급한 부분에 "메인 스트리트에 네온사인과 같은 휘황찬란한 시설은 없다 할지라도"라는 대목이 보인다.

네온사인은 이 같은 분위기와 맞물려 서울 시내에 점점 늘어갔다. 그 당시에는 창경궁이 유원지로 이용되고 있었는데, 연못 춘당지에 설치한 네온사인 장식을 구경하러 오는 사람이 많았다. 1931년 4월 19일 자 《조선일보》에도 꽃놀이 철을 맞아 봄밤에 창경궁을 찾은 시민들이 그 네온사인을 보고 가곤 했다는 기사가 실렸다.

그러니 바로 그 무렵에 화신상회를 서울 최고의 화신백화점으로 만들겠다는 포부를 가진 박흥식 역시 네온사인에 눈길이 갔을 것이다. 초창기 화신백화점의 네온사인에 관해서는 정확히 알아내기 어렵지만, 1937년에 새로 지은 화신백화점 건물에 관해서는 몇 가지 알려진 내용이 있다. 오늘날 많은 사람이 기억하고 있는 화신백화점은 바로 이 신축 건물이고, 건물 전면 중앙에 커다란 꽃 모양으로 설치한 네온사인이 특히 유명했다.

박흥식이 화신백화점 건물을 새로 지은 까닭은 1935년에 불이 나서 원래 건물이 다 타 버렸기 때문이다. 당시의 화재는 서울 시내 전체를 떠들썩하게 했던 큰 사고였지만, 오히려 박흥식은 그

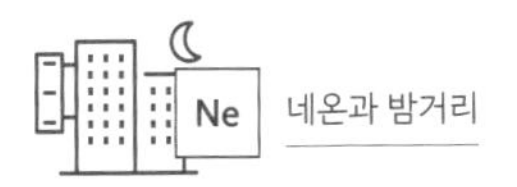

때 상당한 액수의 보험금을 탈 수 있었다. 박흥식은 이를 기회로 삼아 백화점 건물을 더욱 크게 새로 짓는 모험을 벌였다. 그리하여 건축가 박길룡이 설계한 새 화신백화점 건물이 1937년 11월에 완공되었다.

새로 지은 화신백화점은 지하 1층, 지상 6층 규모의 건물에 신식 백화점다운 요소를 두루 갖추고 있었다. 당시 서울에서 손꼽히는 높은 건물이었고, 한반도에서 처음으로 에스컬레이터를 설치한 건물로도 잘 알려져 있다. 또 사람들이 백화점에 왔다가 엘리베이터를 처음 타 보고는 엘리베이터가 출발하거나 멈출 때 몸이 들뜨고 눌리는 듯한 느낌이 너무 이상해서 멀미를 하곤 했다는 이야기도 전한다.

화신백화점은 화려한 현대 도시 서울을 체험할 수 있는 명물로 자리 잡았다. 건물 전면에는 사방으로 피어나는 듯한 꽃 모양 네온사인이 있었고, 옥상에는 전구로 만든 전광판이 빛을 내뿜으며 사람들의 눈길을 붙잡았다. 옥상의 전광판으로는 새로운 소식이나 표어 같은 것을 보여 주었던 것 같다. 1930년대의 신문기사를 읽다 보면 백화점에서 일하는 직원을 '데파트 걸'이라는 말로 지칭하면서 자본주의의 첨단 유행을 선도하는 멋진 사람들로 묘사한 글이 종종 보인다. 이후 네온사인은 서울 시내 곳곳으로 더 많이 퍼져 나갔을 것이다. 흔히 화려한 유흥가 분위기나 향락적인 문화가 퍼진 혼란스러운 밤거리를 '네온 거리'라고 말하는 관습도 1930년대에 자리 잡았다.

아쉽게도 이 시기의 네온사인 기술에 관해서는 알 수 있는 정보가 매우 드물다. 네온사인은 표현하고자 하는 모양대로 유리관을 구부려 만든다. 그런데 유리는 깨지기 쉬운 물질이어서 복잡한 모양으로 만들어 멀리 운반하기가 쉽지 않았을 것이다. 따라서 네온사인이 많이 설치된 거리에서 멀지 않은 곳에 그것을 만드는 기술자들이 있었을 것이다. 즉, 네온사인이 유행했던 1930년대 서울에도 네온사인 기술자들이 있었을 가능성이 크다. 그렇다면 당시의 기술 수준은 어느 정도였을까? 어떤 물질을 재료로 사용하고, 어떤 장비를 이용해서 네온사인을 만들었을까? 네온 기체는 누가 만들었으며, 그것을 어디서 얼마 만큼씩 사 왔을까? 그런 기술자 중에서 네온사인의 원리를 더 깊게 탐구해 새로운 발명품이나 새 기술을 개발해 내는 사람들도 있었을까? 네온사인의 과학적 원리를 이해한 사람은 몇이나 됐을까?

한국인들이 도시 풍경을 묘사할 때 '네온사인이 가득한 밤거리'라는 말을 상투적으로 사용하게 된 지 어느덧 100년이 다 돼간다. 그동안 이 같은 표현을 쓴 사람이 셀 수 없이 많을 것이며, 그중에는 도시 문화에 대해 개탄하고 현대문명의 방향을 논하는 심각한 주장을 펼친 사람도 적지 않았으리라 생각한다. 그러나 정작 서울 최초의 네온사인은 무엇이었는지, 초창기 네온사인 기술자들이 어떻게 일했는지, 당시 네온사인의 색깔과 모양이 어땠는지 등에 관해서는 알아내기가 너무 어렵다. 네온이 빛나는 밤거리가 서울에 처음 형성되던 1930년대의 실제 네온사인

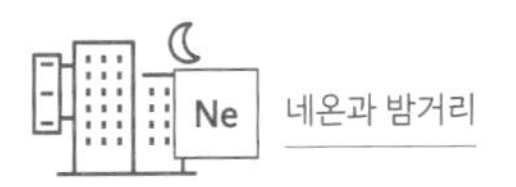

이나 그 자료가 어딘가에 남아 있다면 꼭 한번 보고 싶다.

1940년대로 접어들면서 조선총독부는 전쟁을 대비해 자원을 아껴야 한다는 이유로 광고용 조명에도 규제를 가한 듯하다. 그에 따라 네온사인 유행도 조금 시들해졌을 것이다. 광복 후에는 한국전쟁의 영향으로 네온사인 같은 것은 뒷전이었을 테고, 그러다가 1960년대가 되면서 다시 서울에 네온사인이 본격적으로 늘기 시작한다. 이후의 네온사인에 관해서는 사진이나 영화에 자료가 많이 남아 있고, 활동했던 기술자들도 생존해 있어서 알 수 있는 것이 좀 더 많은 편이다.

몇몇 네온사인은 인상적인 모습으로 오랫동안 한자리를 지킴으로써 사람들의 기억 속에 남기도 했다. 명동 입구에 아치 모양으로 서 있던 한독약품 광고 네온사인은 마치 "여기서부터 명동 거리입니다." 하고 알려 주는 듯했고, 1960년대부터 10년가량 서울역 앞에 설치되어 있던 동양미싱의 재봉틀 모양 네온사인은 기차를 타고 서울에 막 도착한 사람들에게 서울의 첫인상으로 기억되곤 했다. 이런 네온사인이 서울의 상징이라도 되는 양 추켜세우는 사람은 여전히 많지 않다. 하지만 서울의 거리를 거닐던 수많은 사람의 추억 속에 인상적인 네온사인 하나쯤은 분명 있었을 것이다. 2000년 전후로는 보신각 근처 빌딩 옥상에 있던 빠이롯드만년필 대형 광고판을 기억하는 사람도 꽤 많다. 빠이롯드만년필 광고판에서는 밤이 되면 PILOT라는 글자 모양 네온사인이 빛을 내뿜었다.

지금은 이 모두가 다 사라졌다. 동양미싱이나 한독약품의 광고 네온사인은 없어지는 줄도 모르게 조용히 사라졌고, 2018년 5월에 철거된 빠이롯드만년필 광고판은 우연히 철거 장면을 본 사람들이 사진을 찍어 SNS를 통해 공유하면서 일부 사람들 추억의 한 귀퉁이에 간신히 기록되었다.

한때 화려한 서울을 대표하던 화신백화점 건물도 네온사인들과 함께 1987년 6월에 철거되어 완전히 사라졌다. 화신백화점은 오랫동안 현대적인 서울을 상징하는 건물이었던 만큼 보존해야 한다는 의견이 나오기도 했으나, 박흥식의 친일 행적 때문에 힘을 얻지 못하고 철거되었다. 박흥식은 1994년*까지 살았으므로 화신백화점이 쇠락해 망해 가는 모습을 보았을 것이고, 건물이 철거되어 완전히 사라졌다는 소식도 들었을 것이다. 지금 화신백화점 자리에는 1999년에 완공된 종로타워가 눈에 띄는 건물로 자리 잡고 있다.

도시의 밤거리를 화려하게 물들이던 네온사인은 2000년대에 들어서면서부터 인기가 시들해지고 있다. 지금도 여전히 '네온사인 밤거리'라는 말을 많이 쓰지만, 알고 보면 거대한 LED 전광판이 네온사인보다 훨씬 더 크고 밝고 인상적인 영상을 내보내고 있는 것이 오늘의 거리 풍경이다. 규모가 작은 간판들도 LED 조명을 이용해 전보다 더 밝고 오래가면서 전기는 덜 소모하는

* 당시 나이는 만 91세였다.

쪽으로 점점 바뀌고 있다.

네온은 다른 물질에 비해 쓰임새가 다양하지 않고, 지구에 흔한 물질도 아니다. 따라서 네온사인이 줄어들면 네온이 사용되는 곳도 꽤 줄어들 가능성이 있다. 주기율표에서 네온은 헬륨 바로 아래 칸에 적혀 있다. 같은 열에 배치된 것에서 알 수 있듯 네온은 헬륨과 성질이 비슷하다. 화학반응을 잘 일으키지 않는 비활성기체이며, 헬륨처럼 우주 전체로 보면 비교적 흔하지만, 지구에서는 구하기 어려운 물질이다. 네온이라는 이름도 헬륨이나 아르곤과 비슷하기는 하지만 다른, 새로운 기체를 발견했다는 뜻에서 새롭다는 뜻의 그리스어 네오스νέος를 변형해 지은 것이다.

주기율표에는 118가지 원소 이름이 빼곡히 적혀 있지만, 1871년에 드미트리 멘델레예프Dmitry Mendeleev가 주기율표를 발표할 당시에는 이보다 가짓수가 훨씬 적었다. 대체로 가벼운 것부터 무거운 것 순서로 원소 이름을 써넣으면서, 성질이 비슷한 것들은 세로로 같은 줄에 오도록 배치한 것이 주기율표다. 그런데 이 원칙대로 정리했더니 어떤 칸에는 써넣을 것이 없었다. 빈칸이 생겼으니 주기율표를 만드는 원리가 틀렸다고 생각할 수도 있는 문제였다. 그러나 반대로 생각하면 주기율표가 틀린 것이 아니라 빈칸에 들어갈 원소가 아직 발견되지 않았다고 볼 수도 있다. 그리고 언젠가 새로운 물질이 발견되어 그 자리를 채울 거라고 예상할 수 있다. 실제로 1898년에 네온이라는 새로운 물질이 공기 중에 0.002% 정도 섞여 있음을 알게 되었고, 이 물질이 정말로 주기율표의 허점으로 보였던 빈칸을 채우게 됐다. 멘델레예프가 주기율표를 발표한 지 27년이 흐른 후였다.

네온이 발견된 뒤로 과학자들은 일정한 규칙에 따라 성질이 비슷한 원자들끼리 묶을 수 있다는 주기율표의 원리를 더욱 확신하게 되었다. 그리고 이러한 확신은 그 규칙 뒤에 숨겨진 이론이었던 양자 이론을 연구하는 데 큰 도움이 되었다. 네온은 과학 발전이라는 퍼즐의 빈자리를 채우는 중요한 물질이었던 셈이다.

지금도 공기 중에 0.002%만 들어 있는 네온을 뽑아내서 네온사인을 만들기는 한다. 그 외에 레이저 장치를 만드는 데 네온을 사용하는 예가 있고, 강한 전기에 견뎌야 하는 부품을 제조할 때 네온을 일부 사용하기도 한다.

요즘은 옛날 감성의 네온사인을 직접 만들어 볼 수 있는 재료를 판매하는 곳도 많은데, 사실 이런 제품은 대부분 진짜 네온사인이 아니다. EL와이어라고 부르는 전기루미네선스electro luminescence 제품을 이용해 네온사인과 비슷한 빛이 나게끔 흉내만 내는 것이다. EL와이어는 간단하게 손으로 구부리면 원하는 모양을 만들 수 있고, 유리가 깨질 위험도 없다. 제작하기 간편하고 사용하기 편리하다는 점에서 진짜 네온사인과는 비교할 수 없을 정도로 경쟁력이 뛰어나다. 사람들이 진짜 네온사인보다 EL와이어 제품을 더 선호하는 현상도 자본주의 사회에서는 당연한 일이다.

이렇게 네온사인의 시대가 거의 끝나가고 있다. 지난 100여 년간 자본주의 사회의 화려한 밤거리의 상징으로 빛났던 네온사인이 바로 그 자본주의 경제의 비정함 때문에 밤거리에서 사라져 간다고 할 수도 있겠다.

11

sodium

소듐과 냉면

Na

대학 시절 어느 여름방학에 서울에서 계절학기 강의를 하나 들었다. 같은 학교에 다니는 친구 한 명과 함께였는데, 하루는 강의를 듣고 돌아오는 길에 우연히 냉면을 주제로 논쟁하게 되었다. 그때는 아직 물냉면과 비빔냉면 중에 어떤 것이 더 좋으냐가 치열한 논쟁거리가 될 수 있다는 점이 인터넷에서 화제가 되기도 전이었다. 그래서인지 아닌지는 모르겠지만, 우리는 물냉면이 더 뛰어난가, 아니면 비빔냉면이 더 뛰어난가를 두고 긴 토론을 이어 갔다.

논쟁은 제법 오래 이어졌고 나중에는 대단히 격렬해져서 결국 직접 먹어 보고 결론을 내리기로 했다. 그래서 우리는 서울 중구 일대를 걸어 다니며 물냉면이 유명한 집과 비빔냉면이 유명한 것으로 손꼽히는 냉면집을 찾아다녔다. 정말 정말 무더운 날 한

낮에 한참 동안 거리를 하염없이 걸으며, 어느 냉면집에 갈지 헤매면서 반나절을 보낸 그날은 좀 이상한 추억으로 아직도 마음 속에 깊이 남아 있다. 우리는 물냉면과 비빔냉면을 각각 한 그릇씩 먹고, 비빔냉면이 유명한 집에서 하는 물냉면이 어떤지도 먹어 봐야 정밀한 판정을 내릴 수 있겠다는 판단에 따라 물냉면을 또 한 그릇씩 먹었다. 정말 인생에서 가장 많은 냉면을 먹은 날이었다.

지금 돌아보면 논쟁이 어떻게 끝났는지는 기억도 나지 않는다. 우리는 왜 이렇게 먹보인가 하고 같이 한탄하다가 헤어진 기억인데, 그러면서도 참 맛있는 냉면을 먹었기 때문인지 오후를 그렇게 보내 버리고도 어쩐지 무척 보람찬 기분이 들었다.

그러고 보면 과연 냉면은 훌륭한 음식이다. 물냉면을 기준으로 설명하자면, 냉면은 시원하고 상쾌하게 먹을 수 있는 동시에 육수의 깊은 맛도 즐길 수 있는 음식이다. 얼큰하다거나 칼칼하다거나 하는 강렬한 맛은 아닌데, 심심한 듯하면서도 현란한 맛이 복합적이고 다층적으로 걸쳐 있어서 음미할 만한 요소가 많다. 한식의 대표로 꼽기에 부족함이 없는 개성을 지녔고, 냉면이 생각날 때 어지간하면 어디서나 즐길 수 있을 만큼 대중화된 음식이기도 하다. 이만하면 여름날 반나절의 청춘을 소모한 것이 아깝지 않다.

냉면에 관해 한 가지 안타까운 점은 건강을 주제로 하는 신문기사에 냉면의 단점이 자주 언급된다는 사실이다. 그런 기사들

은 하나같이 냉면에 소듐sodium이 너무 많아서 조심해야 한다고 충고한다. 대부분 냉면을 만들 때 육수에 맛을 내기 위해 소금을 많이 넣다 보니, 소금에 함유된 소듐 성분이 과해져서 건강을 해칠 수 있다는 내용이다. 2017년, 〈연합뉴스〉는 소비자시민모임에서 받은 자료를 인용해 포장 냉면 1인분에 든 소듐의 양이 인체에 하루 동안 필요한 소듐의 양보다도 많다는 점을 지적했다. 세계보건기구에서는 하루에 소듐을 2g 정도 먹으라고 권유하는데, 한국에 유통되는 포장 냉면 대부분이 1인분짜리 한 개에 그 정도 양의 소듐이 들어 있고, 어떤 제품은 1인분에 무려 2.5g이 넘는 소듐이 들어 있다는 내용이었다.

대체 소듐이 무엇이길래 그토록 사람 몸에 해롭단 말인가? 소듐은 소다soda의 주요 성분이라는 뜻으로 붙여진 이름이다. 소다는 아랍어에서 소듐 성분이 들어 있는 약품을 부를 때 쓰던 말이라는 이야기가 있다. 흔히 소듐을 나트륨natrium이라고 부르기도 하는데, 소듐을 나타내는 원소기호 Na가 바로 나트륨에서 온 것이다.

나트륨이라는 말은 아프리카 지역에 종종 보이는 나트론Natron 호수에서 온 말일 가능성이 커 보인다. 나트론 호수는 물속에 이상한 광물이 들어 있어서 강한 독성을 띠는 괴상한 호수다. 떠도는 이야기로는 나트론 호수에 빠지면 온몸의 피부가 상하고 잘못하면 죽을 수도 있다고 한다. 호수에 빠진 짐승이 죽으면 독성 성분 때문에 몸이 바짝 말라서 마치 미라처럼 변해 호수 위를 떠다니는 일도 있다. 다만 홍학 종류 중에는 나트론 호수의 독성을 어느 정도 견딜 수 있는 것들이 있어서 다른 짐승들이 공격해 오지 못하도록 일부러 나트론 호수에 서서 몸을 피하는 일도 있다고 한다.

중동이나 유럽의 전설 중에는 사람이 갑자기 돌이나 소금 기둥 같은 것으로 변해 버리는 저주에 관한 이야기들이 있다. 어쩌면 나트론 호수에 들어갔다가 죽은 짐승의 모습에서 이런 이야기가 유래했는지도 모르겠다. 그리스 로마 신화에는 메두사라는 무서운 괴물이 등장하는 이야기가 있다. 신화에서는 누구라도 메두사의 얼굴을 본 사람은 돌로 변해 버린다. 만약 누군가가 위험한 나트론 호수에 아이들이 가까이 가지 못하게 하려고 호수에 메두사 같은 괴물이 산다는 전설을 퍼뜨렸다면, 그 괴물을 본 사람이 미라나 돌이 되었다는 이야기가 자연스럽게 덧붙었을 수도 있지 않을까.

나트륨은 바로 이 나트론 호수에서 발견되는 물질의 성분에서 쉽게 찾을 수 있는 원소다. 그리고 그 악명에 걸맞게 순수한 나트륨, 즉 소듐을 잘 이용하면 실제로 제법 강력한 물질을 만들어 낼 수 있다.

이런 일이 가능한 이유는 소듐이 워낙에 화학반응을 잘 일으키는 물질이기 때문이다. 소듐은 ⊕전기를 띠려는 성질이 강하다. 소듐의 전기적인 특성을 이용하면 독특한 노란색 빛을 내는 전등을 만들 수도 있다. 터널 안, 도로변, 야외를 밝히는 전등 중

에 불빛이 노란색인 것이 있는데, 이런 전등 중에는 나트륨등이 제법 많다. 나트륨등은 유리관에 소듐을 넣고 전기를 걸어 아주 높은 온도에서 녹아내리고 끓어오르게 해서 기체 상태로 유리관 안을 떠다니며 빛을 내뿜게 만든 것이다.

순수한 소듐 덩어리를 물에 던지면 빠르게 폭발하는 모습을 볼 수 있다. 소듐이 그만큼 격렬하게 화학반응을 일으킨다는 증거다. 이 사실은 학생들에게도 잘 알려져 있다. 아마 화학에 조금이라도 관심을 두게 하려고 제일 재미날 것 같은 사실부터 알려 주려고 애쓰는 중고등학교 교재들 덕분 아닌가 싶다.

요즘에는 소듐 덩어리를 물에 던지면 어떤 모양이 되는지 보여주는 영상도 인터넷 동영상 사이트에 굉장히 많이 올라와 있다. 이런 영상을 보면 순수한 소듐은 금속이라는 사실도 눈으로 확인할 수 있다. 어느 나라에서나 이런 영상들이 제법 인기 있는 것을 보면 흔하게 듣던 소듐이라는 원소가 순수한 덩어리 상태로 있으면 폭발한다는 이야기를 들었을 때 느끼는 신기함과 그 폭발 장면을 실제로 보고 싶다는 호기심은 세계 공통인 것 같기도 하다.

그러나 사람들이 실제로 소듐을 이용해서 가장 쉽게, 많이 만들어 내는 강력한 물질은 순수한 소듐 덩어리는 아닌 것 같다. 내 생각에는 가성소다causitc soda라는 별명으로도 잘 알려진 수산화소듐sodium hydroxide이야말로 소듐으로 만들어 낼 수 있는 것 중 화학반응을 일으키는 데 가장 널리 쓰이는 물질인 듯하다. 수산화소듐을 여전히 수산화나트륨이라고 부르는 곳도 많다.

가성소다는 가혹한 성질을 지닌 소듐 물질이라는 뜻으로, 가성소다가 동물의 살갗에 닿으면 피부에 해를 입는다. 농도가 높은 가성소다는 사람 몸에도 위험하다. 하지만 다른 물질을 잘 녹이는 성질을 적당히 이용하면 가성소다로 세탁물의 찌든 때를 녹여 없앨 수 있다. 옛말에 "공짜라면 양잿물도 마신다."라는 속담이 있는데, 공짜라면 위험한 것도 모른 채 좋아한다는 뜻이다. 이 속담에 나오는 양잿물이 바로 가성소다, 즉 수산화소듐을 말한다. 그러니까 제법 예전부터 가성소다는 강한 화학반응을 일으키는 물질 중에서는 생활에 요긴하게 쓸 만큼 잘 알려져 있었던 셈이다.

가성소다가 다른 물질을 잘 녹이는 까닭은 이 물질이 대표적인 염기base이기 때문이다. 염기는 산acid과 반대되는 성질을 말한다. 산과 염기의 성질이 서로 반대라는 말을 잘못 이해하면, 산성 용액이 무엇이든 녹이는 독한 성질을 띠니까 염기성 용액은 아무것도 녹이지 않는 순한 성질을 띨 것으로 생각하기 쉽다. 하지만 이것은 대단히 잘못된 생각이다. 강한 염기성 물질도 산성 물질처럼 사람 피부에 닿으면 강력한 화학반응을 일으킨다. 서로 반대의 방식으로 위험하다는 뜻이다.

산성 물질이 각종 화학반응을 일으키는 데 다양하게 사용되는 것처럼, 염기성 물질 역시 온갖 화학반응에 폭넓게 쓰인다. 대표적인 염기인 가성소다 역시 공장에서 대량생산된다. 한국에 있

는 화학 공장들에서 만들어 내는 가성소다 물량만 해도 1년에 족히 100만 t은 넘을 것이다. 공장에서 대량생산된 가성소다는 종이를 만드는 공정에서부터 비누나 세제를 만드는 공정까지 온갖 화학반응을 이용해 물건을 만들어 내는 세계 각국의 공장으로 팔려 간다.

가성소다를 대량생산할 수 있는 까닭은 원료를 구하기가 쉽기 때문이다. 한국의 공장에서는 가성소다의 원료로 주로 소금을 사용한다. 냉면에도 듬뿍 들어간다는 바로 그 소금이다. 소금은 소듐과 염소 원자가 규칙적으로 붙어 있는 덩어리다. 그래서 염화소듐sodium chloride 또는 염화나트륨이라고 부르기도 한다. 공장에서는 기계를 이용해 소금에서 염소 기체와 수산화소듐, 즉 가성소다를 뽑아낸다.

현대의 많은 화학 공장에서는 석유에서 뽑아낸 재료를 이용해 제품을 만든다. 이런 곳은 석유를 구하기 어려워지거나 가격이 오르면 제품을 생산하는 데 차질을 빚을 수 있다. 그러나 가성소다를 만드는 공장은 이런 걱정을 좀 덜 해도 된다. 제품의 원료인 소금을 한국의 바다에서도 얼마든지 구할 수 있기 때문이다. 그래서 유가가 출렁일 때는 신문 기사에 화학 회사들이 모두 석유를 구하기 어려워서 장사가 힘들어졌는데, 가성소다 공장을 운영하는 화학 회사는 그럭저럭 버티고 있다더라는 내용이 실릴 때가 종종 있다.

소듐은 소금에서 얻고, 소금은 바다에서 얻는다. 먹으면 위험하다는 양잿물 속의 소듐과 냉면의 맛을 더해 주는 소듐은 둘 다 바다의 소금에서 온 물질이다. 어쩌면 소듐을 많이 먹으면 몸에 좋지 않은 까닭도 혹시 바다와 관련 있는 문제인지도 모른다. 그러나 냉면에 들어 있는 소듐을 많이 먹지 말아야 하는 이유가 양잿물을 마시지 말아야 하는 이유와 통한다는 말은 절대 아니다. 소듐이 건강에 해로운 이유는 양잿물 같은 염기성 물질이 위험한 이유와는 다르다.

사람이 소금을 먹으면 그 속에 있는 소듐 때문에 혈액 속 소듐 농도가 높아진다. 그 정도가 너무 심해지면 몸은 소듐 농도를 낮추기 위해 혈액의 양을 늘린다. 혈관은 그대로인데 혈액만 많아지면 아무래도 혈압이 높아질 수밖에 없다. 그래서 음식을 짜게 먹으면 고혈압이 될 수 있고, 고혈압이 심해지면 몸 곳곳을 망가뜨리는 원인이 된다. 맵고 짜고 단 음식을 즐겨 먹는 사람일수록 고혈압을 조심하라고 하는 것도 이 때문이다.

하지만 입맛만을 탓할 문제는 아니다. 음식이 너무 싱거우면 맛이 없기 마련이다. 그래서 누구나 약간은 짭짤한 맛을 좋아한다. 이 때문에 방심하고 음식을 먹다 보면 저절로 소금을 많이 먹게 되고, 그러다 보면 몸에 소듐이 많이 들어온다. 골치 아픈 문제는 애초에 인간의 혓바닥이 소듐을 감지해야만 맛있다고 느낀다는 사실이다. 고혈압을 생각하면 피해야 할 소듐을 우리의 혓바닥은 왜 이렇게 좋아하는 것인가?

그것은 소듐이 우리 몸에 꼭 필요한 물질이기 때문이다. 소듐

은 너무 많아도 문제지만, 부족해도 문제다. 소듐이 부족하면 몸의 여러 기관이 제 역할을 못 한다. 그래서 혀가 짠맛을 맛있게 느끼도록 해서 소듐을 어느 정도 먹도록 이끈다. 소금이 많이 들어간 냉면이 맛있게 느껴지는 것도 같은 이유일 것이다.

우리 몸에서 소듐이 꼭 필요한 곳은 신경이다. 사람과 동물은 온몸에 신경이 퍼져 있다. 뇌는 거대한 신경 덩어리라고도 할 수 있다. 뇌에서 몸을 어떻게 움직이라고 보내는 신호가 신경을 통해 해당 부위에 전달돼야만 몸이 제대로 움직이고 여러 가지 감각도 느낄 수 있다. 이때 사용되는 신호는 전기신호다. 비유하자면 로봇의 팔다리를 중앙의 컴퓨터와 전선으로 연결한 것과 비슷하게 살아 있는 사람의 몸도 전기가 흐르는 신경으로 연결되어 있다고 할 수 있다. 컴퓨터에 USB로 연결하는 기기는 보통 전압이 3V볼트 정도 되는 전기신호로 정보를 주고받는데, 사람의 신경은 전압이 0.1V 정도인 전기신호를 이용한다. 즉, 사람의 신경은 0.1V 정도의 전기신호를 전달하는 전선 역할을 하면서 온몸에 퍼져 있다고 볼 수 있다. 그리고 신경을 통해 전달할 전기신호를 만들기 위해 인체가 사용하는 물질이 바로 ⊕전기를 잘 띠는 소듐과 포타슘이다.

사람의 신경에는 가까이 있는 물질 중에서 ⊕전기를 띤 소듐만 골라서 한쪽으로 흘러가게 할 수 있는 아주 작은 부위가 있다. 소듐통로sodium channel와 소듐-포타슘 펌프Na^+ K^+ pump라고 부르는 부위인데, 소듐통로가 움직이기 시작하면 ⊕전기를 띤 소듐이 한

곳으로 모이는 바람에 상당한 전기가 걸린다. 그러니 몸속에 소듐이 전혀 없다면 신경에서 전기를 일으킬 수가 없고, 신경을 통해 신호가 전달되지 않으면 온몸이 한마음으로 움직일 수 없게 된다. 소듐이 없으면 몸은 뇌와 연결되지 못한다.

리튬 같은 물질도 ⊕전기를 잘 띠기는 마찬가지인데, 하필이면 신경에서 소듐을 이용하는 까닭은 무엇일까? 아마도 생명이 처음 시작된 바닷속에 소듐이 소금의 형태로 워낙 많이 있었기 때문이지 싶다. 그러니 사람이 짠맛을 좋아하는 까닭은 생명이 시작된 바다의 맛을 기억하기 때문이라고 생각해 볼 수도 있다. 수억 년 전 고향의 맛에 대한 기억이 사람의 본능 속에 남아 있는 셈이다.

신경의 소듐통로에서 ⊕전기를 띤 소듐만 한쪽으로 모으는 작용은 사람의 몸 안에서만 일어나는 일이 아니다. 자연에는 몸속에서 이 작용이 비슷하게 일어나는 동물도 있고, 이 원리를 교묘하게 다른 쪽으로 이용하는 식물도 있다. 한 예로 제충국이라는 꽃이 있다. 이 꽃은 흰 국화의 한 종류로 흔한 들국화처럼 생겼다. 옛날에는 동유럽 지역에서 자생하던 꽃이었으나 지금은 한국에서도 간혹 볼 수 있고, 가끔 들꽃처럼 여기저기서 자라기도 한다. 제충국을 영어로는 피레트룸pyrethrum이라고 하는데, 꽃 속에 있는 피레트린pyrethrin이라는 물질과 뿌리가 같은 말이다. 피레트린에는 곤충을 마비시키는 힘이 있다. 살충제의 재료가 될 수 있다는 뜻이다.

식물이 살충제를 지닌 까닭은 자신을 갉아 먹는 곤충으로부터 몸을 지키기 위해서다. 죽은 곤충이 식물 옆에서 썩으면 거름이 될 테니 그것 역시 식물에 이로운 일이다. 그래서 제충국 외에도 피레트린을 조금씩 지닌 꽃들이 있다. 백일홍이나 금잔화에 들어 있다는 이야기도 있고, 더러운 곳에서 잡초로 자라나곤 해서 쓰레기풀로 불리기도 하는 만수국아재비에도 피레트린이 들어 있다고 한다.

흔히 달마시안이라고도 하는 점박이 개 달마티안dalmatian의 원산지로도 유명한 크로아티아의 달마티아 지방에는 그곳에서 나는 달마티아제충국으로 살충제를 만드는 풍습이 있었다. 마침 크로아티아 출신의 화학자 레오폴트 루지치카Leopold Ruzicka가 독일의 헤르만 슈타우딩거Hermann Staudinger와 함께 달마티아제충국 속 살충 성분의 구조를 알아내면서 피레트린이라는 화학물질이 널리 알려지게 되었다.

피레트린에는 여러 종류가 있는데, 대체로 탄소 스무 개, 수소 서른 개, 산소 다섯 개 정도가 붙은 덩어리를 이루고 있다. 피레트린이 동물의 몸에 들어가면 바로 소듐통로에 딱 맞게 끼어든다. 그러면 신경이 엉망이 되어 경련을 일으키거나 제대로 몸을 움직일 수 없게 되고, 기절하거나 심하면 죽을 수 있다. 피레트린에 닿은 곤충은 바로 이런 일을 겪어서 마비되거나 죽는다.

적은 양으로도 빠르게 동물을 해칠 수 있는 독약 중에는 이렇게 소듐통로에 문제를 일으키는 것들이 많다. 사람을 해칠 수 있는 것으로 악명 높은 복어의 독 테트로도톡신tetrodotoxin도 비슷한 원리로 사람의 신경에서 일어나는 작용을 방해하는 물질이다. 이런 독이 인체에서 어떻게 작용하는지 정확히 모르던 옛날에도 생명을 위협할 수 있다는 사실은 아주 잘 알려져 있었다. 《조선왕조실록》의 1424년 기록을 보면 복어 독을 이용해 살인을 저지른 정을손이라는 사람이 붙잡혔다는 내용이 있을 정도다.

그런데 제충국에 들어 있는 피레트린은 독성이 그다지 강하지 않은 편이어서 사람의 신경 작용을 크게 방해하지 못한다. 심지어 사람 피부를 뚫고 들어오지도 못한다. 그래서 농도를 잘 조절하면, 사람에게는 큰 해를 끼치지 않으면서 곤충만 죽이는 용도로 사용할 수 있다. 이 사실은 일찍이 세상에 알려져서 19세기부터 제충국을 이용해 만든 물질이나 피레트린 계통의 물질들을 살충제로 널리 사용하고 있다. 지금도 남아메리카 지역의 농촌에서 제충국을 많이 재배하고, 광복 전에는 국내에서도 제충국 농사를 꽤 지었다고 한다. 요즘 국내에서 다시 제충국 재배에 도전하는 농가가 있다는 소식도 가끔 들린다.

20세기 중반 이후, 사람들은 피레트린과 성분이 비슷하고 살충효과는 더 좋은 피레트로이드pyrethroid라는 물질을 많이 만들어 내기 시작했다. 역시 대개는 곤충의 소듐통로를 방해해서 곤충을 살지 못하게 만드는 물질일 것이다. 피레트로이드 계통의 살충제들은 지금도 널리 쓰이며, 특히 안전하게 활용해야 하는 가정용 살충제에 피레트로이드로 분류되는 물질을 쓰는 일이 많

다. 요즘 가정용 살충제는 효과를 더 높이기 위해 여러 물질을 섞어 만든다. 혹시 지금 당장 집에 있는 살충제의 성분표를 살펴볼 수 있다면 거기 적힌 여러 가지 물질 이름 중 하나는 피레트로이드 계통일 가능성이 크다.

소듐은 현대의 여러 화학 공장에서도 널리 쓰이고 있다. 소듐은 ⊕전기를 띠려는 성질이 강한 금속이고, 화학반응을 잘하며, 바닷속 소금에서 쉽게 얻을 수 있다. 게다가 소듐 원자 하나의 크기는 약 0.0000005mm인데, 이 크기는 산소 원자 하나와 수소 원자 둘이 달라붙은 물 알갱이 하나의 크기보다 좀 더 큰 정도다. 크기 면에서도 소듐은 주변에 있는 흔한 물질들과 어울리거나 충돌하기에 적당하다. 그래서 사람들은 소듐의 이 같은 특징들을 적절히 활용해 온갖 공업용 물질을 만들고, 우리가 먹는 약을 만드는 데도 이용한다.

음식 이야기로 시작한 김에 음식 이야기로 끝을 맺자면 소듐은 베이킹소다[baking soda]에서도 중요한 역할을 한다.

베이킹소다는 빵을 구울 때 넣으면 조리 도중에 반죽 속에서 이산화탄소 기체를 몽실몽실 뿜어내서 거품을 잔뜩 만드는 물질이다. 이 거품 때문에 빵은 부풀어 올라서 큼지막해지고, 다 굽고 나면 그 거품이 있던 공간 때문에 푹신푹신하고 부드러운 빵이 된다. 베이킹소다를 본격적으로 대량생산하는 기술은 18세기 프랑스에서 처음 개발되었는데, 이 물질이 나오면서 감촉이 좋은 빵을 만들기가 훨씬 편해졌다. 유럽의 화려하고 다양한 디저트

문화를 지탱하고 있는 것도 어쩌면 베이킹소다와 그 속에 들어 있는 소듐이라고 할 수 있겠다.

베이킹소다는 맛을 좋게 하고 반응이 잘 일어나게 하는 몇 가지 성분을 섞어 만드는데, 주성분은 탄산수소소듐sodium hydrogen carbonate이라고 할 수 있다. 중탄산소다, 탄산수소나트륨, 식소다라고 부르기도 하는 물질이다.

이름을 보면 알 수 있듯이 탄산수소소듐은 소듐 원자와 탄소, 산소, 수소 원자 등이 서로 붙어 있는 물질이다. 베이킹소다는 가루 형태이면서 물에도 잘 녹아서 빵 반죽에 섞어 쓰기 좋다. 그리고 적당히 열을 받으면 원자들끼리 들러붙은 정도가 느슨해진다. 그래서 처음에는 탄소, 산소, 수소, 소듐 원자들이 서로 붙어 있지만, 빵을 굽는 온도로 열을 받으면 딱 탄소와 산소만 떨어져 나오도록 파괴되는, 절묘하게 약한 물질이다. 이렇게 튀어나온 탄소와 산소 원자는 이산화탄소 기체가 되고, 이 기체 때문에 빵이 부풀어 오른다. 이 화학반응은 산성 물질에 닿으면 더 잘 일어나는데, 산성을 띠고 있어서 시큼한 맛이 나는 레몬즙을 빵 반죽에 살짝 뿌려 주면 이런 효과를 볼 수 있다.

그런데 이렇게 놀라운 물질을 만들어 낼 만큼 훌륭한 화학 지식을 가진 사람이라 할지라도, 그런 재주로 돈을 버는 것은 또 다른 문제인 듯하다. 탄산수소소듐을 본격적으로 대량생산하는 기술을 처음 개발한 인물은 18세기 프랑스의 화학자 니콜라 르블랑Nicolas Leblanc이다. 의사이기도 했던 르블랑은 탄산수소소듐 생

산 기술을 개발한 덕분에 프랑스 정부로부터 큰 상을 받으며 명성을 얻었고, 공장을 운영해 큰돈을 벌 기회를 잡기도 했다. 하지만 그 무렵에 프랑스 대혁명이 일어나 정부가 완전히 바뀌었는데, 혁명정부는 그의 공장을 압류해 버렸다. 르블랑은 실의에 빠져 괴로워하다가 비참하게 세상을 떠났다고 한다.

이 역시 소듐에 관한 이야기라 할 수 있지만, 부드럽고 달콤한 디저트를 먹을 때마다 떠올리기에는 좀 쓸쓸한 이야기다.

12

Mg

magnesium

마그네슘과 숲

Mg

정원에서 중요한 것은 식물이다. 어떤 풀과 어떤 꽃을 심고, 무슨 나무를 심어서 어떻게 키우고 있는가에 따라 정원은 서로 다른 곳이 된다. 미술품 정원같이 무엇인가를 전시하기 위해 만든 특별한 곳이 아닌 다음에야 보기 좋고 편안한 느낌이 들도록 식물들을 잘 가꾸는 것 이상으로 정원에서 중요한 일은 없다.

사람이 일부러 꾸며 놓은 정원이 아니라도 풀과 꽃이 아름답게 자라난 경치를 좋아하는 사람은 많다. 무슨 꽃이 피어날 때마다 그 꽃이 많이 핀 곳을 찾아 나들이를 떠나는 사람들도 있고, 그냥 식물이 잘 자란 모습 자체가 사람들의 마음을 사로잡는 경우도 많다. 서울 시내만 해도 억새가 가득 피어난 하늘공원의 풍경은 가을마다 사람들을 이끄는 구경거리다. 특별한 식물이 없더라도 그저 초록색으로 반듯하게 펼쳐진 풀밭이 좋아서 한강공원이나 올림픽공원을 찾는 사람들을 주말이면 얼마든지 볼 수 있다.

숲에 우거진 나무들이 내뿜는 물질이 사람에게 이롭다는 뉴스를 보고 산림욕을 하고자 숲을 찾는 사람도 있다. 굳이 그런 생각을 하지 않더라도 사람들은 대부분 초록 나뭇잎이 우거진 숲을 보며 편안한 느낌을 받곤 한다. 넓은 들판이나 우거진 숲을 자주 접할 수 없는 도시 사람들은 이런 경험을 점점 더 중요하게 생각하는 듯하다. 학교나 유치원에서는 어린이들이 자연을 가까이에서 느낄 수 있도록 '숲체험'이나 '숲놀이' 같은 프로그램을 마련해 소풍을 다녀오고, 발 빠른 부동산업자들은 어떤 주택이 근처에 숲이 있어서 가치가 높다고 광고하기도 한다. '숲세권' 같은 말을 만들어 쓴 광고를 본 기억도 난다.

그런데 모든 풀과 나무의 평화로운 초록색은 마그네슘magnesium이 들어 있는 화학물질 때문에 생긴 것이다.

식물에서 초록색을 내는 화학물질을 엽록소chlorophyll라고 한다. 엽록소를 커다랗게 확대해서 보면 핵심이 되는 부분에서도 가장 눈에 잘 띄는 위치에 금속으로 분류되는 마그네슘 원자가 자리 잡고 있다. 즉, 엽록소라는 물질을 정확히 설명하자면, 마그네슘계 유기화학물질을 이용한 광화학반응 목적의 색소라고 할 수 있다. 마그네슘계 유기화학물질을 이용한 광화학반응 목적의 색소라고 말하면 굉장히 비인간적이고 차가운 섬뜩한 물질같이 들릴지도 모르겠지만, 사실 이것은 싱그러운 숲의 초록빛을 정확하게 일컫는 말이다. 그저 어감이 다를 뿐이다.

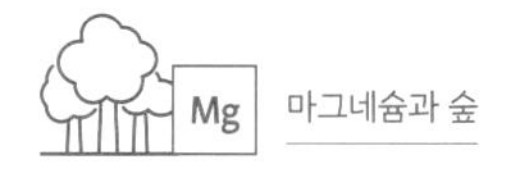

원자 속에 있는 전자는 빛을 받으면 움직이는 속도가 빨라지기도 하고 어떨 때는 그 충격으로 원자에서 떨어져 나오기도 한다. 그런 식으로 물질들이 빛과 여러 가지 작용을 하는 까닭에 저마다 다른 색깔 빛이 나오기도 하고, 이 원리를 이용해 빛을 받으면 전기를 내뿜는 장치를 만들 수도 있다.

식물 몸속에 들어 있는 엽록소는 마그네슘 원자 하나를 중심에 두고 그 주변을 탄소, 수소 등 여러 원자가 조금 특이한 구조로 감싸고 있는 형태로 이루어진 물질이다. 마그네슘 원자 속에 있는 전자들과 주변 다른 원자들 사이의 전자들, 원자핵들은 각자의 특징에 따라 서로 밀고 당기는 힘을 받으면서 균형을 이루고 있다. 이 때문에 그 속에 들어 있는 전자는 특정한 속도와 특정한 모양을 이루며 엽록소 속을 돌아다니게 된다.

그리고 그 모양과 속도가 교묘하게 들어맞아서 엽록소 속의 전자는 햇빛을 맞으면 정해진 쪽을 향해 힘을 받게 된다.

이때 엽록소 속의 전자는 여러 빛 중에서도 초록색 빛을 제외한 다른 색깔의 빛을 받아들이면서 움직이게 되는 경우가 많다. 빛은 색깔 별로 지니고 있는 힘의 세기가 다른데, 엽록소 속 전자는 붉은색이나 노란색 빛을 받아들이면서 움직임이 변하기 좋은 방향과 속도로 움직이고 있기 때문이다. 그 결과 다른 색깔 빛은 엽록소에서 소모되고 초록색 빛이 남는다. 그래서 엽록소를 눈으로 보면 초록색으로 보인다.

햇빛을 받아 더 센 힘을 얻은 전자는 엽록소 주위에 온 수분과

반응한다. 태양 빛의 힘을 받은 전자가 튀어나와 물 알갱이를 잘라 내는 모습을 상상해 봐도 되겠다. 물은 수소 원자 두 개와 산소 원자 한 개로 이루어져 있으므로, 물 알갱이가 잘리면 수소 원자와 산소 원자가 분리된다. 분리된 산소 원자는 두 개씩 짝을 이루어 산소 기체가 된다. 이 덕택에 식물은 물을 재료로 삼아 산소 기체를 내뿜을 수 있다. 그리고 잘려 나간 수소 원자는 화학반응을 잘하는 특징을 이용해 또 다른 화학반응을 연달아 일으켜 나간다. 그 결과로 식물은 이산화탄소를 흡수해 당분을 만들어 낸다.

이 과정을 통틀어 광합성이라고 한다. 그리고 식물이 광합성을 하는 덕분에 온갖 생명체가 숨을 쉬고 풀을 뜯어 먹으며 지구에서 살아갈 수 있다.

곡식이나 과일을 먹고 살아야 하는 사람 관점에서 보면, 광합성은 식물이 햇빛 속의 힘을 흡수해서 영양분을 만들어 내는 과정이다. 그런데 엽록소의 중심에 있는 마그네슘 관점에서 보면, 마그네슘 원자와 다른 원자들이 이어진 아주 작은 회로가 햇빛의 힘을 받아 작동하면서 전자로 만든 광선 검 같은 장치가 가동되어 물 분자를 조각내는 과정이라고 할 수 있다. 그리고 조각난 물 분자의 파편인 수소가 돌아다니며 여러 가지 화학반응을 일으킨 결과로 다른 동물들이 원하는 당분 같은 물질이 생겨난다고 볼 수 있다.

다른 원자들에 얽힌 사연까지 모아보면 이야기는 더욱 재미있

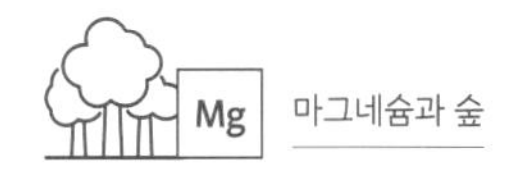

어진다. 태양 속에서는 수소 원자가 서로 합쳐져 헬륨 원자로 변하는 핵융합 현상 때문에 빛이 생기고, 그 빛이 지구까지 날아와서는 엽록소 속의 마그네슘, 탄소 등의 원자에 힘을 전해 준다. 그 결과 물에 들어 있는 산소 원자, 수소 원자가 반응을 일으키고, 그것이 다시 생물의 몸속에 자주 등장하기 마련인 질소 원자, 인 원자가 붙어 있는 물질과도 여러 차례 화학반응을 일으킨다. 그 많은 화학반응의 마지막 단계에서 탄소, 산소, 수소 원자들이 먹음직스럽게 조립된 당분이나 몸을 이루는 다른 성분들이 만들어진다.

만약 머나먼 다른 은하계에 사는 외계인이 태양 근처를 살펴본다면, 지구에서 일어나는 그 모든 생명의 활동은 대체로 태양이라는 핵융합 장치가 만들어 내는 빛과 열 때문에 그 주변 지역의 탄소, 산소, 수소 원자들이 이리저리 붙었다 떨어지는 과정이 계속 복잡하게 꼬여서 벌어지는 일이라고 분석할 것이다. 그 화학반응의 중간 과정에서 마그네슘이 한 가지 중요한 역할을 하는 셈이다.

그렇게 생각하면 지구를 뒤덮고 있는 초록색 식물들은 태양의 에너지를 여러 생물이 쓰기 좋은 화학물질로 바꾸어 저장해 주는 거대한 태양광 패널이라고 볼 수 있다. 그리고 식물은 그 태양광 패널 장치의 핵심으로 마그네슘을 사용하고 있는 셈이다.

엽록소는 여러 원자가 붙어 있는 물질이므로 단순히 마그네슘 덩어리라고 할 수는 없다. 하지만 마그네슘이 없다면 엽록소가 될 수 없고 초록색을 띠지도 못한다. 실제로 나무 한 그루의 성분을 분석하면 마그네슘이 200g 정도 나올 때도 있다고 하니, 웬만큼 커다란 식물이라면 수십~100g 정도의 마그네슘이 있을 것으로 추측할 수 있다. 따라서 나무가 100그루 정도 자라는 숲이 싱그러운 초록색을 뽐내고 있다면, 그 모습은 수 킬로그램의 마그네슘이 고루 흩어져 햇빛에 반짝이고 있는 광경이라고 말해 볼 수 있다.

요즘 우리가 사용하는 태양전지는 대개 규소를 주재료로 만든다. 만약 식물이 사람처럼 생각할 줄 알고 말할 줄 안다면 규소 같은 물질에 매달리지 말고 마그네슘을 쓰면 훨씬 좋을 거라고 우리에게 충고할지도 모를 일이다. 물론 식물의 충고대로 마그네슘을 이용하더라도 사람의 기술로는 아직 식물의 광합성을 그대로 따라 하기가 쉽지 않다. 식물이 광합성을 일으키는 전체 화학반응은 매우 복잡하다. 빛을 받아 전자가 움직이게 되는 핵심 단계에 이용되는 엽록소조차도 그저 간단한 화학물질이라고만 할 수는 없다. 그 뒤에 이어지는 여러 화학반응에 참여하는 물질들도 사람이 실험실에서 그대로 따라 만들기에는 너무 어려워 보이는 것들이 많다.

식물의 광합성 과정이 말로는 다 설명하기조차 힘들 만큼 복잡해진 까닭은 애초에 뭔가 다른 목적으로 간단한 화학반응을 일으키고 있던 것이 세월과 함께 진화하면서 여러 가지 형태로 점점 바뀌었기 때문이 아닌가 싶다. 몇백만 년, 몇천만 년이 흐르는

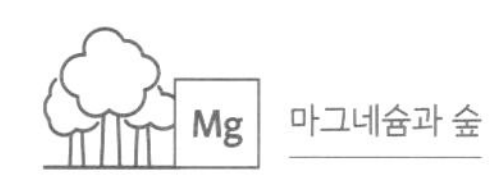

동안 처음에는 전혀 상관없는 작용을 하던 화학반응이 광합성 과정에서 새로운 역할을 맡게 되기도 하고, 처음에는 광합성을 방해하는 듯했던 화학반응이 나중에 오히려 중요한 역할을 하는 형태로 끼어들기도 하면서 이리저리 얽히고설킨 끝에, 마침내 태양으로부터 힘을 얻는, 마치 초능력과도 같은 재주가 완성된 것 아닌가 상상해 본다.

한 가지 신기한 것은 동물의 혈액 속에 있는 헤모글로빈의 구조가 엽록소와 상당히 비슷해 보인다는 점이다. 엽록소는 탄소 원자들이 붙어 있는 중앙에 마그네슘 원자가 있고, 헤모글로빈은 탄소 원자들이 붙어 있는 중앙에 철 원자가 있는 점 정도가 그나마 눈에 띄게 달라 보일 뿐, 나머지 부분은 별로 차이가 없어 보인다. 이를테면 두 어린이가 블록 장난감으로 거의 비슷한 모양의 성을 만들고 있는데, 한 어린이는 중앙에 초록 블록으로 깃발을 꽂았고 다른 어린이는 붉은 블록 깃발을 꽂았다는 정도의 차이라 할 수 있다.

어디까지나 상상일 뿐이지만, 어쩌면 이것이 먼 옛날 동물과 식물의 조상 중에 비슷한 물질을 쓰는 생물이 있었다는 간접 증거는 아닐까? 그 조상 생물이 자기 나름대로 생명 활동을 하느라 어떤 화학물질을 만들어 내며 살았는데, 후손 중에서 그 물질에 마그네슘 원자를 갖다 붙이는 습성을 가진 생물은 그것을 광합성에 활용했고, 철 원자를 갖다 붙이는 습성을 가진 생물은 그 물질을 혈액으로 활용한 것이라고 상상해 볼 수 있지 않을까? 이

유와 과정을 정확하게 알기는 어렵겠지만, 마그네슘과 철이라는 원자의 차이 때문에 식물의 잎은 초록색, 동물의 피는 붉은색이 되었다는 점은 사실이다.

서로 무척 달라 보이는 생물 사이에 예기치 않게 비슷한 점이 드러나는 일은 왕왕 있다. 학계에서 믿을 만하다고 인정받는 연구 결과로는 광합성을 하는 세균들 덕택에 식물이 광합성을 할 수 있게 되었다는 이야기가 있다. 이것이 사실이라면 먼 옛날에 광합성을 할 줄 알았던 세균들이 식물에게 광합성 재주를 전해준 정도가 아니라 지금까지도 식물에 얽힌 채 함께 살아가고 있는 셈이다. 다시 말해, 식물의 엽록체 부분은 원래 혼자 힘으로 살아가는 별개의 세균이었는데, 식물의 조상과 합체하여 한 부분으로 붙었다는 얘기다. 그 근거로 식물에서 광합성을 하는 부위인 엽록체가 아주 작은 세균의 모습과 무척 닮아 보인다는 점을 들 수 있다.

멀고 먼 옛날, 마그네슘 원자를 이용해 햇빛으로부터 영양분을 만들어 내는 기술을 보유한 세균이 한 마리 있었다고 상상해 보자. 마그네슘은 바다에 풍부하게 녹아 있는 성분이다. 바닷물 하면 머릿속에 소금물이 떠오르고 소금 하면 소듐, 즉 나트륨이 떠오를 텐데, 바닷물에 소듐 다음으로 많이 들어 있는 물질이 바로 마그네슘이다. 흔히 바닷물은 소금물이라고 말하지만, 어느 정도는 마그네슘물이라고도 할 수 있을 정도다. 그러니 아마 먼 옛날의 그 세균도 바닷물에 풍부한 마그네슘을 이용해서 이렇게도 살아 보고, 저렇게도 살아 보는 방식으로 이리저리 진화하다가 마침 마그네슘으로 광합성을 하는 재주를 부리게 되었는지도 모르겠다.

그 세균이 우연히 좀 더 큰 다른 미생물에 달라붙게 되었다. 어쩌면 세균이 이 미생물에 기생하려고 끼어들었을 수도 있고, 반대로 이 미생물이 세균을 잡아먹으려 했는지도 모른다. 그런데 막상 둘이 달라붙고 보니 같이 사는 편이 여러모로 더 좋았다. 미생물은 햇빛만 받아도 영양분을 만들어 내는 세균 덕분에 먹을 것을 걱정할 필요가 없었다. 세균은 자기보다 훨씬 덩치 큰 미생물을 등에 업고 적으로부터 자신을 보호할 수 있어 좋았다.

그렇게 세균과 달라붙은 미생물은 환경에 더 잘 적응해서 이전보다 잘 살 수 있게 되었다. 그리고 그 상태로 더 많은 자손을 낳아 번성하게 되었다. 그러다 보니 나중에는 두 생물이 마치 하나의 생물처럼 융합해서 사는 모양이 되었고, 그 자손이 엽록체를 품은 식물이 되었다는 이야기다.

이런 융합이 일어난 지 족히 몇 억 년은 지난 현대에도 아무 식물이나 찾아서 엽록체만 분리해 살펴보면, 그 속에는 식물 본체와는 다른 별도의 DNA가 들어 있다. 엽록체와 식물의 나머지 부분이 설령 한 몸으로 붙어 있다고는 해도 각기 DNA를 물려받은 조상은 다르다는 증거가 될 만한 사실이다.

그렇다면 초록 식물이 번성해서 산과 들을 뒤덮고 있는 요즘 풍경은 먼 옛날 바닷속에서 마그네슘을 품고 살던 세균이 식물이라는 동료를 타고 지상으로 올라와 대지를 뒤덮은 모습인지도 모른다. 식물의 초록빛은 엽록소의 빛깔이고, 엽록소는 엽록체로 변한 세균의 색이기 때문이다. 반대로 생각해 보면 사람이 식량으로 이용하려고 쌀과 밀을 공들여 재배한 덕분에 지구에 두 작물이 아주 많아졌듯이, 식물들도 먹고살기 위해 광합성을 하는 세균을 자기 몸에서 키우는 세균 농사를 짓고 있는 것 같기도 하다.

마그네슘은 식물의 엽록소에서 광합성에 관여하는 일 말고도 활용할 만한 곳이 아주 많은 원소다. 생명체의 몸속에서 일어나는 화학반응 중 마그네슘이 관여하는 현상이 족히 200~300가지는 될 거라는 이야기도 있다. 아닌 게 아니라 마그네슘 원자의 성질 자체가 다채로운 화학반응을 일으키기에 알맞다. 우선 마그네슘은 ⊕전기를 잘 띤다. 그렇지만 리튬이나 소듐처럼 심하게 잘 반응하는 것은 아니고, ⊕전기를 띠게 되는 방식도 리튬이나 소듐과는 약간 다르다. 마그네슘 원자 하나가 ⊕전기를 띠게 됐을 때 생기는 전기는 소듐 원자나 리튬 원자가 ⊕전기를 띠게 됐을 때 생기는 전기보다 두 배로 강하다. 이런 차이를 소듐은 1가 양이온으로 변하고 마그네슘은 2가 양이온으로 변한다고 말하기도 하는데, 그런 말보다 중요한 것은 그 차이 때문에 마그네슘이 일으키는 화학반응이 소듐 같은 물질이 일으키는 반응과 달라질 수 있다는 점이다.

바로 이 때문에 우리 몸속에서 다양한 화학반응이 정상적으로

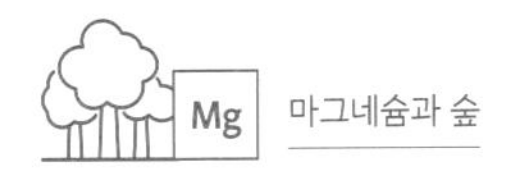

진행되게 하려면 소듐뿐 아니라 마그네슘도 꼭 필요하다. 눈꺼풀이 저절로 떨리는 것이 몸속에 마그네슘이 부족해서 일어나는 현상이라는 이야기가 널리 퍼져 있는데, 막상 눈꺼풀이 떨리는 원인이 마그네슘 부족과는 상관없는 경우도 많다. 그러므로 눈꺼풀이 떨린다고 해서 무턱대고 마그네슘을 먹기보다는 의사나 약사와 상의해서 결정하는 것이 좋다. 그렇지만 만약 정말로 몸에 마그네슘이 크게 부족하면 눈꺼풀 떨림 정도가 아니라 온갖 다양한 문제가 생길 수 있다는 점은 사실이다.

사람 몸에 필요한 마그네슘의 양은 하루에 0.2~0.4g이라고 한다. 이 정도 양을 매일 먹는다면 1년 동안 마그네슘을 100g 정도 먹는다는 계산이 나온다. 요즘 휴대용 컴퓨터 중에는 겉면을 마그네슘 재질로 만든 것이 있는데, 어림짐작하기에 그 무게는 수백 그램 정도 될 것이다. 즉, 사람이 5~6년 동안 먹는 마그네슘을 다 합치면 휴대용 컴퓨터 한 대의 겉면 정도 되는 셈이다. 이만한 양의 마그네슘은 곡물, 채소, 과일 등 식물성 식품을 골고루 먹기만 해도 자연스럽게 섭취할 수 있다. 그러나 채소를 너무 적게 먹거나, 몸이 마그네슘을 많이 소모할 수밖에 없는 상황을 겪거나, 다른 약을 먹는 바람에 부작용이 생겨서 마그네슘을 제대로 흡수하지 못하게 된다면 몸속에 마그네슘이 부족해질 수 있다. 그런 경우에는 건강을 위해 마그네슘을 따로 챙겨 먹어야 할 수도 있다.

사람은 몸속에서가 아니라 몸 밖에서, 산업과 공업을 위해서도

⊕전기를 잘 띠는 마그네슘의 특징을 이용할 때가 있다. 학교에서 자주 가르치는 내용 중에는 마그네슘의 이런 성질을 이용해서 다른 금속이 녹슬지 않게 보호하는 사례가 대표적이다. 즉, 쇠로 만든 어떤 물건을 녹슬지 않게 오래 보존하고 싶을 때 마그네슘을 이용한 간단한 장치를 덧붙여 주면 어느 정도 효과를 볼 수 있다.

금속이 녹슨다는 것은 다른 물질과 화학반응을 일으켜서 원래와는 성질이 다른 모습으로 변해 버리는 현상을 말한다. 그런데 보통 금속들은 ⊕전기를 띠는 상태로 변하려고 하는 경향이 있어서 혹시 어떤 화학반응이 일어나서 변하게 된다면 ⊕전기를 띠는 상태로 변하려고 하다가 녹스는 화학반응이 일어나는 일이 많다.

원자가 ⊕전기를 띠게 되는 이유는 보통 ⊖전기를 띠고 있는 전자를 잃어버리기 때문이다. 그렇다면 어떤 방법을 이용해서 금속의 전자가 떨어져 나가지 않게 막아 준다면, 그 금속은 ⊕전기를 띠지도 않고 화학반응도 못 일으키게 되어 녹슬지 않을 것이다.

그런데 금속의 전자가 떨어져 나가는 현상은 주위에 있는 무엇인가가 금속에서 전자를 떼어 내 빨아 먹으려고 하니까 발생할 것이다. 따라서 금속의 전자를 가져가려고 하는 물질이 나타날 때마다 금속보다 먼저 나서서 전자를 던져 주는 장치가 있다면 보호하고자 하는 금속 안에 있는 전자는 뜯겨 나가지 않을 것이다. 그러면 금속은 안전하다.

바로 이 원리를 이용하면 마그네슘으로 금속이 녹슬지 않게 보호할 수 있다. 장치는 간단하다. 보호하고 싶은 금속과 마그네슘 덩어리를 전선으로 연결하기만 하면 된다. 그러면 보호하려는 금속에서 전자가 튀어나오려 할 때마다 마그네슘이 재빨리 자기 전자를 떼어서 전선을 통해 전달해 준다. 이렇게 해서 마그네슘은 하나둘 전자를 잃어 ⊕전기를 띠는 상태로 변한 뒤 화학반응을 일으키면서 삭아 가고, 반대로 보호하고자 했던 금속은 마그네슘 덕분에 전자를 잃지 않아서 녹슬지 않고 그대로 남는다.

한마디로 이 수법은 덧붙여 달아 놓은 마그네슘을 대신 희생시켜서 방어하고자 하는 금속을 지키는 방식이다. 학교 교과서에서는 이런 기술을 음극화보호라고 주로 언급하는데, 산업현장에서는 반대로 희생양극법이라는 말도 많이 쓴다. 말 그대로 마그네슘을 희생해서 다른 금속을 지키기 때문이다.

학교에서는 이러한 기술을 적용한 예로 주유소의 기름 탱크가 녹슬지 않게 하려고 기름 탱크와 희생시킬 금속 덩어리를 전선으로 연결하는 것을 많이 배운다. 바다를 떠다니는 배가 녹슬지 않도록 배의 한쪽에 희생시킬 금속 덩어리를 붙여 놓은 사례가 가끔 문제로 꾸며져 나오기도 한다.

이 외에 수도나 가스관 같은 금속 배관을 땅에 묻을 때 마그네슘을 희생해 배관을 보호하는 사례도 많다. 금속으로 만든 관을 땅에 묻으면 녹슬기가 쉽다. 세월이 지나는 동안 관이 조금씩 녹슬어 틈이라도 생긴다면 안에 있는 가스가 새어 나올 것이다. 그러면 요금을 받고 팔아야 할 제품이 새어 나가니 손해가 되기도 할 것이고, 자칫 사고가 날 위험도 생긴다. 그렇다고 묻어 둔 관을 점검하고 보수하겠다고 자주 땅을 파헤칠 수도 없는 노릇이다. 그러므로 처음부터 배관이 녹슬지 않게 하는 것이 중요하다. 바로 이때 배관에 전선을 연결해 마그네슘 덩어리와 이어 놓는 희생양극법을 활용한다. 원인이 무엇이든 가스관이 전자를 잃어 ⊕전기를 띠려고 할 때마다 마그네슘이 대신 전자를 내주면서 화학반응을 당한다. 그렇게 해서 가스관에는 별다른 화학반응이 일어나지 않아 녹이 슬지 않는다. 대신 연결해 둔 마그네슘 덩어리가 녹슨다.

이론상으로는 꼭 마그네슘이 아니어도 가스관을 이루는 금속보다 ⊕전기를 더 잘 띠는 금속이라면 무엇이든지 희생용 금속으로 사용할 수 있다. 그런데 여러 금속 중에서도 마그네슘은 비교적 값이 싸고 구하기 쉬운 데다가 전자를 내놓아 ⊕전기를 띠는 효과도 좋은 편이라 희생용 금속으로 적합하다. 게다가 혼자서 또 다른 화학반응을 일으킨다거나 하는 부작용도 덜한 재료다. 이런 여러 가지 이유로 희생양극법으로 금속을 보호해야 할 때 마그네슘을 자주 사용한다.

최근 들어 마그네슘은 다른 금속을 위해 희생하는 용도뿐 아니라 어떤 제품을 가볍게 만들고 싶을 때 사용하는 재료로 쓰임새를 넓혀 가고 있다. 휴대용 기기가 점점 많이 보급되고 있는 요즘, 제조사마다 제품을 조금이라도 가볍게 만들려는 노력이 치열하다.

세상에서 가장 가벼운 금속은 리튬이지만 화학반응을 너무 심하게 잘 일으키고, 다음으로 가벼운 베릴륨은 귀해서 구하기 힘든 데다가 다루는 과정에서 사람에게 해를 끼칠 가능성도 제기되고 있다. 붕소와 탄소 같은 물질은 금속 느낌이 나지 않고, 질소와 산소, 플루오린, 네온 같은 재료는 기체가 되기 쉬운 원자들이어서 금속은커녕 고체로 만들기도 쉽지 않다. 그다음으로 가벼운 원자는 소듐인데, 소듐 역시 리튬처럼 화학반응을 너무 심하게 잘 일으켜서 물만 닿아도 폭발하는 금속이니 사람 손에 닿는 물건을 만드는 데 쓸 수는 없다. 결국 공산품의 재료로 쓸 만큼 많은 양을 구할 수 있으면서 안정적인 물질 중에는 마그네슘이 가장 가볍다. 심지어 마그네슘은 가벼운 금속의 대표로 알려진 알루미늄보다도 조금 더 가볍다.

마그네슘을 이용해 가볍고 튼튼한 제품을 만들어 보려는 시도는 꾸준히 있었다. 하늘을 날아야 하는 비행기는 당연히 가벼울수록 좋으므로 제법 오래전부터 마그네슘으로 부품을 만드는 사례가 있었고, 최근 들어서는 무게가 가벼울수록 특히 유리한 전기자동차의 인기가 높아지면서 몇몇 부품의 재료를 마그네슘으로 바꾸는 사례도 늘고 있다. 마찬가지로 무게가 가벼워야 유리한 자전거나 휴대용 장비에 마그네슘을 사용하는 경우도 종종 보인다. 이런 영향으로 2010년대 후반, 전라남도는 미래를 겨냥

해 마그네슘 가공 공장들을 집중적으로 발전시키겠다는 계획을 발표하기도 했다.

요즘 상황을 보면 휴대용 컴퓨터의 겉면 재료로는 마그네슘이 이미 상당히 자리를 잡은 듯싶다. 휴대용 컴퓨터는 가벼울수록 들고 다니기 유리하다. 그러다 보니 컴퓨터를 만드는 회사마다 제일 가벼운 제품을 내놓기 위해 치열하게 경쟁하는 물건이기도 하다. 이런 회사들은 다만 10g 혹은 1g이라도 더 가볍게 만들어 자기 회사 제품이 경쟁 회사 제품보다 가볍다고 광고하기 위해 애쓴다. 이럴 때 조금이라도 가벼운 재질인 마그네슘을 사용하면 좋다.

게다가 휴대용 컴퓨터는 어느 정도 비싼 제품이지만 크기는 작다. 그러니 마그네슘을 쓰더라도 아주 많이 써야 하는 것은 아니다. 설령 마그네슘을 구하고 가공하기가 어려운 탓에 가격이 비싸진다고 해도 비용이 크게 느껴지지는 않는다는 뜻이다. 그러면서도 금속 마그네슘의 재질과 색상이 컴퓨터라는 기능과 제법 잘 맞아떨어지는 느낌도 난다.

마그네슘은 금속인 만큼 튼튼하다. 마그네슘은 무게에 비해 단단하다는 것이 장점으로 꼽히는 물질이다. 그러니 여기저기 들고 다니는 휴대용 컴퓨터가 부서지지 않고 유지되도록 겉면에서 막아 주기에 유리하다. 가방에 휴대용 컴퓨터를 넣어 이리저리 들고 다니다가 어딘가에 부딪히거나 눌렸는데, 그 충격을 견디지 못하고 컴퓨터 겉면이 뚝 부러져 버린다면, 그대로 계속 눌리

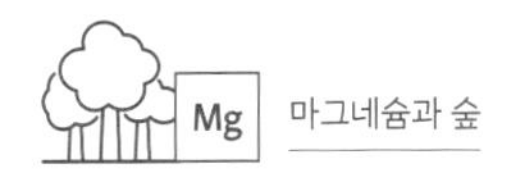

는 바람에 내부 부품들까지 모두 망가질 위험이 있다. 그렇지만 쇳덩어리인 마그네슘으로 겉면을 만든다면 상당한 힘을 그대로 견뎌 낼 수 있다. 2010년대 후반, 한국의 전자 회사에서 만들어 판매하면서 가볍다는 점을 광고해 인기를 얻은 한 휴대용 컴퓨터 제품은 플라스틱 재료를 써서 겉면의 여러 부분을 만들면서, 밑판 부분은 특별히 마그네슘으로 튼튼하게 만드는 방식을 택하기도 했다.

물론 마그네슘 사업이 마냥 술술 풀리기만 하는 것은 아니다. 마그네슘보다는 약간 무겁지만, 가벼운 금속 재료로 알루미늄이 이미 널리 쓰이고 있다. 따라서 알루미늄과 경쟁해서 이겨야만 마그네슘 재료가 팔려 나갈 수 있다. 플라스틱도 강력한 경쟁자다. 플라스틱 재료는 훨씬 가볍게 만들 수 있으면서도 다양한 색깔과 질감을 내기에 유리하다. 이런 재료들보다도 마그네슘이 더 낫다는 것을 증명할 수 있는 경우에만 마그네슘을 사용할 수 있다.

그러자면 마그네슘을 재료로 다양한 성질을 가진 합금을 만드는 기술도 필요하고, 마그네슘을 쉽게 가공하는 기술도 더 잘 갖춰 나가야 한다. 특히 마그네슘 원자가 ⊕전기를 잘 띠는 성질을 생각하지 않고 아무렇게나 재료를 만들면 오래 견디지 못하고 화학반응을 일으키며 변질될 수 있으므로 이런 일이 생기지 않게 대책을 마련해야 한다.

언젠가 기술이 발전해서 마그네슘을 구하는 가격이 더 저렴해진다면 마그네슘의 쓰임새가 아주 빠르게 늘어날 가능성도 있기는 하다.

좀 황당한 사건인데, 1958년 4월 30일 자 대한민국 특허청 공고에는 마그네슘에 관한 특이한 내용이 있다. 당시 죄를 짓고 감옥에 갇힌 발명가 두 사람이 교도소 안에서 화학 연구를 한 결과, 바닷물에서 마그네슘을 뽑는 기술을 개발해 특허를 냈다. 권 아무개와 문 아무개라는 두 사람이 주인공이었는데, 그들이 개발한 기술이 어느 정도 관심을 끌어서 신문에 보도되기도 했다. 나중에는 투자자를 찾는다고 여러 사람이 분주했던 일이 있었는가 하면, 경상남도의 어느 해안 지역에 정말로 공장을 세울 거라는 구상이 신문에 실리기도 했다.

기술의 방향만 살펴보자면 아주 근거가 없는 것은 아니다. 바닷물에 많이 녹아 있는 마그네슘을 공장에서 화학반응을 일으켜 뽑아내는 기법은 예로부터 실용화되어 있었다. 실제로 이런 시설이 개발되어 가동된 곳들도 적지 않다. 그러므로 과거에 사용하던 것보다 더욱 뛰어난 기술을 개발한다면 다른 공장들보다 더 적은 비용으로 싼값에 마그네슘을 뽑아낼 수 있을지도 모른다. 다만 지금은 중국에서 돌 속에 들어 있는 마그네슘을 뽑아내는 공장들이 워낙 대규모로 가동되고 있어서 바다에서 마그네슘을 뽑아낸다는 생각이 주목을 덜 받고 있기는 하다. 그러고 보니 육지에도 마그네슘이 유독 풍부한 지역이 있는 것 같다. 사실 마그네슘이라는 이름도 고대 그리스 문헌에 이상한 금속이 나는

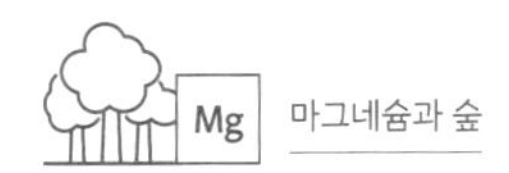

지역으로 언급되던 마그네시아magnesia라는 지명에서 따와 붙인 것이다.

1958년, 두 발명가를 둘러싼 소동이 일었던 때는 거의 무료나 다름없는 기술로 바닷물에서 무한정 마그네슘을 뽑아 올리는 일도 가능하다는 식으로 기사가 났다. 정말로 그런 일이 가능하다면, 일상생활에 쓰이는 제품 중 금속으로 만드는 거의 모든 것을 마그네슘으로 만들 수 있다는 뜻이었다. 심지어 두 발명가는 바닷물에서 뽑은 마그네슘이 끝도 없이 넘쳐 날 것이므로 그것을 그냥 태워서 연료로 써도 차고 넘칠 거라고 했다. 사람들은 그런 날이 오면 연료 걱정 없이 마그네슘을 태워 발전소를 마음껏 돌리고, 전기도 넉넉하게 쓸 수 있을 거라고 상상했다. 그런데 60년 가까운 세월이 지난 지금까지도 마그네슘으로 그렇게 많은 제품을 만들지도 않고, 마그네슘을 태우는 난방법이 보급되거나, 마그네슘 연료를 쓰는 발전소가 생기지도 않았다. 아무래도 그들의 발명은 그저 꿈으로 지나 버린 것 같다.

그래도 찾아보면 마그네슘을 태워서 유용하게 이용하는 경우가 없지는 않다. 화학반응을 잘 일으키는 마그네슘은 불에 잘 탄다. 특히 한 번 불이 붙기 시작하면 아주 밝은 빛을 내는 특징이 있다. 마그네슘을 곱게 갈아서 화학반응이 더 빠르게 일어나도록 하면 격렬하게 불타면서 폭발하듯이 강한 열과 빛을 내게 할 수도 있다.

그래서 빠르게 빛을 내야 하는 폭죽 같은 물건을 만들 때 마그네슘이 종종 쓰였다. 과거에는 마그네슘을 태울 때 나오는 빛을 카메라 플래시처럼 이용해 사진을 찍기도 했다. 서부 개척 시대를 배경으로 하는 영화 〈빽 투 더 퓨처 3Back To The Future Part III, 1990〉에는 사진 찍는 사람이 플래시 대신 작게 폭발하는 듯한 무언가를 터뜨리면서 카메라를 사용하는 장면이 있다. 마그네슘이 이런 용도로 인기를 끌던 시절을 보여 주는 장면이다.

요즘에는 군대에서 어둠을 밝히는 조명탄의 재료나, 갑자기 밝은 빛을 내뿜어 상대방의 눈을 상하게 하고 혼란을 일으키는 섬광탄의 재료로 마그네슘을 쓸 때도 있다. 가끔 비행기가 적의 유도 미사일을 속이기 위해서 엔진처럼 뜨거운 불덩어리를 엉뚱한 방향으로 일부러 날려 보낼 때가 있는데, 이런 것을 흔히 플레어flare라고 한다. 하늘을 날아다니는 불덩어리, 플레어의 재료로도 마그네슘이 유용하게 쓰인다고 한다.

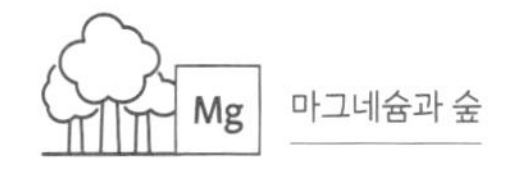

13

알루미늄과 콜라

Al

더운 날씨에 신나게 놀고 나면 목이 마르기 마련이다. 꼭 더운 날이 아니더라도 땀 흘리는 일을 한 뒤나 잠깐 숨을 돌릴 때는 시원한 것을 마시고 싶다. 오랜만에 말이 잘 통하는 사람을 만나 이런저런 세상 이야기들을 한참 나눈 후에도 목이 마를 때가 있다. 이럴 때 물을 한 잔 마시는 것도 좋겠지만, 캔에 든 다른 마실 것이 당길 때도 있다.

탄산음료나 맥주 같은 것들은 아무래도 캔에 든 것이 많다. 차가운 캔을 손에 쥘 때 전해지는 그 시원한 감촉도 좋거니와 캔을 딸 때 나는 소리도 곧 맛있는 것을 마실 수 있다고 예고하는 느낌이다.

실제로 캔에 담아 둔 음료는 캔을 이루는 금속 재질이 열을 잘 전달하는 덕분에 차갑게 만들기에 유리하다. 나무통에 음료를 담는다면 냉장고에 넣어 둔다고 해도 나무 재질에 냉기가 스며들며 음료가 열을 잃고 차가워지는 데까지 시간이 오래 걸린다. 그러나 금속 캔은 더 쉽게 차갑게 만들 수 있다. 이에 더하여 금속으로 만든 캔은 용기가 상하거나 깨질 염려가 적으므로 운반도 편리하다. 금속 재질은 단단해서 얇게 만들어도 튼튼하므로 용기를 가볍고 작게 만들 수 있다. 그러니 시원한 것을 들고 다니며 마시기에는 역시 캔이다.

한국에서는 누군가 캔을 따서 안에 든 것을 시원하게 마시고 분리수거함에 잘 버렸을 경우, 그 캔은 아마 경상북도 영주로 가게 될 것이다. 영주는 부석사와 소수서원 등 유서 깊은 유적지가 있는 곳이지만, 음료 캔이 영주로 가는 이유는 유적지와는 아무 상관이 없다. 영주에 대규모 알루미늄aluminium 재생 공장이 있기 때문이다.

영주의 알루미늄 재생 공장은 세계에서도 손에 꼽을 만큼 규모가 크다. 이 공장에서는 수없이 많은 알루미늄 캔을 꾹꾹 눌러서 뭉친 뒤에 뜨거운 열로 녹이면서 가공한다. 그런 방법으로 사람들이 버린 쓰레기 캔을 은빛으로 번쩍거리는 깨끗한 알루미늄 덩어리로 다시 만들어 판매한다. 이렇게 만든 알루미늄을 다른 공장에서 사 가면 무엇이든 알루미늄으로 된 물건을 다시 만들 수 있다.

신문 기사에 따르면, 이 공장에서는 2012년 가을부터 2014년 가을까지 약 2년 사이에 알루미늄 캔 200억 개를 재활용했다고 한다. 이 정도면 하루 평균 알루미늄 캔 2700만 개를 녹여서 깨끗한 알루미늄판으로 만들기를 쉼 없이 반복했다는 뜻이다.

알루미늄 캔이 세상에 나오기 전에는 금속 재질로 음료 캔을 만들기가 쉽지 않았다. 음료를 담기에 적당한 금속 재료를 구하기가 어려웠기 때문이다. 음료용 캔으로 이용하려면 무엇보다 쉽게 녹이 슬어서는 안 된다. 탄산음료를 캔 안에 담아 두었는데 탄산음료 성분 자체에 캔이 녹아 버리거나 녹슬면 음료가 바깥으로 새어 버릴 것이다. 가까스로 새지는 않더라도 녹슨 성분, 녹아난 성분에 캔에 담긴 음료가 오염될지도 모른다. 캔 안쪽이 녹지는 않는다고 해도, 습기 때문에 바깥쪽이 녹는다고 해도, 결국은 먹을 것을 담아 들고 다니기에는 적합하지 않다. 그래서 녹이 잘 스는 금속인 철 같은 것은 아무리 흔하게 구할 수 있어도 음료 캔을 만드는 데 쓰기는 어렵다.

청동으로 캔을 만든다면 그나마 철보다는 확실히 녹이 덜 슬 것이다. 그러나 청동을 만드는 원재료인 구리는 구하기가 쉽지 않다. 올림픽에서 금메달, 은메달 다음으로 주는 것이 동메달, 즉 구리를 주성분으로 만든 청동 메달이다. 게다가 구리는 무겁다. 구리로 음료 캔을 만들면 너무 묵직해서 들고 다니며 마시기에도 불편하고, 트럭에 실어 이곳저곳으로 운반하는 비용도 많이 든다.

음료용 캔에 적합한 금속은 역시 알루미늄이다. 알루미늄은 무척 가벼운 금속인 데다가 두들겨서 얇게 펴거나 당겨서 길게 늘이기에도 좋은 재료다. 이런 성질도 캔을 만드는 데 유리하다. 나무나 돌 같은 재료는 아무리 두들겨도 알루미늄처럼 얇게 펴기가 쉽지 않다. 알루미늄은 녹도 잘 슬지 않는다. 정확하게 말하면 아주 빠른 속도로 깨끗하게 녹이 슨다. 그래서 알루미늄을 공기 중에 두면 공기와 접촉한 겉면에만 얇게 녹이 스는데, 녹슨 부분이 오히려 방어막이 되어 더는 공기가 드나들지 못하게 막아 준다. 즉, 역으로 굉장히 빠르게 녹이 스는 성질을 가진 덕택에 표면이 녹으로 얇게 뒤덮임으로써, 일정 정도 이상으로는 녹이 슬지 않는 것이다.

그런데 알루미늄 캔은 20세기 후반이 되기 전까지는 별로 많이 쓰이지 않았다. 음료 캔은 고사하고, 20세기 이전에는 어디건 알루미늄이 쓰이는 곳을 찾아보기가 어려웠다.

구리는 인류 문명이 처음 발생하던 청동기시대부터 쓰였고, 한반도에서 철을 사용할 수 있게 된 철기시대가 열린 것도 족히 몇천 년 전이다. 인류가 금속을 녹여 도구를 만드는 데 익숙해진 후 수천 년이 지나도록 알루미늄으로 물건을 만드는 문화는 별로 퍼져 나가지 못했다. 그래서 19세기까지만 해도 알루미늄은 무척 귀한 금속이었다.

알루미늄이라는 원자 자체가 귀했던 것은 아니다. 오히려 알루미늄은 지구 표면에 무척 흔한 물질이다. 지표면의 돌과 모래를 이루는 원자를 분석하면 산소와 규소 원자가 매우 많은 편이고, 바로 그다음 순위를 차지하는 것이 알루미늄이다. 사람들은 흔

히 쇳덩어리라고 하면 철을 떠올리는데, 이는 철이 지구에 흔한 금속이기 때문이다. 그런데 알루미늄은 철보다 더욱 흔하다. 지표면을 이루는 원자의 8% 정도가 알루미늄이라는 통계도 있다. 그러니까 굴러다니는 돌멩이 열 개를 주워서 그 속에 든 알루미늄을 다 모으면 돌멩이 하나 치 정도는 되는 셈이다.

조선시대 이전에 염색할 때 같이 넣으면 물이 잘 든다고 해서 자주 사용하던 돌 중에 명반[백반]이 있는데, 이런 돌에 특히 알루미늄 원자가 많이 들어 있다고 한다. 요즘도 손톱에 봉숭아 물을 들이거나, 풀이나 꽃으로 천연 염색을 할 때 명반을 사용하기도 한다. 같은 시기 유럽 사람들도 명반에 관해 알고 있어서 여러 용도로 사용했다. 이 명반을 라틴어로 알룸[alum]이라고 한다. 그래서 알룸에서 뽑아낸 원소라는 뜻에서 알루미늄이라는 이름이 생겨났다.

국제표준으로 정해진 영어 이름은 알루미늄이지만 미국에서는 일상적으로 알루미넘[aluminum]이라고 부르기도 한다. 또 알루미늄을 일본어로 쓴 것을 읽으면 아루미니우무[アルミニウム] 정도가 되는데, 이것을 한국식으로 영어 단어인 듯이 흉내 내어 읽다 보니 알미늄이라고 읽게 됐고, 이게 퍼지는 바람에 알루미늄을 알미늄이라고 잘못 표기하던 시절도 있었다. 그 영향이 지금도 남아 있어서 간판이나 전단 등에 옛날 표기 그대로 알미늄이라고 적힌 것이 종종 보인다.

알루미늄이 지구에 흔한 원소이다 보니 옛날 사람들도 이것이 뭔가 쓸모 있겠거니 생각했던 듯싶다. 그렇지만 돌이나 흙에서 알루미늄 원자만을 골라내서 금속 덩어리로 만들기가 너무 어려웠다. 19세기에 이르러 사람들이 온갖 어려운 화학 실험에 도전해서 아주 조금밖에 없는 희귀한 물질까지 정밀하게 뽑아내고 있을 때조차 알루미늄은 마음대로 되지 않았다. 특히 산소와 알루미늄 원자가 붙어 있는 산화알루미늄aluminium oxide을 얻는 데까지는 어찌어찌 도달했는데, 여기서 산소를 떼어 내고 순수한 알루미늄을 얻기가 너무나 어려웠다.

이 문제를 해결하는 데 최초로 전환점을 마련한 인물은 독일의 위대한 화학자 프리드리히 뵐러였다. 베릴륨을 발견하고, 요소를 합성하여 유기화학을 창시했다는 바로 그 뵐러가 알루미늄을 뽑아내는 데도 공을 세운 것이다. 뵐러는 화학반응을 아주 잘 일으키는 물질인 포타슘을 염화알루미늄aluminium chloride과 반응시키는 과정을 이용해서 상당히 순수한 알루미늄 가루를 만들어 내는 데 성공했다. 이후 알루미늄을 뽑아내는 방법이 점점 더 발전해서, 힘들긴 해도 알루미늄 원자가 들어 있는 돌에서 알루미늄을 뽑아내 조금씩 덩어리로 만들 수 있게 되었다. 그리하여 우리가 잘 알고 있는 은색으로 깨끗하게 반짝거리는 바로 그 알루미늄 덩어리가 사람들 사이에 차츰 알려지기 시작했다.

그래도 초창기에는 알루미늄 덩어리를 만들기가 힘들었다. 그래서 19세기에 알루미늄이 어느 정도 알려진 뒤에도 순수한 알루미늄 덩어리는 한동안 무척 값나가는 귀금속으로 대접받았다.

금괴나 은괴를 사들여 부유함을 과시하는 사람들이 있듯이, 이 시기에는 알루미늄괴를 만들어 소중하게 보관하는 사람도 적지 않았다. 요즘 사람들은 알루미늄으로 만든 음료 캔을 그냥 버리지만, 불과 백몇십 년 전에는 그런 걸 모아서 보물처럼 보관했다는 얘기다.

보물이라면 보물이라고 할 만도 한 것이 알루미늄 덩이를 만져 보면 단단하고 튼튼해서 확실히 좋은 금속 재료임을 쉽게 느낄 수 있다. 그런데도 무게는 철보다 훨씬 가벼워서 나무와 비교해야 할 정도다. 그러면서도 맑은 색으로 빛나는 모습은 은처럼 아름답다. 여기에 더해 알루미늄으로 제품을 만들면 잘 녹슬지도 않는다. 이렇게 성질이 특이한 물질이 있는데, 그것을 만들어 내기가 너무나 어려웠다. 그러니 사람들이 귀하게 여길 만도 했을 것이다.

믿거나 말거나 식으로 전하는 이야기 중에는 프랑스의 황제 나폴레옹 3세가 알루미늄으로 왕관을 만들어 썼다는 내용도 있다. 나폴레옹 3세가 귀빈을 대접할 때, 가장 귀한 손님에게는 알루미늄으로 만든 식기로 음식을 대접하고, 그다음 귀한 손님은 금은으로 만든 식기로 대접했다는 소문도 있다. 그 정도로 알루미늄이 귀하던 시절이다 보니 금은보다도 더 소중하게 여겼다는 이야기다. 특히 한 나라의 지배자에게는 알루미늄이 부유함을 과시하는 재료인 동시에 자기가 다스리는 나라의 알루미늄 생산 기술이 얼마나 뛰어난지 과시하는 재료이기도 했을 것이다.

이렇듯 돌에서 알루미늄을 뽑아내 철이나 구리처럼 금속으로 된 물건을 만들 수 있다는 사실이 밝혀진 후에도 기술의 한계로 지금처럼 알루미늄이 널리 쓰이지 못했다. 그러나 사람들은 알루미늄을 포기하지 않았다. 알루미늄 원자 자체는 분명히 흙과 돌 속에 널려 있다. 단지 그것을 골라내지 못할 뿐, 어떻게든 뽑아내 끌어모으기만 하면, 금은 못지않은 귀금속 덩어리를 얻는 셈이니, 많은 기술자가 알루미늄 원자를 골라내는 데 도전하고 싶었을 것이다. 근대 화학이 발전하면서 금을 만들어 내는 연금술은 사실상 불가능하다는 것이 알려졌다. 하지만 알루미늄을 뽑아내는 일이 완전히 불가능한 일은 아니었다. 그러므로 19세기 후반, 돌에서 알루미늄을 뽑아내는 기술은 제2의 연금술이나 다름없었다.

제2의 연-금-술, 그러니까 연-알루미늄-술에 결국 성공한 인물로는 보통 프랑스의 폴 에루Paul Héroult와 미국의 찰스 마틴 홀Charles Martin Hall이 손꼽힌다. 1880년대 후반, 두 사람이 각자 발견한 기술은 알루미늄을 뽑아낼 수 있는 재료에 전기를 걸어 주는 독특한 화학반응을 통해 알루미늄을 녹여낸 뒤에 다시 훑어 내는 방법이었다. 요즘에는 주로 보크사이트bauxite라는 돌에서 알루미늄을 뽑아내며, 예전보다 훨씬 더 발전된 기술을 이용한다. 하지만 여전히 알루미늄을 생산하는 데는 전기가 많이 든다. 그래서 전기 가격이 너무 비싸거나 전기를 많이 사용할 수 없는 나라에서는 알루미늄을 뽑아내는 공장을 운영할 수 없다.

20세기에 접어들면서 공장에서 대량으로 뽑아낸 알루미늄이 본격적으로 세상에 퍼져 나가기 시작했다. 일단 알루미늄을 대량으로 뽑아내고 나니, 알루미늄만큼 쓰기 좋은 물질도 없었다. 단단한 금속이지만 나무만큼 가볍고, 어디에나 넉넉하게 널려 있어서 값도 쌌다. 사람들은 알루미늄으로 다양한 상품을 만들어 내기 시작했다.

특히 비행기를 만드는 사람들에게 알루미늄은 획기적인 재료가 되었다. 초창기에 비행기를 만들던 사람들은 하늘을 나는 기계라면 모름지기 나무, 천, 종이 같은 가벼운 재료로 만드는 것이 좋겠다고 생각했다. 공중으로 날아올라 떠 있어야 하는 만큼 어떻게든 무게를 줄이려고 노력했기 때문이다. 그래서 비행기의 엔진 부품을 철 대신 알루미늄으로 만들어 무게를 줄였다고 한다. 이후 비행기가 점점 발전함에 따라 나중에는 몸체도 전부 알루미늄 계통 재료로 만드는 방법이 유행하기 시작했다. 빠른 속도로 땅을 박차고 올라 바람을 가르고 비행하는 기계는 알루미늄 같은 금속으로 만드는 것이 여러모로 유리했다.

그렇다고 알루미늄에 단점이 없는 것은 아니다. 알루미늄이 가벼워서 좋긴 했으나 철이나 텅스텐 같은 금속과 비교하면 덜 단단한 재료였다. 이 문제를 극복하기 위해 궁리하던 사람들은 알루미늄을 다른 물질과 섞은 합금을 만들어서 더 강한 재료를 만들어냈다. 알루미늄합금 기술이 나날이 발전하면서 세상의 거의 모든 비행기에 알루미늄이 잔뜩 쓰이기 시작했다. 그렇게 알루미늄 덩어리를 하늘로 날리는 기술이 정착되면서 비행기는 더 크고 안전해졌다. 그 덕택에 누구든 비행기표를 사서 비행하는 시대가 열렸다.

한편 20세기 초반에 벌어진 제1차 세계대전이 거의 참호전이었던 것과 달리 그로부터 불과 20여 년 뒤에 벌어진 제2차 세계대전의 핵심은 공중전이었다. 새카맣게 하늘을 뒤덮으며 날아온 비행기들이 우박처럼 폭탄을 줄줄이 퍼붓고 사라지면 그 지역은 돌이킬 수 없이 초토화되었다. 공군의 전력이 전투의 승패를 좌지우지할 정도였으니 제2차 세계대전은 비행기를 만드는 알루미늄의 대결이었다고 볼 수도 있다. 더 빠른 전투기, 더 강한 폭격기를 더 많이, 더 빨리 생산하려면 막대한 양의 알루미늄이 필요했다. 그 많은 알루미늄을 얻기 위해서는 공장을 가동할 충분한 전기와 화학 기술이 있어야 했다. 그리고 실제로 알루미늄을 더 많이 생산할 수 있었던 쪽이 전쟁에서 승리했다.

단지 그 이유 때문만은 아니겠으나, 제2차 세계대전을 계기로 알루미늄 생산량이 터무니없을 정도로 많이 늘었던 것은 분명하다. 전쟁이 끝나자 알루미늄을 생산하던 공장들은 알루미늄의 다른 용도를 찾아야 했다. 공장은 한참 확장해 두었고 원료도 많이 사서 쌓아 놓았는데, 더는 알루미늄을 쓸 일이 없다면 낭패다. 무슨 수로든 알루미늄이 쓰일 만한 곳을 더 찾아내야 했다. 반대로 알루미늄을 사다 쓰는 편에서 보면 알루미늄이 남아돌아 값이 싸진 덕분에 부담 없이 새로운 시도를 해 볼 수 있게 되었다.

그리하여 전쟁이 끝난 후, 평화 시대와 함께 알루미늄의 시대가 도래했다. 알루미늄 캔에 탄산음료나 맥주를 담아서 유통하게 된 것도 이 무렵부터다.

요즘은 20세기 초보다 훨씬 더 많은 곳에 알루미늄이 쓰인다. 쇳덩이로 된 것 중에 무거운 것이 대체로 철이라면, 가벼운 것은 대체로 알루미늄이라고 해도 거의 틀리지 않을 정도다. 비행기에도 여전히 알루미늄이 사용되고 있거니와 온갖 음식 포장재나 갖가지 생활용품에 이르기까지, 알루미늄은 상상을 초월할 정도로 널리 쓰이고 있다. 소비자는 그것이 알루미늄인 줄도 모르고 사용하는 물건도 허다하다. 예컨대 라면 끓여 먹을 때 주로 쓰는 양은 냄비는 이름과 달리 양은으로 만들지 않는다. 양은은 구리, 아연, 니켈 따위를 섞어 만든 합금인데, 요즘 양은 냄비라고 부르는 것은 그냥 알루미늄으로 만든 제품이 대다수다. 또 음식 포장이나 요리 과정에서 자주 쓰는 쿠킹포일을 흔히 은박지라고 하는데, 이것도 은 성분과는 아무 상관이 없는 알루미늄을 종이처럼 얇게 펴 놓은 것이다. 단지 색깔이 은빛으로 보기 좋아서 일상적으로 은박지라고 부르는 사람이 많을 뿐이다. 마찬가지로 은박지 도시락이나 은박지 접시라고 부르는 포장 용기도 다 알루미늄으로 만든다. 스마트폰 같은 전자제품도 멋스러운 외관을 완성하느라 금속성의 은빛이 나는 재질로 꾸미곤 하는데, 이 경우에도 알루미늄을 많이 쓴다.

비행기뿐 아니라 다른 교통수단을 만드는 데도 알루미늄이 두루 쓰인다. 가벼운 알루미늄을 써서 교통수단의 무게를 줄이면 그만큼 연료를 아낄 수 있다. 녹이 잘 슬지 않아 산뜻한 모습으로 훨씬 오래 버틸 수 있다는 점도 좋다. 알루미늄의 성능을 개선하는 합금 기술이 발전하면서 자전거, 자동차, 기차에 알루미늄을 쓰는 양은 점점 더 늘고 있다. 요즘 인기가 점점 오르고 있는 전기자동차 역시 무게가 가벼울수록 같은 양의 배터리로 더 멀리, 오래 달릴 수 있다. 이에 따라 가벼운 자동차를 만드는 데 관심이 더 쏠리고 있는 만큼 앞으로 알루미늄의 인기는 더 높아질 수밖에 없다.

한국에서 운영 중인 고속철도 중에 나중에 새로 개발된 KTX-산천이나 해무 같은 열차는 먼저 것보다 알루미늄 재료를 많이 사용한 열차라고 한다. 요즘에는 지하철에도 알루미늄 재료를 쓰는 경우가 점점 더 많아지는 것 같다. 한국어에서 기차를 비유하는 표현 중에 철로 만든 말이라는 뜻으로 쓰는 '철마'라는 말이 있다. 남북한이 분단되어 철도가 끊긴 지점에 '철마는 달리고 싶다'라고 써둔 것은 유명하다. 그런데 만약 요즘 고속열차로 남북을 달린다면 '철마는 달리고 싶다'가 아니라 '알루미늄마는 달리고 싶다'라고 하는 편이 더 옳을 수도 있다.

우주산업 역시 알루미늄이 유용하게 쓰이는 분야다. 1990년대 초에 우주로 발사한 한국 최초의 인공위성 우리별 1호와 우리별 2호는 몸체의 기본 틀이 알루미늄합금으로 제작되었다. 우리별 1호, 2호의 크기는 높이 60cm, 폭 30cm 정도로 건물 복도에서

흔히 볼 수 있는 휴지통만 하다. 그 정도 크기의 네모난 알루미늄 통에 여러 전자 장비를 담고 지상에서 820km 높이의 우주 공간으로 보내서 지구 주변을 돌게 한다는 목표를 이루고자 당시 인공위성 개발팀은 허구한 날 밤을 지새우며 애를 태워야 했다. 그 연구원들이 목표를 이루는 데 가볍고 튼튼한 금속 알루미늄이 큰 도움이 되었을 것이다.

알루미늄은 우주 공간을 떠다니는 인공위성이나 우주선의 몸체뿐 아니라, 그것들을 우주로 쏘아 올리는 로켓에도 자주 쓰인다. 로켓이 빠르게 화학반응을 일으키면서 우주를 향해 올라가려면 가볍고 녹이 잘 슬지 않는 재료의 도움이 필요하기 때문이다. 누리호 로켓에서는 내부의 추진제 통, 그러니까 연료통을 만드는 데도 알루미늄합금을 사용했다. 로켓의 연료통은 금속을 정밀하게 가공해서 동그란 통 모양으로 만드는데, 각 부분을 정확한 위치에 꼭 맞게 조립하려면 어떤 곳은 두께가 채 2mm도 되지 않게 가공해야 한다. 이 정도로 얇으면서도 튼튼하게 만들려면 금속을 가공하는 기술도 좋아야 하거니와 눌러서 얇게 만들 수 있는 알루미늄의 성질도 제대로 발휘되어야 한다.

당연한 말이지만, 알루미늄은 금속이므로 전기를 잘 통한다. 그래서 금속으로 만든 접시안테나 등의 전자부품이나 발전소에서 생산한 전기를 멀리 보내는 송전선에도 알루미늄을 많이 쓴다. 특히 밧줄같이 굵은 송전선은 강철로 심을 만들고 그 주위를 알루미늄으로 둘러싸는 방식으로 만드는데, 이런 전선을

ACSR(aluminium conductor steel reinforced)라고 한다.

기차나 버스를 타고 멀리 여행하다 보면 언덕이나 산에 서 있는 거대한 송전탑이 보일 때가 있다. 몇십 미터나 되는 삐죽한 철탑이 산 만큼 높아 보이기도 한다. 나는 어릴 때 멀리 보이는 경치에 송전탑이 있으면 그것을 보기를 좋아했다. 사람도 별로 다니지 않을 것 같은 곳에 혼자 우뚝 하늘을 향해 있는 모양을 보고 거인이 만들어 놓은 장난감 같아 보인다는 생각도 했다. 이런 높은 탑에 전선을 걸어서 멀리까지 연결한다고 생각해 보자. 전선이 너무 무거우면 송전탑이 버티지 못하고 무너질 위험이 있고, 문제를 해결하기 위해 중간에 송전탑을 하나 더 세워야 할 수도 있다. 그렇게 되면 비용이 많이 들고, 송전탑 세울 땅을 구하는 과정에서 인근 주민들과 갈등을 빚을 수도 있다. 알루미늄을 이용해 만든 송전선은 무게가 덜 나가므로 한 번에 더 멀리까지 연결할 수 있다.

알루미늄은 건축재료로도 무시할 수 없을 정도로 많이 쓰인다. 건물의 뼈대로는 싸고 튼튼한 철을 주로 쓰지만, 특별히 가벼워야 하거나, 색깔이 은빛으로 좋아야 하거나, 비바람을 맞아도 녹슬지 않아야 하는 등 철만 가지고 해결할 수 없는 부분에 알루미늄합금을 유용하게 쓴다. 한때는 '알루미늄 샷시'라고 부르는 금속 창틀을 만드는 데도 알루미늄 계통의 재료를 많이 썼다. 사실 '샷시'라는 말은 무척 이상한 말이다. 원래 영어 단어 새시(sash)는 내리닫이 창을 일컫는 말인데, 그것이 일본어로 건너가서 그냥 서양식 창문을 뜻하는 말로 쓰이게 된 것 아닌가 싶다. 그 말이 다시 한국으로 들어오면서 자동차 같은 것의 금속 틀을 뜻하는 영어 단어 섀시chassis, 프랑스어 단어 샤시châssis와 혼동되면서 샷시라는 알 수 없는 발음이 되었고, 세월이 흐르는 동안 창호, 그것도 주로 발코니 등에 설치하는 커다란 창호라는 의미로 정착된 것으로 보인다.

알루미늄의 용도가 다양한 만큼 알루미늄 소비량도 엄청나다. 한국의 알루미늄 소비량은 전 세계에서 5~6위에 꼽힐 정도라고 한다. 그런데 돌에서 알루미늄을 뽑아내는 국내 알루미늄 제련 공장은 1991년까지만 가동하다가 생산을 멈추었다. 그러므로 현재 한국에서 소비되는 그 많은 알루미늄 중에 돌에서 뽑아낸 알루미늄은 전량 외국에서 수입했다고 보면 된다.

다행히 요즘은 돌에서 뽑아내지 않아도 알루미늄을 얻을 방법이 있다. 바로 재활용이다. 마치 생물이 삶을 마치면 세균에 의해 썩고 분해되고 거름이 되어 새로운 생명을 키워 내듯이, 알루미늄도 쓸모를 다해 버려지면 재활용 공장에서 분해되어 새 알루미늄으로 다시 태어난다. 게다가 알루미늄을 재활용하면 돌에서 직접 알루미늄을 뽑아낼 때보다 전기를 훨씬 절약할 수 있다. 같은 양의 알루미늄을 놓고 비교할 때, 재생 작업에 소모하는 전기는 돌에서 직접 뽑아낼 때 소모하는 전기의 20분의 1 정도밖에 되지 않는다. 이는 지금도 돌에서 직접 알루미늄을 뽑아내기가 그만큼 어렵다는 뜻이기도 하며, 그 어려운 일을 해내느라 과거

학자들이 무던히도 고생했다는 증거이기도 하다.

알루미늄 캔 한 개를 재활용함으로써 절약한 전기로 30W와트짜리 형광등 하나를 50시간 이상 켤 수 있다는 이야기가 있다. 설령 그 정도는 아니라고 해도 재활용했을 때 알루미늄만큼이나 돈을 절약할 수 있는 다른 물질을 찾아보기 힘든 것은 사실이다. 그러니 텅 빈 알루미늄 캔은 단순히 쓰레기가 아니라 전기를 품고 있는 깡통이라고 할 수 있다. 알루미늄 제품을 제대로 분리해서 재활용하기만 해도 어지간한 다른 물질을 재활용해서 환경을 보호하는 효과를 쉽게 능가할 수 있다. 그러니 혹시 캔 음료나 캔맥주를 너무 많이 마셔서 좀 죄책감이 드는 것 같거든 분리배출만은 똑똑히 하겠다고 결심하고 실천하는 것도 괜찮은 선행이라고 생각한다.

알루미늄에 대해서 내가 품고 있는 한 가지 의문은 알루미늄이 생명체 속에서 어떤 역할을 하느냐는 것이다. 알루미늄은 돌과 흙 속에 그토록 많이 들어 있는데도 알루미늄을 몸속의 성분으로 적극적으로 활용하는 생물을 찾아보기란 쉽지 않다.

마그네슘은 식물이 광합성을 하는 데 요긴하고, 철은 사람의 핏속에서 중요한 역할을 한다. 오징어, 문어, 투구게 등의 핏속에서는 구리가 중요한 역할을 한다. 그래서 이런 동물들의 피는 사람과 달리 푸른색을 띤다. 옛날 SF에는 문어를 닮은 외계인이 사람으로 변장한 채 돌아다니다가 초록색 피를 흘리는 바람에 정체가 탄로 나는 장면이 나오곤 한다. 영화 〈다크 시티Dark City, 1998〉

에 등장하는 외계인의 피에는 무슨 특이한 금속원소가 들어 있는지 색깔이 검다. 혹시 알루미늄이 피에 들어 있는 동물은 없을까? 없다. 그 흔하다는 알루미늄을 활용하는 생물을 지구에서 찾아보기가 왜 어려운 것일까?

알루미늄을 구해서 실험실에서 이런저런 연구를 해 보면 제법 재미있는 화학반응이 일어나는 경우가 있다. 다른 원자들과 잘 조합해서 활용하면 사람의 목숨을 구하는 약을 만드는 데도 도움이 될 때가 있어서 실제로 활용하는 사례도 있다. 그렇다면 세상의 여러 생물 중에 자연에 있는 알루미늄을 스스로 활용하는 생물이 나타날 법도 하고, 지상에 알루미늄이 이렇게 많으니 그런 생물이 번성할 수도 있을 것 같은데, 지구에 그런 생물은 거의 없는 것 같다. 정확한 원인은 모르지만, 어쩌면 순수한 알루미늄만 뽑아내기 어려운 성질과 너무 빠르게 녹스는 성질 때문에 생물이 활용하기 어려운 것인지도 모르겠다.

그게 아니라면 그냥 우연히 그런 생물이 출현하지 않았을 수도 있다. 만약 미래의 어느 날, 흙과 돌에 거의 무한정 들어 있는 알루미늄을 마음껏 이용할 수 있는 생물이 탄생한다면 어떻게 될까? 알루미늄 생물이 지상의 다른 생물들을 제치고 빠르게 번성할까? 그러다가 그 생물이 순식간에 지구 전체를 뒤덮고 철, 구리, 마그네슘을 이용하는 우리 같은 생물을 모두 먹어 치울지도 모른다.

혹은 정반대로, 전 세계에서 알루미늄 생산량이 뚝 떨어져 가격이 오르는 것을 고민하던 어느 기술자가 알루미늄 생물을 붙잡아 "내가 제3의 연금술에 성공했다!" 하고 기뻐하면서, 그 생물을 길들여 울타리 안에 가두어 놓고 기를지도 모른다. 그리고 알루미늄 생물이 흙에서 흡수한 알루미늄을 수확 철마다 뽑아내는 거대한 알루미늄 농장을 운영할지도 모를 일이다.

한가로운 날, 알루미늄 캔에 담긴 맥주 한 모금 두 모금에 취해 가며 상상해 보기에는 어울리는 이야기다.

14

silicon

규소와 선글라스

Si

태양 빛이 강한 날 야외에서 놀다 보면 눈이 부시게 마련이다. 그럴 때는 선글라스가 요긴하다. 요즘은 햇빛이 강한 날이 아니라도 선글라스를 쓰고 다니는 사람들을 쉽게 볼 수 있다. 특히 여행지에서 거리를 활보할 때는 선글라스를 써 줘야 일상을 벗어나 놀러 나왔다는 기분이 확실히 든다고 생각하는 사람도 많다. 회사나 학교 가는 길에는 선글라스를 쓰지 않던 사람도 다른 도시에 놀러 갔을 때는 당연하다는 듯이 선글라스를 꺼내 쓰곤 한다.

멋진 사람들의 대표라고 할 수 있는 연예인들이 선글라스를 자주 쓰기도 한다. 전혀 밝지도 않고 햇빛도 없는 곳에서 자기만의 분위기를 내려고 선글라스를 쓰고 다니는 가수나 배우들은 많고도 많다. 밤에 선글라스를 쓸 때도 있다. 심할 때는 선글라스가 그냥 그 사람의 모습을 이루는 한 부분으로 굳어 버리기도 한다. 영화 〈터미네이터The Terminator, 1984〉 시리즈의 터미네이터는 로봇이니까 딱히 선글라스를 쓸 필요가 없을 것 같은데, 터미네이터가 선글라스를 쓰지 않으면 터미네이터가 되다가 만 느낌이 든다. 1980년대 홍콩 누아르 영화에서 배우 주윤발저우룬파이 선글라스를 쓴 모습은 그 자체로 1980년대 홍콩이다.

그 덕택에 선글라스는 현대의 상징이고 현대인들이 멋을 부리는 대표적인 방법으로 활용되기도 한다. 유행을 따르면서도 신나고 재미있는 느낌을 내고 싶을 때 그림 속에 등장하는 동물이나 사람에게 선글라스를 씌우는 경우는 흔하다. 선글라스를 쓴 고양이나 강아지를 그린 만화라든가, 선글라스가 별로 어울리지 않을 것 같은 어린 아기가 선글라스를 쓰고 있는 모습도 종종 보인다. 진지한 조각상이 선글라스를 쓴 모습을 보여 주면서 재미를 끌어내려 하기도 한다. 한복을 입고 선글라스를 쓴 모습이라든가, 조선시대 사람들이 선글라스를 쓴 모습을 보여 주면서 웃기고 재밌고 신선한 느낌을 주려고 하던 광고나 화보를 본 기억도 있다.

그런데 선글라스, 그러니까 색안경까지는 몰라도 조선시대 사람들에게 안경은 아주 낯선 물건이 아니었다. 기록에 따르면 조선 후기에 이미 안경이 사람들 사이에 빠르게 퍼져 나가고 있었다. 처음에는 외국에서 들여왔겠지만, 17세기 무렵에는 조선 사람들이 직접 만든 안경도 시중에 유통되었다. 옛 그림 가운데 분명 조선시대 작품인데 초상화의 주인공이 안경을 쓰고 있는 그림도 제법 찾아볼 수 있다. 실제로 조선시대에 제작되어 지금까지 남아 있는 안경도 꽤 많다.

그럴 만도 한 것이 조선시대 사람들은 공부해서 과거 시험에 합격하는 것을 인생 최고의 영광으로 여기는 문화 속에서 살았다. 그 시대의 공부는 곧 글공부였으니 책 읽기에 도움을 주는 안경을 무척 유용한 물건으로 생각했을 것이다. 고고한 양반이라면 나이가 들어서도 책을 가까이하는 것이 당연한 일이었던 만큼 안경을 필수품으로 여기는 사람도 하나둘 생겼다.

한편으로는 안경이 비싼 물건이다 보니 자랑하기 좋은 사치품으로 취급하기도 했다. 학식을 갖추고 점잖게 시 읽기를 즐긴다는 선비 체면에 최신 유행하는 비단옷을 샀다고 자랑하기는 좀 부끄러웠을지도 모른다. 하지만 책을 자주 봐서 눈이 나빠졌는데도 공부를 더 열심히 하고자 안경을 하나 맞췄다고 말하면 선비다운 품위를 지키면서 값나가는 안경도 은근히 자랑할 수 있었을 것이다. 그렇게 조선시대 말쯤에 이르자 꽤 많은 사람에게 안경과 안경집이 장신구처럼 자리 잡게 되었다. 옛날 안경을 보다 보면 가끔은 안경을 쓰면 잘 보이는지 안 보이는지보다도 멋있냐 아니냐가 더 중요해진 것 같다는 생각이 들 때가 있다. 이런 점은 관광지에만 가면 선글라스 쓰기를 즐기는 요즘 한국 문화와도 닮은 면이 있는 것 같다.

조선에서 제작된 안경을 비슷한 시기 유럽의 안경과 비교하면 조선의 안경이 가격은 더 비싸면서 정밀함은 덜해 보인다. 이는 유리로 안경을 만들던 유럽과 달리 조선에서는 주로 석영, 그러니까 수정과 비슷한 돌을 갈아서 안경을 만들었기 때문인 듯하다. 당시 조선에서는 경주 남산에서 캐낸 수정으로 만든 안경이 유명했다고 하며, 그것을 경주 남석안경이라고 불렀다고 한다. 지금의 경주는 특별히 안경을 많이 생산하는 지역이 아니지만, 제법 가까운 과거까지도 경주에서는 수정으로 안경을 만들었다. 경주에서 멀지 않은 경상북도의 남부 지역인 경산이나 대구는 최근까지 안경 공업이 발전한 지역이기도 했다.

유리와 수정의 재료가 되는 물질에는 비슷한 점이 있다. 둘 다 규소silicon 원자에 산소 원자가 둘씩 달라붙은 이산화규소silicon dioxide에서 출발하는 물질이라고 설명할 수 있다. 이산화규소가 규칙적으로 잔뜩 붙어 있는 덩어리가 바로 석영인데, 석영이 특별히 보기 좋은 모양으로 만들어져 보석에 가까워 보이는 것을 수정이라고 부른다. 이산화규소 덩어리인 석영은 지구에 흔하다. 다만 수정처럼 보기 좋게 덩어리진 것이 귀할 뿐이다. 주변에서 흔히 볼 수 있는 돌멩이에도 약간 반짝거리는 보석 비슷한 부분이 조금 보일 때가 있는데, 이런 것이 석영인 경우가 종종 있다.

이산화규소를 이루는 산소와 규소는 둘 다 지구에 흔한 원소다. 지표면을 이루는 원자 중에 산소와 규소가 차지하는 비율은 전체의 75% 가까이나 된다. 그러니 웬만한 바위, 돌멩이, 모래마

다 규소가 섞여 있다고 생각해도 크게 틀리지 않는다. 애초에 규소라는 원소 이름도 돌과 관련이 있다. 유럽 언어에서 규소를 뜻하는 말 실리콘silicon은 부싯돌, 자갈이라는 뜻의 라틴어 실렉스silex에서 왔다고 한다. 참고로 규소를 뜻하는 한자 규硅는 그렇게 자주 사용되는 글자는 아니다. 아마도 네덜란드어 등의 유럽어에서 규소와 비슷한 물질을 일컫는 발음을 과거 일본에서 비슷한 소리로 발음되는 한자로 표기하면서 사용하기 시작한 글자 아니었을까 싶다. 그것이 우리나라에도 퍼지면서 규소라는 뜻으로 쓰이게 된 것 같다.

유리 역시 이산화규소로 만들 수 있는 물질이다. 다만 이산화규소가 규칙적으로 달라붙어 만들어진 석영과 반대로 아주 불규칙하게 제멋대로 붙어 있는 덩어리가 바로 유리다.

보통은 원자 몇 개가 붙어서 이루어진 작은 알갱이들이 많이 모여 자기들끼리 서로서로 달라붙다 보면 당기는 힘이 강한 부분끼리 달라붙고, 그렇지 않은 부분은 서로 어긋나면서 비슷한 방향으로 줄을 지어 연결되기 쉽다. 똑같이 생긴 알갱이들이 모두 그런 식으로 착착 연결되다 보면 대개 규칙적인 구조를 이루는 덩어리가 된다. 이처럼 알갱이들이 규칙적으로 덩어리진 상태를 결정crystal이라고 한다.

바닥에 흩어진 카드 한 벌을 손으로 그러모아 한 묶음으로 뭉치기 위해 만지작거리다 보면 처음에는 여러 방향으로 아무렇게나 겹쳐져 있던 카드들이 점점 가지런하게 맞춰져 네모나게 쌓인 형태가 된다. 카드 결정이 된 셈이다. 잘 정리된 카드 한 묶음이 단단하게 굳은 것이 석영이라면, 카드들이 정리되기 전에 대충 겹쳐진 상태 그대로 굳은 것이 유리라고 할 수 있다.

조선에서 수정으로 안경을 만들 때는 먼저, 석영이 많은 곳을 잘 뒤져서 수정을 발견해야 하고, 그것을 갈아서 안경알을 만들어야만 했다. 아마 안경알 하나를 만들기 위해 긴 시간 산속과 광산을 헤매야 했을 것이다. 반면에 유럽에서 안경 렌즈를 만들 때는 그냥 모래 속에 있는 이산화규소를 녹인 뒤 굳혀서 그것으로 유리알 안경을 만들 수 있었다. 힘들게 수정을 찾기보다 유리를 이용하는 편이 재료 구하기도 쉽고, 원하는 모양으로 가공하기도 편리하며, 가격도 저렴해진다.

누군가는 이 차이가 결국 동아시아 지역과 유럽 지역의 기술 차이를 가져왔을지도 모른다는 주장을 펼치기도 한다. 유럽 지역 사람들과 동아시아 지역 사람들이 예전에는 경제력이나 학문 수준이 크게 차이 나지 않았는데, 유럽 사람들은 유리를 잘 다루었고, 동아시아 사람들은 그렇지 못했기 때문에 유럽 기술이 앞서 나가기 시작했다는 주장이다. 이 주장에 따르면 품질이 좋은 유리를 쉽게 만들 수 있어야 망원경을 만들어서 먼 곳으로 안전하게 항해를 떠날 수 있고, 그래야 상업과 항해술이 발전할 수 있다. 또 그런 망원경이 있어야 밤하늘을 세밀하게 관찰하면서 별들의 움직임을 파악해 물리학과 수학을 발전시킬 수 있다. 그리고 유리를 가공하는 기술을 계속 개발하는 과정에서 화학이

발전하고, 유리로 만든 렌즈로 현미경을 만들면 생물의 세계도 더 깊이 알게 되는 식으로 과학과 기술이 진보한다.

이런 이야기를 들으면 마치 한국인들은 원래 유리에 별 관심이 없었고, 그 때문에 뭔가 기회를 놓친 것 같다는 생각이 들지도 모른다. 그렇지만 역사를 거슬러 올라가면 고대 한반도에 살았던 사람들은 세계 어느 나라 사람보다도 유리를 사랑했다. 특히 한반도 남부에서 이런 경향이 두드러진 듯하다.

지금으로부터 2,000여 년 전 고대부터 가야의 여러 나라가 활발히 활동했던 삼국시대 이전 무렵까지, 삼한이라고 부르던 한반도 남부 지역에 살던 사람들은 유독 유리로 만든 구슬을 좋아했다고 한다. 유리구슬이라고는 해도 요즘 어린이들이 갖고 노는 유리구슬처럼 맑고 투명한 구슬도 아니다. 고대 삼한 지역의 유리구슬은 얼핏 보면 그게 유리인지 정확히 알 수도 없을 정도로, 그저 색이 예쁘고 반짝이는 돌 비슷하게 보이는 것들이 많았다. 그런데도 당시 사람들은 그런 유리구슬을 무척이나 아꼈다고 한다. 중국 사람들이 보기에 삼한에서 유리구슬이 유행하는 현상이 어찌나 이상했는지, 삼한 사람들은 무엇 때문인지 금이나 은보다도 유리구슬을 훨씬 귀하게 여긴다는 기록을 역사 기록인 《삼국지》에 특별히 남겼을 정도였다.

속담 중에 "구슬이 서 말이라도 꿰어야 보배"라는 말이 있다. 요즘 사람들이 보기에는 구슬이 뭐 그리 대단하다고 꿰든 말든 그게 보배까지나 된단 말인가, 하는 생각이 들 수도 있다. 그렇지만 고대 삼한 사람들은 그런 구슬을 정말로 보물처럼 여겼다. 그 당시에 만들어진 무덤을 발굴하면 작은 유리구슬을 귀한 보석처럼 모아서 우두머리 격이었던 사람의 관 속에 같이 묻은 것이 자주 발견된다.

모래에서 이산화규소를 녹여내 유리를 만들려면 높은 온도에 도달해야만 하는데, 그 온도에 이르기가 쉽지 않다. 그래서 약간의 술수를 쓴다. 온도를 올리는 동시에 다른 물질을 첨가해서 단단하게 서로 달라붙은 이산화규소 원자들을 조금씩 건드려 주면 이산화규소가 좀 더 빨리 녹아 나온다. 이렇게 원자들 간의 결합력을 약하게 하려고 넣어 주는 물질을 융제melting agent라고 한다. 모래에 융제를 넣어 녹여낸 이산화규소가 규칙성 없는 모양으로 다시 연결되어 굳게 하면 유리가 된다.

고대 유럽이나 아랍 지역 사람들은 대개 소듐 계통의 물질을 융제로 활용했는데, 이런 물질을 첨가한 유리는 가공하기도 쉽고, 투명하고 맑게 만들기도 좋았다. 그래서 지금도 이 방식으로 유리를 많이 만든다. 그런데 고대 중국인들은 특이하게도 납 성분을 함유한 물질을 듬뿍 써서 유리를 만들곤 했다. 한반도는 중국과 가까우니 학자들은 옛날 삼한 사람들이 좋아했던 유리구슬에도 납 성분이 많이 섞인 것이 대다수일 것으로 추측했다.

그러나 예상과 달리 고대 한반도의 유리구슬을 연구할수록 납 성분이 그리 많지 않은 것들이 속속 발견되었다. 수천 년 전에 만들어진 무덤 속에서 유리구슬을 꺼내, 현대 화학 기술로 성분을

분석했더니, 가까운 중국보다는 멀리 인도나 동남아시아 지역에서 볼 수 있었던 유리와 더 비슷한 성분의 구슬들이 계속 발견된 것이다. 게다가 종류와 모양도 다양했다.

어떻게 된 일일까? 혹시 삼한시대에 너도나도 유리구슬을 사 모으고 거래하는 유리구슬 투기 열풍이 일자, 고대의 모험가들과 뱃사람들이 특이한 유리구슬을 만드는 기술자를 찾아서 멀리 동남아시아까지 바다를 건너간 것일까? 그보다는 동남아시아에서 만들어진 유리구슬이 육지를 통해 이 나라, 저 나라에 팔리기를 반복하다가 고대 삼한 사람들의 손에까지 들어왔다고 보는 편이 좀 더 가능성이 클 것이다. 설령 그렇다 하더라도 삼한 사람들은 왜 그토록 유리구슬을 좋아했으며, 유리구슬을 구하기 위해 어디까지 손을 뻗고, 얼만큼이나 노력을 기울였는지는 여전히 수수께끼로 남는다.

고대에 유리구슬 열풍이 삼한 지역을 휩쓸고 지나간 후에도 신라 사람들이 지중해, 유럽, 로마 등지의 기술로 만들어진 유리 제품을 외국에서 수입해 사용한 사례가 있기는 하다. 그러나 유리를 향한 관심은 전 같지 않았던 듯하다. 그러다가 고려시대와 조선시대에 이르면서 특이한 유리 제품에 관한 기록은 점점 드물어졌다. 그 대신 한반도에서는 규소가 많이 들어 있는 또 다른 물질이 유리를 능가하는 인기를 끌었다. 이산화규소 덩어리였던 유리와 달리 그 새로운 물질은 규소를 중심으로 알루미늄이나 철 등 여러 원자가 다양하게 섞인 것이었다. 고려와 조선에 또 다른 유행을 몰고 온 물질은 다름 아닌 도자기다.

도자기는 흙 중에서도 밀가루 반죽처럼 갤 수 있는 부드럽고 차진 흙에 다른 재료를 섞고, 원하는 모양으로 빚은 다음, 높은 온도에서 구워 만든다. 이런 흙에는 일반적으로 산소, 수소, 알루미늄 등의 원자와 함께 규소가 들어 있다. 이와 같은 원자들의 덩어리를 반죽해서 모양을 잡고 불에 넣으면 더 강한 화학반응이 일어나 원자들이 매우 단단하게 굳는다. 손으로 주물러 원하는 모양을 만들 만큼 부드럽던 흙덩이가 뜨거운 열기 속에서 돌처럼 단단하게 굳는 까닭에는 여러 가지가 있겠지만, 화학반응을 잘하는 산소 원자가 활약해서 다른 원자들이 서로 강하게 들러붙도록 돕기 때문이라는 점이 중요하다.

고려와 조선의 도자기 장인들은 흙을 단단하게 굽는 데서 그치지 않고 도자기에 유약을 발라 보기 좋은 색깔과 광택이 나도록 만들고자 애썼다. 그리하여 특유의 아름다움을 지닌 도자기를 많이 생산했는데, 신비롭고 푸른 빛이 도는 고려시대의 청자나 깨끗하고 고운 흰빛을 띤 조선시대의 백자는 특히 귀한 공예품으로 가치가 높았다. 따지고 보면 품질 좋은 도자기를 만드는 기술의 핵심도 결국은 흙 속에 있는 규소와 알루미늄 등의 원자를 얼마나 보기 좋게 굳히는가 하는 문제다. 이러한 기술은 옛날 우리나라와 중국 등 동아시아에서 특히 발달했었고, 신항로 개척 시대 이후 전 세계로 퍼져 나갔다.

요즘 훌륭한 도자기를 구울 수 있는 흙이라면 미국 조지아 지방에 묻혀 있는 것이 가장 유명한 편이다. 도자기 흙이라고 하면 언뜻 떠올리기에 아직도 하얀 한복을 입고 지내는 옛날 장인 같은 분위기를 풍기는 분들이 한옥이 모여 있는 마을 뒷산에서 캐오는 것으로만 생각하기도 하는데, 사실은 청바지 입고 자동차를 타고 출근하는 미국 남부 사람들이 캐낸 제품이 잘 팔린다는 얘기다. 물론 경상남도 하동 같은 지역도 좋은 도자기 흙이 있는 것으로 유명하기는 하다.

이후 도자기는 그릇이나 찻잔, 공예품 등에 머무르지 않고 더 다양한 쓰임새를 갖게 되었다. 요즘은 세계 여러 나라에서 도자기 만드는 원리를 이용해 기계장치의 부품을 만들기도 한다.

도자기는 원래부터 흙을 높은 온도에서 구워 만든 것이다 보니 웬만큼 뜨거운 열을 받아도 변형되지 않는다는 것이 큰 장점이다. 어지간한 쇳덩이가 녹을 정도로 높은 온도에서도 버티는 것이 도자기다. 여기에 현대의 기술을 더해 도자기 속에서 규소 원자가 이루는 모양을 적절히 조절하면 옛날 도자기보다 더 튼튼하고 더욱 쓰기 좋은 재료를 만들 수 있다. 이런 원리로 만들어 낸 도자기 계통의 재료를 요즘에는 흔히 세라믹ceramic이라고 한다.

그러므로 뜨거운 열기를 반드시 견뎌야 하는 무엇인가를 만들 때 우선순위로 떠올릴 만한 재료가 바로 세라믹이다. 임무를 마치고 지구로 돌아오는 우주선은 대기권에 진입할 때 발생하는 뜨거운 마찰열을 견뎌야 한다. 만약 아주 튼튼한 세라믹 재료를 만들 수 있다면, 열기로부터 우주선을 보호하는 용도로 사용할 수 있을 것이다. 과거의 도자기 장인들이 아름다운 술병을 만들고자 고심했다면, 오늘날의 세라믹 공학자들은 우주선 재료를 만드느라 애쓰고 있다.

우주선이 아니라도 이미 우리 주위에 세라믹 재료로 만든 제품은 많다. 열에 견뎌야 하는 주방용품의 표면을 세라믹 재료로 코팅하는가 하면, 뜨거운 냄비를 그대로 올려도 표면이 손상되지 않는 세라믹 식탁도 있다. 또 한국 회사가 만든 제품 중 한국군이 많이 보유한 K1A1 같은 탱크의 장갑판에도 세라믹이 쓰인다.

고대의 유리구슬부터 중세의 도자기에 이어 현대의 세라믹까지, 이 모든 것에는 규소가 있고, 규소를 어떻게 녹이고 굳히느냐에 따라 제품의 품질이 달라진다. 조선 말기쯤에 이르러 세상에는 한국인들보다 도자기를 훨씬 더 잘 만들고 많이 만드는 나라들이 점차 늘어났다. 고대 한국인들은 유리구슬을 좋아했고, 중세 이후 한국인들은 도자기를 좋아했지만, 근대에 들어서면서 규소를 다루는 기술은 한국인과 좀 멀어진 듯한 느낌이 들기도 한다.

그 때문인지 한동안 한국에는 이산화규소를 재료로 유리를 만들 수 있는 큰 공장도 부족한 편이었다. 그래서 1950년대만 하더라도 제대로 된 유리 공장을 세우는 것이 온 나라가 관심을 기울이는 큰 사업이었다. 결국 한국전쟁으로 어려움을 겪게 된 한국에 도움을 주려고 생긴 유엔한국재건단이 유리 공장 짓는 데 돈을 투자하면서 처음으로 인천에 큰 판유리 공장이 생기게 되었다. 이 공장을 세우는 작업을 한 회사는 멀리 파나마공화국에 있었다. 언뜻 생각하면 한국과 파나마공화국이 무슨 큰 관계가 있나 싶지만, 파나마공화국 사람들이야말로 현대 한국 공업의 씨앗을 뿌리는 데 도움을 준 사람들이라고 할 수 있다. 1950년대는 그 먼 나라에 있는 회사의 힘을 빌려서라도 공업을 시작해 보려고 다들 노력하던 시기였다.

한편 한국전쟁에 참전했던 젊은이 중에 강대원이라는 사람이 있었다. 해병대에 입대해 통신병으로 전쟁을 치른 그는 1955년에 서울대학교 물리학과를 졸업하고 최신 기술을 공부하고자 미국으로 유학을 떠났다. 그리고 1959년, 오하이오주립대학교 전자공학과에서 박사학위를 받았다. 그 후 강대원은 전자 기술을 연구하는 미국의 한 회사에 취직해 이집트 출신 학자인 모하메드 아탈라Mohamed M. Atalla와 같이 일하게 되었다. 당시 아탈라를 포함한 여러 학자 사이에서 규소를 잘만 이용하면 특수한 전자 부품을 만들 수 있겠다는 생각이 서서히 퍼져 나가고 있었는데, 아탈라는 강대원에게 그 생각을 현실로 만드는 실험을 해 보자고 제안했다.

보통 전기가 잘 흐르는 물질은 그 속에 전자가 많이 있고, 전자들이 잘 움직이는 구조로 이루어져 있다. 그래서 전기를 걸어 주면 전자가 움직이면서 전기를 전달한다. 예를 들어 알루미늄 원자에는 원자 하나마다 전자가 열세 개씩 들어 있는데, 이런 알루미늄 원자가 잔뜩 붙어 있는 알루미늄 덩어리에서는 원자마다 들어 있는 그 많은 전자 중에 상당수가 한 군데 묶여 있지 않고 한 원자와 다른 원자 사이를 쉽게 돌아다닐 수 있다. 그래서 전기를 걸어 주면 전자들이 움직이며 잘 흘러간다. 그렇게 전기를 띤 전자가 한 방향으로 움직이는 덕택에 전기가 흐른다고 하는 현상이 발생한다. 이런 물질을 전기가 잘 통하는 도체conductor라고 한다.

반대로 전자가 잘 안 움직이는 물질은 전기를 걸어도 전기가 잘 안 흐른다. 예를 들어 탄소 원자와 수소 원자가 잔뜩 덩어리져 있는 폴리에틸렌 플라스틱도 탄소 원자 하나마다 전자가 여섯 개씩 들어 있고, 수소 원자 하나에 또 전자가 한 개씩 들어 있기는 하다. 그렇지만 이 물질 속에 들어 있는 전자들은 원자의 중심 주변을 맴돌 뿐 원자들 사이를 잘 건너다니지 않아서 전기를 걸어도 전자가 잘 흘러가지 않는다. 이런 물질을 전기가 잘 안 통하는 부도체non-conductor라고 한다.

1950년대의 학자들은 전기가 잘 흐르는 도체와 그렇지 않은 부도체의 중간 성격을 띠는 어중간한 물질을 잘만 이용하면 원하는 경우에만 전기가 흐르게 조절할 수 있는 전자부품을 만들 수 있지 않을까 하고 생각했다. 바로 이런 물질을 반도체semiconductor라고 한다.

당시에 이미 반도체에 관한 대략적인 이론은 나와 있었다. 먼저, 도체만큼 전기가 잘 흐르지는 않지만 뭔가 조금만 건드려 주면 전기가 흐를 것 같은 물질을 마련한다. 후보로는 규소가 유력하다. 이런 물질 속에 원자 사이를 잘 건너다닐 수 있는 전자가 조금만 더 있다면 전기가 흐를 텐데, 아슬아슬하게 그 정도에서 약간 전자가 부족해서 전기가 쉽게 흐르지 않는다. 그렇다면 그 물질의 한쪽에만 바깥의 다른 방향에서 따로 전기를 조금 걸어 주면 어떻게 될까? 예를 들어 ⊕전기를 조금 걸어서 ⊖전기를 띤 전자를 강제로 한쪽으로 당겨서 규소 덩어리에 있는 전자들이 최대한 한쪽으로 모이게 한다면? 그러면 전기를 걸어 주는 동안에는 규소 덩어리 안에서 전자가 제법 많이 모여 있는 영역이 생기고, 많이 모인 그 전자 중에는 자유롭게 돌아다니는 것이 있을 것이다. 다시 말해서 전자가 많이 모인 그 영역만은 도체 같은 상태가 된다. 원래 규소는 전기가 잘 흐르지 않는 물질이지만, 이런 조건을 만들어 주면 그 일부는 잠시 전기가 흐를 수 있는 물질로 변한다.

이 이론대로 작동하는 장치를 실제로 만들어 낼 수 있다면, 어떤 물질에 전기가 흐르느냐 마느냐 하는 성질을 다른 쪽에서 걸어 주는 전기로 조절할 수 있게 된다. 다시 말해, 조건에 따라 동작이 달라지는 전자부품을 만들 수 있다. 이는 마치 전자부품이 조건을 검토해서 정해진 대로 맞아떨어질 때만 전기를 흘려보낸다고 볼 수도 있다. 즉, 전자부품이 단순하게나마 무엇인가를 판단하는 듯이 작동하는 것이다. 만약 이런 부품을 매우 정교하고 복합적인 구조로 잘 엮는다면 훨씬 더 그럴듯하게 판단할 수 있는 장치를 만들 수도 있을 것이다. 나아가 복잡한 계산을 할 줄 아는 장치, 컴퓨터를 만들 수 있을지도 모른다.

강대원과 아탈라는 규소를 주재료로 삼고 다른 화학물질들을 조금씩 이용해 정말로 이렇게 동작하는 전자부품을 만들어 냈다. 이 부품을 금속산화물 반도체 전계효과 트랜지스터metal oxide semiconductor field effect transistor라고 한다. 보통은 줄여서 MOSFET로 쓰고, '모스펫'이라고 읽는다.

모스펫과 비슷한 역할을 하는 부품은 그전에도 이미 나와 있었지만, 모스펫은 작게 만들어 대량생산하기에 좋다는 대단한 장점이 있었다. 강대원과 아탈라가 모스펫을 개발한 이후 관련 기술은 빠르게 발전했고, 모스펫을 많이 연결해 아주 작으면서도 상당히 복잡한 전자회로를 만들어 온갖 정교한 동작이 가능한 장치를 만드는 사람들이 등장하기 시작했다. 모스펫을 개발한 지 불과 10년가량 지난 1971년에는 손가락 위에 올려놓을 수 있는 작은 네모 모양 칩 형태의 부품 한 개에 2,000개의 모스펫을 연결한 제품이 나왔고, 거기서 채 10년도 지나지 않은 1979년에는 칩 하나에 2만 9,000개의 모스펫을 연결했다. 이런 복잡한 회로는 전기신호를 받아들여 그 신호로 계산을 하고 갖가지 판단을 거쳐 정보를 처리하는 작업을 할 수 있다. 즉, 컴퓨터를 만드는 부품이 된다. 1979년에 나온 모스펫 2만 9,000개짜리 장치가 바로 최초의 IBM PC 핵심 부품이었던 8088 CPU였다.

이후로도 모스펫을 이용해 반도체를 만드는 기술은 발전에 발전을 거듭했다. 1980년대부터는 한국에서도 반도체산업이 본격적으로 성장해 수많은 모스펫이 아주 복잡하게 연결된 반도체 칩을 국내 공장에서 만들어 내기 시작했다. 최근 한국 공장에서 생산되는 부품 중에는 반도체 칩 하나에 모스펫을 30억 개, 50억 개, 100억 개씩 연결해 놓은 어마어마한 것도 있다. 더 놀라운 점은 언뜻 대단한 특수 장비나 최첨단 연구에만 활용될 것 같은 이런 부품이 우리가 흔히 사용하는 스마트폰이나 컴퓨터에 쓰인다는 사실이다.

강대원은 모스펫을 개발한 공적을 인정받아 세상을 떠난 뒤에 미국 발명가명예의전당에 올랐다. 한국에도 강대원을 기리는 반도체 분야의 상이 있고, 2019년에는 당시 이낙연 총리가 강대원의 가족을 동대문디자인플라자로 초대해서 과학기술유공자 증서를 전달하는 행사를 열기도 했다.

한국은 강대원이 개발한 모스펫 기술을 발전시켜 전 세계 전자제품에 쓰이는 반도체의 약 20%를 생산하고 있다. 특히 메모리 반도체 분야에서는 세계 메모리 반도체의 절반 이상을 한국의 공장에서 생산하고 있다. 이 정도면 사우디아라비아가 세계 석유 시장에서 차지하는 비중보다 크다. 아마 스위스의 시계나 이탈리아의 파스타가 세계 시장에서 차지하는 점유율보다도 클 것이다. 그러니 스위스를 시계의 나라, 이탈리아를 스파게티의 나라로 부르듯이, 한국은 반도체의 나라라고 할 만하다.

반도체 재료로는 계산용 전자부품 외에 여러 가지 다른 것들도 만들 수 있다. 한국 회사들은 이런 산업에도 관심을 기울이고 있다. 전기를 받으면 빛을 내뿜도록 반도체를 만들면 LED가 되는데, 요즘 사람들이 어두울 때 빛을 밝히는 전구로 가장 유용하게 쓰는 제품이다. 정반대로 빛을 받으면 전기를 내뿜는 반도체를 만들 수도 있는데, 이렇게 만든 장치는 태양광발전소가 된다. 태양광발전 장치를 만들 때도 역시 규소를 주재료로 사용한다.

태양광발전은 실용화하기가 얼마나 쉬울 것이냐에 따라 갑자기 인기를 얻을 때도 있고 인기가 가라앉을 때도 있는데, 덩달아 그 재료인 규소 성분을 가공하는 회사들이 인기를 얻기도 하고 잃기도 한다. 그렇지만 다른 곳은 몰라도 인공위성이나 우주선에는 아주 오랜 옛날부터 지금까지 태양광발전만큼 유용한 전기 장치가 없었다. 아마도 사람들이 미래에 우주로 더 많이 나아가게 된다면, 규소로 만드는 태양광발전 장치도 훨씬 더 많이 쓰일 것이다.

새로운 말을 만들기 좋아하는 사람들은 이렇게 기술이 흘러가는 것을 보고 현대는 규소의 시대라고 정의하기도 한다. 현대인의 삶을 움직이는 각종 컴퓨터와 통신기기, 선명한 화질을 자랑하는 LED 텔레비전 등 생활과 산업, 문화 전반에 반도체가 쓰이고, 그 모든 작업을 하는 데 필요한 전기 역시 태양광발전으로 생산하는 사례가 점점 늘고 있다. 그러니 석기시대, 청동기시대, 철기시대를 지나 지금은 규소시대가 도래한 것으로 볼 수 있다는 얘기다.

반도체의 주재료 규소는 모래를 이루는 성분인 이산화규소에서 뽑아낸다. 돈 벌기가 어렵다는 뜻으로 "땅을 파 봐라, 10원이라도 나오나." 하는 말을 흔히 쓰는데, 말 그대로 땅을 파서 동전을 찾기는 어렵겠지만, 반도체를 생각하면 오늘날 한국인들은 모래에서 얻은 재료로 나라 경제를 지탱하고 있는 것이나 마찬가지다. 미국의 유명한 첨단산업 지역인 실리콘밸리만 하더라도 그 지역에 규소가 많이 나서 그런 이름이 붙은 것이 아니다. 실리콘, 즉 규소가 주재료인 반도체를 활용하는 첨단산업이 빠르게 발전하는 지역이라는 의미로 붙인 이름이다. 그렇게 보면 요즘 한국은 나라 전체가 실리콘랜드쯤 된다고 해야 할지도 모르겠다.

흔하디흔한 모래 속에서 규소를 뽑아내고, 그것으로 작디작은 모스펫을 만들어 손가락만 한 칩에 10억 개를 연결해 넣는, 터무니없을 정도로 정밀한 가공을 거치면, 모래에서 출발한 그 부품이 마치 사람의 생각을 흉내 내는 듯한 인공지능 컴퓨터로 거듭난다. 삼국시대를 배경으로 하는 옛 전설 중에 돌로 만든 조각상이 신통력을 받아 살아 움직인다는 식의 이야기가 있는데, 생각해 보면 반도체산업이야말로 모래를 가공해서 사람처럼 생각하는 기계를 만드는 일이 아닌가 싶다.

전설 이야기가 나온 김에 상상을 좀 더 해 보자면, 혹시 발전된 반도체 기술을 미리 내다본 고대의 한국인들이 모래의 규소에서 뭔가 아주 가치 있는 물건을 만들 수 있다는 생각을 어렴풋이 하게 되어 규소로 만든 온갖 유리구슬들을 그렇게 찾아 헤매고 다녔던 것 아닐까? 첨단 반도체를 가진 외계인을 만난 사람이 있었다거나, 21세기의 반도체 공장에서 일하던 사람이 타임머신을 타고 시간을 거슬러 삼한시대로 가서 모래를 잘 가공하면 반도체라는 엄청난 것을 만들 수 있다고 전해 주었다고 해 보자. 그 말을 듣고 삼한시대 사람들이 모래로 만든 유리구슬을 찾아다니는 데 집착했다고 이야기를 꾸며 보면 어떨까?

규소에 대한 마지막 이야기로 흔히 실리콘silicone이라고 부르는 말랑말랑한 재료에 관해 설명하고 싶다. 발음은 규소를 뜻하는 영어 단어 실리콘silicon과 같지만, 철자는 약간 다른 이 물질은 규소 덩어리가 아니다. 우리가 흔히 실리콘이라고 부르는 것은 규소를 탄소 원자, 산소 원자 등등의 다른 여러 원자와 조합한 물질로, 고무와 비슷한 느낌으로 만들 수 있는 재료를 말한다.

주기율표를 보면 탄소 바로 아래 칸에 규소가 적혀 있다. 그만큼 규소는 탄소와 어느 정도 성질이 비슷한 면이 있다. 그래서 탄소만큼은 아니지만, 규소로도 어느 정도 다양한 물질을 만들어 볼 수 있다. 보통 고무를 이루는 원자들의 다수가 탄소이다 보니 성질이 비슷한 규소 원자를 좀 넣어도 고무처럼 만들 수 있다. 이렇게 가공할 수 있는 재질을 흔히 실리콘이라고 부른다.

실리콘을 이용한 물질은 잘 붙기도 하고 굳히기도 좋고 방수 성능도 좋다. 그래서 물이 새지 않게 단단히 틈을 메워야 할 때, 화장실 공사나 창문 공사 등에 많이 쓰인다. 말랑한 재질 덕분에

사람 몸속에 자연스럽게 들어가야 하는 인공적인 신체 부분을 만드는 데도 실리콘이 유용하게 쓰이고 있다. 고대 그리스 신화를 보면 먼 옛날에 흙으로 모양을 빚어서 처음 사람을 만들어 냈다는 이야기가 있는데, 현대 과학기술인들은 흙과 모래에 많은 재료인 규소를 이용해서 실제로 사람 몸의 일부 역할을 하는 물질을 만들어 낸 셈이다. 그러고 보면 그저 흙과 돌로 세상에 널린 것 같은 규소가 별별 곳에 다 쓰이고 있구나 싶다.

15

P

phosphorus

인과
기차 여행

P

여행을 계획할 때면 교통수단을 선택해야 하는 경우가 생긴다. 목적지가 어디냐에 따라 배, 비행기, 기차, 자동차 등 이동 수단은 달라진다. 교통편을 정하고 나면 이제 얼마나 편안한 자리에 앉을 수 있는지에 관심이 간다. 나는 이동 시간이 길지 않을 때는 창가 쪽 자리를, 장거리 비행처럼 오래 이동해야 할 때는 통로 쪽 자리를 더 좋아한다. 이동 거리가 짧을 때는 창가 쪽에 앉아야 옆 사람이 들락거려도 방해받지 않고 편안하게 쉴 수 있다. 반대로 장거리 여행에서는 이동하는 내내 한자리에만 앉아 있을 수 없으므로 통로 쪽에 앉아야 가끔 들락거리거나 선반 위의 짐에서 소지품을 꺼내고 넣기가 편하다. 그렇지만 언제나 적용할 수 있는 규칙은 아니다. 아름다운 풍경을 보는 것이 중요한 기차 여행이라면 창가 쪽 자리가 좋을 것이다. 만약 자리마다 의자의 구조가 달라서 편한 의자와 불편한 의자의 차이가 크다면 다른 어떤 조건보다 의자 자체가 중요한 선택 기준이 될 수도 있다.

푹신함, 부드러움, 등받이의 각도, 팔걸이의 유무 등 교통수단의 의자가 얼마나 좋은지 판단하는 기준은 사람마다 다를 것이다. 그런데 사람들의 취향과는 별개로 대중교통의 의자라면 반드시 갖추어야 하는 요건도 있다. 그중 아주 중요한 한 가지를 꼽자면, 불에 잘 견뎌야 한다는 점이다.

교통사고는 20세기부터 심각한 문제였기에 사람들은 교통사고 피해를 조금이라도 줄이고자 여러 가지 방법을 궁리했다. 그중에는 대중교통 내부에서 불이 났을 때 화재 피해를 최대한 줄일 수 있는 기술을 개발하려고 애쓴 사람도 있었다. 간단하게 화재감지기를 설치하거나 소화기를 비치하는 방법을 제안한 사람도 있었을 테지만, 한 걸음 더 나아가 아예 화재가 일어나지 않게 할 화끈한 방법을 떠올린 사람들도 있었다.

불이 난다는 것은 불이 붙을 수 있는 물질이 공기 중의 산소와 급격하게 화학반응을 일으키는 현상이다. 따라서 불이 붙을 만한 재료와 산소, 둘 중에서 하나라도 없으면 애초에 화재가 일어나지 않는다. 그렇다고 기차나 버스 안의 산소를 모조리 없애고 운행할 수는 없는 노릇이므로, 불이 붙을 재료를 없애는 방식으로 화재를 예방하는 수밖에 없다. 그러니까 교통수단을 만들 때 산소와 화학반응을 좀처럼 일으키지 않는 물질을 재료로 사용하면 설령 사고가 나더라도 불이 붙는 일은 없을 것이다.

서울의 지하철 중에는 실제로 이와 같은 이유로 승객들이 앉는 의자를 금속 재료로 만든 전동차가 있다. 금속제 의자는 청소하기 간편하다거나 내구성이 좋다는 등의 장점도 있겠지만, 무엇보다도 만에 하나 전동차 내부에 불이 났을 때 의자로 불이 번지지 않는다. 전동차뿐 아니라 다른 교통수단도 가능하면 불에 잘 타지 않는 재료로 만드는 편이 안전할 것이다. 그래서 공공기관들은 각종 시설물을 만들 때 중요한 부분은 불에 잘 견디는 재료로 만들어야 한다는 규정을 두고 있다.

그런데 화재에 대비한답시고 온통 금속이나 돌 같은 재료만 사용해서는 효율적이면서 보기도 좋고 승차감도 편안한 대중교통을 만들 수 없다. 기분 좋게 여행길에 올라 예약해 둔 교통편에 탑승한 후 자리에 앉아 의자를 젖히고 좋아하는 노래를 듣다가 한숨 푹 자면서 목적지까지 가기로 계획했는데, 몸에 닿는 것이 딱딱하고 차가운 쇳덩어리라면? 이런 상황을 좋아할 승객은 별로 없을 것이다. 게다가 사람들은 대중교통을 이용하면서 매번 불이 날 것을 걱정하지는 않는다. 하지만 의자가 부드럽고 편안한가 하는 문제는 말 그대로 피부에 와닿는 문제다. 그러니 승객들은 화재 위험이 전혀 없는 쇳덩어리 의자보다는 당장 더 편하고 예쁜 의자를 좋아할 가능성이 크다.

그렇다면 안락하면서 화재 위험도 덜한 의자를 만들 수는 없을까? 이 문제를 해결할 수 있는 마법의 가루가 바로 난연제flame retardant라는 물질이다. 그리고 그 난연제에서 빼놓을 수 없는 것이 바로 인phosphorus 원자가 들어 있는 성분이다. 난연제는 플라스틱 같은 재료에 섞어 넣어 불이 잘 붙지 않게 하는 약품을 말한다. 보통은 불이 잠깐 붙었다가도 번져 나가지 않고 그냥 사그라들게 하는 효과를 주는 것들이 많다.

난연제 중에서는 특히 플라스틱용으로 개발된 것이 많다. 흔히 플라스틱이라고 부르는 물질은 종류가 매우 많은 만큼 다양한 재질의 물건을 만들 수 있다. 실이나 천 같은 재질을 비롯해 두툼한 양탄자나 얇은 종이 같은 재질도 플라스틱으로 얼마든지 흉내 낼 수 있다. 그런 플라스틱에 난연제를 섞어 제품을 만들면 그 물건은 불에 잘 타지 않는다. 만약 불에 잘 타지 않으면서 푹신한 가죽 소파 같은 느낌이 나는 제품을 만들고 싶다면 가죽과 같은 질감의 플라스틱에 난연제를 섞어 소파를 만들면 되고, 불에 안 타는 벽지가 필요하다면 종이와 같은 질감의 플라스틱을 벽지 모양으로 가공한 다음 난연제를 섞어 두면 된다.

이 밖에도 난연제는 화재 위험을 낮추고 싶은 그 어디에나 활용할 수 있다. 예컨대 전자제품을 사용하는 도중에 전기 합선으로 불이 날까 봐 걱정된다면, 난연제를 첨가한 플라스틱으로 제품을 만들면 된다. 또 높은 온도나 불길 옆에서 사용해야 하는 도구가 있다면 그 역시 제작할 때 난연제를 첨가해서 좀 더 불에 강하고 안전한 제품을 만들 수 있다.

1967년에 개봉한 영화 〈졸업The Graduate〉에는 주인공이 대학을 졸업한 직후 무슨 일을 해야 할지 모르고 있을 때, 주변 어른이

플라스틱업계 쪽으로 직장을 알아보라고 조언하는 장면이 있다. 아마도 그 무렵에 플라스틱이 유망한 미래 산업으로 빠르게 부상하고 있었던 듯하다. 그 시절로부터 수십 년밖에 지나지 않은 지금, 세상은 온통 플라스틱으로 뒤덮여 있다고 할 만큼 우리 주변에는 플라스틱 제품이 흔하다. 그런데 만약 난연제의 도움이 없었다면 플라스틱이 이토록 인기 있는 소재로 자리 잡을 수 있었을까? 플라스틱으로 온갖 것을 다 만들 수 있다지만 화재에 약한 성질을 극복하지 못했다면 그 쓰임에도 한계가 있었을 것이다. 난연제 덕택에 플라스틱은 무엇이든 만들 수 있고 불에 잘 타지 않으면서 값도 싼 환상적인 재료가 되어 세계 곳곳에서 활약할 수 있게 되었다.

난연제 중에는 인 원자 대신에 플루오린 원자나 염소 원자가 들어 있는 성분을 이용한 제품도 많이 사용되었다. 그렇지만 이런 물질은 관리가 소홀해지면 혹시나 생물에게 해로울 수도 있다고 걱정하는 사람들이 늘고 있어서 요즘에는 인 원자가 들어 있는 성분으로 만든 난연제가 인기를 얻는 추세다.

인 원자가 들어 있는 난연제의 원리를 대강 설명하자면, 플라스틱에 불이 붙어 주변으로 번지려고 할 때 난연제가 먼저 빠르게 익어서 불에 안 타는 잿가루처럼 바뀌어 주위를 막아 불길을 끊어 버린다고 할 수 있다. 이 원리는 인 원자가 들어 있는 물질들이 산소 원자와 화학반응을 잘 일으키는 편이라는 특징을 활용한 것으로 보인다. 산소가 다른 물질에 붙어 가며 계속해서 타

올라야 불길이 커지는데, 그렇게 되기 전에 화학반응을 잘 일으키는 난연제가 먼저 산소와 달라붙어 잿가루 같이 변한다고 봐도 되겠다. 그래서 난연제는 먼저 타지만 그렇게 타서 없어지면서 불길을 끊어 버린다.

꼭 난연제가 아니어도 인 원자를 이용한 화학물질은 오늘날 세계 여러 나라의 공장에서 대량으로 생산되고 있다. 대표적인 것이 인과 수소, 산소가 붙어 있는 물질인 인산phosphoric acid이다. 한국에도 인산을 생산하는 공장들이 있는데, 여수에 있는 한 공장에서는 인이 들어 있는 돌을 산성 물질인 황산에 녹여내는 방식으로 인산을 만들어 낸다. 이 공장에서만 1년에 30만 t이 넘는 인산을 만들 수 있다고 하니, 공장 한 군데에서 매일 8t 트럭 100대 분량의 인산을 만들어 내는 셈이다.

인이 들어 있는 물질을 이렇게나 많이 만들어 내는 이유는 이 물질이 비료로 쓰이기 때문이다. 인은 농작물을 키울 때 넓은 밭에 흙처럼 뿌리곤 하는 인비료의 주요 성분이다. 인 원자가 들어 있는 비료를 뿌려 줘야만 농작물이 잘 자란다.

그리고 인이 있어야 잘 자라는 것은 농작물이나 식물만이 아니다. 사실은 세상 모든 생물이 자라는 데 인이 꼭 필요하다. 사람이 사는 데도 인이 반드시 있어야 한다.

가장 큰 이유는 인 원자가 들어 있는 물질인 아데노신삼인산adenosine triphosphate이 모든 생물의 몸이 움직이는 데 사용되는 핵심 연료이기 때문이다. 자동차 엔진이 휘발유를 쓰듯 모든 생물은 힘을 써야 할 때 아데노신삼인산이라는 물질을 사용한다. 특히 아데노신삼인산이 아데노신이인산adenosine diphosphate으로 바뀌는 화학반응을 일으켜 몸 곳곳에서 일어나는 온갖 일에 활용한다. 몸속에서는 워낙에 별별 곳에 다 사용되는 물질이라 아데노신삼인산이라는 긴 이름 대신 ATP라고 줄여서 표기하는 일이 많다.*

지금 내가 이 글을 쓰기 위해 손가락을 움직여 노트북 자판을 두드리는 상황을 생각해 보자. 아니면 독자 여러분이 이 책을 읽기 위해 눈동자를 움직이는 상황을 그려 봐도 좋겠다. 우리 몸이 이런 일을 하려면 손가락 근육이나 눈동자에 연결된 근육을 움직여야 하는데, 이를 위해 손가락이나 눈에서 ATP를 아데노신이인산으로 바꾸는 화학반응이 일어난다. 근육 속에 있는 미오신myosin이라는 물질은 이런 화학반응이 일어날 때 모양이 움찔거리는 성질이 있다. 사람의 근육은 수없이 많은 미오신이 동시에 일정하게 움찔거리도록 엮여 있는데, 바로 이 때문에 손가락, 팔, 다리, 눈동자가 움직이게 된다. 다시 말해서 사람은 ATP를 쉼 없이 써 가면서 그 ATP에 닿은 미오신이라는 물질이 움찔거리는 화학반응 덕택에 온몸을 움직인다.

사람이 몸을 움직이려면 열량이 필요해서 당분을 사용한다는 말도 있고, 운동을 열심히 하면 지방이 소모되어 살이 빠진다고

* 아데노신이인산을 약어로 ADP라고 쓰기도 하지만, 이 책에서는 쉽게 구분하기 위해 아데노신이인산은 약어를 쓰지 않았다.

도 하는데, 당분을 사용하든 지방을 태우든 그 모든 노력은 결국 ATP를 아데노신이인산으로 바꾸는 화학반응으로 이어진다. 그렇다고 우리가 몸을 움직이기 위해 ATP 성분을 계속 섭취해야 한다는 이야기는 아니다. ATP가 분해되어 아데노신이인산으로 바뀐다고 해서 ATP를 구성하고 있던 원자들이 없어지지는 않기 때문이다. 단지 원자들이 서로 붙어 있는 순서와 조립 상태가 달라질 뿐이므로 아데노신이인산을 재조립하면 다시 ATP로 사용할 수 있다. 즉, 우리가 힘을 쓸 때마다 ATP가 소모되어 아데노신이인산으로 변하고, 다른 쪽에서는 아데노신이인산을 ATP로 되돌리는 반응이 일어나는 것이다.

이러한 이유로 사람이 몸을 유지하고 움직이며 살아가는 모든 순간에 ATP가 필요하지만, 정작 몸속에 있는 인 원자의 양은 몸무게의 1~2%에 지나지 않는다. 게다가 그중 일부는 뼈와 치아 등에 들어 있으므로 ATP를 이루고 있는 인 원자는 이보다 더 적다. 근육 속에 기본적으로 들어 있는 ATP는 양이 얼마 되지 않아서 우리가 몸을 움직이면 금세 다 소모되어 아데노신이인산으로 바뀌어 버린다. 따라서 몸을 계속 움직이려면 ATP를 계속해서 만들어 필요한 부위에 공급해야 한다. 바로 이때 우리 몸은 당분이나 지방을 재료로 사용해 여러 단계의 화학반응을 일으켜서 ATP를 다시 만들어 낸다. 그러므로 당분이나 지방을 소모한다는 말은 달리기, 아령 들기, 윗몸일으키기 같은 동작을 하느라 소모해 버린 ATP를 보충하기 위해 그것들을 ATP를 만드는 과정에서

써 없앤다는 뜻을 포함하고 있다.

사람뿐 아니라 지구의 모든 생물, 심지어 곰팡이나 세균같이 사람과 별 닮은 점이 없어 보이는 작은 생물들도 모두 ATP를 사용한다. 그뿐 아니라 여러 생물이 몸속에서 일어나기 어려운 화학반응을 억지로 일으킬 때도 일단 ATP를 이용하는 화학반응을 일으킨 다음, 그 효과를 어떻게든 이용해서 다른 힘든 화학반응까지 일어나게 하는 경우가 많다.

가끔 TV 프로그램에서 세균 측정기를 사용해 특정 물체에 세균이 얼마나 있는지 수치로 보여 줄 때가 있다. 흔히 세균 측정기라고 부르는 그 기기는 정확히 말해 ATP 측정 장비인 경우가 많다. 세균도 나름의 생명 활동을 하며 살아가느라 ATP를 사용하므로 어떤 물체에 ATP가 얼마나 있는지 측정하면 그곳에 ATP를 사용하는 생명체가 얼마나 있는지를 대강 추측할 수 있기 때문이다. 아무것도 없는 것처럼 보이는 곳에서 ATP가 자꾸 생겨나는 것이 측정된다면, ATP를 만들어 내는 눈에 보이지 않는 무엇인가가 있다는 뜻이다. 그러므로 세균처럼 눈에 보이지 않는 작은 생물이 있을 것으로 짐작할 수 있다.

세균, 식물, 동물, 버섯, 이끼, 사람 등등 지구상 모든 생물이 똑같이 ATP를 사용해 에너지를 얻는다는 사실은 생각할수록 괴상하다. 이것은 마치 자동차, 전화기, 로켓, 텔레비전, 비행기, 다리미, 불도저, 방앗간의 곡식 빻는 기계 등등 지구상의 온갖 기계장치가 전부 똑같은 한 가지 연료로 작동한다고 말하는 것과 비슷하다. 눈에 보이지도 않는 작디작은 세균과 숲속에 서 있는 거대한 나무는 전화기와 로켓만큼이나 다른 것 같은데, 이들이 모두 똑같은 ATP를 사용해 몸을 유지하고 움직인다.

추측건대 먼 옛날에 모든 생명체의 조상 격인 어느 작고 단순한 생물이 ATP가 일으키는 화학반응을 이용해 몸을 움직였고, 그것을 모든 후손이 물려받아 오늘날 지구상의 생명체들이 하나같이 ATP를 사용하고 있는 것이 아닐까 싶다. 실제로 생명체의 유전자를 담고 있는 물질인 DNA에도 인 원자가 ATP와 닮은 모양으로 들어 있는 부분이 있다. 이런 정황으로 보아 지상 최초의 생명체들은 인이나 ATP 같은 물질이 풍부하던 곳에서 우연히 태어났을지도 모른다. 그리하여 주변에 풍부한 그 재료들을 이용해 살아가게 되었을 테고, 인이 풍부한 곳에서 살던 자신들의 방식을 후손에게도 그대로 물려주었을 것이다. 그렇게 ATP를 이용하는 작은 생물의 머나먼 후손들이 지금 이 세상의 수많은 다양한 생물로 진화했을 것이다.

어떤 학자들은 지구 바깥, 그러니까 우주의 다른 행성에 생명체가 있는지 알아보는 방법으로 인을 함유한 화학물질을 조사하기도 한다. 한 예로 2020년에 금성의 구름 속에서 인화수소 phosphine를 발견했다는 소식과 함께 그곳에 생명체가 있지 않을까 하고 조심스럽게 추측하는 사람들이 있었다. 인화수소는 인과 수소 원자가 붙어서 만들어진 물질인데, 지구에서는 세균에 의해 뭔가가 썩을 때 생기는 여러 물질 사이에 조금씩 섞여 나오

는 것으로 잘 알려져 있다. 그러니까 일부 세균들이 인 성분이 있는 여러 생물을 갉아 먹고 트림을 하면서 인화수소를 내뿜는다고 보면 된다. 그런데 금성에서 오는 전파를 연구하던 학자들이 전파의 모양에서 뭔가 특이한 점을 발견해서 분석해 봤더니, 대기 중에 인화수소가 있을 때 나타나는 전파의 모양과 닮아 있었다.

금성은 지구에서 가깝고 크기도 지구와 비슷한 행성이기는 하다. 하지만 표면 온도가 400℃에 가까울 정도로 너무나 뜨거워서 생명체든 뭐든 어지간한 것은 다 녹아 버릴 거라고 짐작하던 곳이다. 그래서 그동안 금성에는 생명체가 살고 있을 가능성이 별로 없다고만 생각했다. 그런데 그런 곳의 대기 중에 인화수소가 있을 수도 있다니, 혹시 금성에 세균 같은 생물이 살면서 인화수소를 뿜어낸 것이 아닐까 하고 추측해 볼 만한 상황이 되었다. 어쩌면 생명체의 활동과 상관없는 다른 현상으로 인해 인화수소가 생겨났을 수도 있겠지만, 이 소식을 보고한 연구팀은 금성의 조건을 생각할 때 인화수소가 쉽게 생겨나기는 어려워 보인다고 했다.

금성의 두꺼운 구름 속에는 정말로 작은 생명체들이 살고 있을까? 금성의 땅은 너무 뜨겁겠지만 적당히 높은 공기 중은 그렇게 뜨겁지 않을 수도 있다. 만약 그런 구름 속에 작은 미생물들이 살고 있다면 그 미생물들을 잡아먹고 사는 좀 더 큰 생물도 있지 않을까? 지구에서는 본 적 없는 기이한 생명체들이 금성의 따뜻한 구름 사이를 펄럭거리며 떠다니는 모습을 상상해 볼 수도 있겠다.

그러나 아직은 금성의 대기에서 인화수소를 발견한 것 같다는 추측 자체가 오류일 가능성도 있으며, 다른 상황들을 종합했을 때 금성에 생명체가 있다고 확신하기는 어려운 수준이다. 그래도 이야기를 좋아하는 사람들은 벌써 더 많은 상상을 보태 새로운 이야기를 지어내고 있다. 먼 옛날 금성은 지금보다 훨씬 시원한 곳이어서 많은 외계 생명체들이 살고 있었는데, 온실효과로 점점 뜨거워지다가 지금과 같은 환경이 되었고, 그 바람에 금성에 살던 생명체가 모두 멸종하고, 다만 구름 위를 떠다니는 일부 세균만이 살아남아 인화수소를 내뿜으며 자신들의 존재를 우리에게 알리고 있다는 줄거리를 어디선가 들은 적 있다.

여기까지 이야기한 것만 보면 인은 화재에서 우리를 구해 주고, 생명이 살아가는 데 꼭 필요한 만큼 아주 아늑하고 좋은 물질인 듯한 느낌이 든다. 그렇지만 원자 하나의 성질이 그대로 물질의 성질이 되는 것은 아니다. 원자들이 몇 개씩, 어떻게 달라붙느냐에 따라 그렇게 만들어진 물질의 성질이 완전히 달라진다. 똑같은 탄소가 모여서 다이아몬드도 되고 흑연도 되듯이 인 원자도 어떤 모양으로 붙어서 모여 있는지, 또는 다른 원자들과 어떻게 만났는지에 따라 그 성질은 가지각색으로 달라진다.

학자들이 처음으로 인을 발견한 계기는 사람 몸에서 나온 물질들로 이런저런 실험을 해 보다가 그 속에서 인을 모은 덩어리를

만들게 된 일이었던 것 같다. 이렇게 만든 인 덩어리는 반응을 잘 일으켜 공기 중에 가만히 두어도 저절로 희미한 빛을 냈다고 한다. 이 물질은 보기에 신비스러웠고, 화학반응이 너무 빠르게 일어나서 잘못 먹으면 위험한 물질이기도 해서 어쩐지 이상한 느낌을 줄 만했다. 그래서 그리스어로 빛을 내는 것이라는 뜻이자 금성을 가리키는 말이기도 했던 포스포로스Φωσφόρος에서 이름을 따온 듯하다. 한자어 인 역시 이 뜻을 번역해 도깨비불 인燐을 쓴 것으로 보인다.

한국에서는 옛날부터 숲속이나 묘지 주변에서 정체를 알 수 없는 작은 불덩이가 날아다니는 것이 목격되곤 했는데, 옛사람들은 그것을 도깨비불이라고 불렀다. 1748년에 나온 조선시대의 사전인 《동문유해》에서 이 같은 귀신 불 현상을 가리켜 한글로 "독갑의불"이라고 쓴 것을 찾아볼 수 있다.* 세간에는 무덤 속에서 사람 뼈에 있던 인 성분이 새어 나오면 도깨비불 같은 신비로운 불빛이 나기도 한다는 이야기가 퍼져 있는데, 실제로 사람 뼈에는 칼슘뿐 아니라 인 원자도 많이 들어 있기는 하다. 하지만 나는 뼈에서 나온 인 성분이 그대로 공기 중에 나오는 것만으로 사람들 눈에 띌 정도의 불꽃이 정말로 만들어진다고 확신하지 못하겠다.

세균이나 고균 중에는 무엇인가를 썩게 하면서 불이 붙을 수

---

* 이 기록은 '까마구둥지'라는 블로그에서 알게 되었다. 지면을 통해 블로그 관리자인 역사관심 님께 감사의 뜻을 표한다.

있는 물질을 내뿜는 것들이 있다. 암모니아만 해도 불을 붙이면 타는 물질이다. 그렇다면 혹시 도깨비불의 정체는 그렇게 세균과 고균의 반응 때문에 썩어서 생긴 불에 잘 타는 물질이 땅속의 한 공간에 우연히 가득 차 있다가, 특정 조건이 갖추어졌을 때 저절로 화학반응을 일으켜 빛을 내며 타는 현상이 아닐까 싶기도 하다.

도깨비불의 정체는 분명치 않으나 인 성분을 잘 이용하면 원하는 대로 불을 붙일 수 있다는 것만은 확실하다. 요즘은 좀 다르지만, 과거에는 성냥 머리의 빨간 부분을 만들 때 인 성분을 이용했다. 인은 플라스틱 재료 속에 난연제의 일부로 들어가서 화재를 막기도 하는데, 그 자체로 불을 만드는 데도 요긴하게 쓰인다니, 어찌 보면 인은 이름대로 빛의 물질이라기보다는 불의 물질인지도 모르겠다.

인 원자끼리만 뭉쳐 있는 백린white phosphorus은 20세기 이후 무서운 무기의 재료로 많이 활용되었다. 백린은 인 원자들이 아주 작은 삼각형 모양으로 연결된 형태로 덩어리지게 만든 것이다. 이 물질은 불붙으며 잘 타는 데다가 연기도 많이 낸다. 특히 스스로 불타면서 주변에 달라붙어 같이 타게 하는 효과가 아주 뛰어나다. 그래서 백린을 포탄 같은 것에 같이 넣어서 터뜨려 주변을 불태우는 백린탄이라는 무기를 만들었다.

백린탄은 폭발력이 아주 강하지는 않아서 탱크나 장갑차 같은 것을 부수지는 못한다. 그 대신 백린에 한번 불이 붙으면 화학반응이 오래 계속되는 데다가 물을 뿌리는 정도로는 불이 쉽게 꺼지지도 않아서 넓은 면적에 해를 입히게 된다. 백린탄이 악명을 얻은 까닭도 바로 이런 성질 때문이다. 특히 민가가 많은 곳에 백린탄이 떨어지면 사방으로 불이 번진다. 그 와중에 불타는 백린이 조금이라도 사람 몸에 닿으면 그 사람을 지독하게 괴롭힌다. 그래서 백린탄은 너무 무서운 무기이므로 금지해야 한다고 주장하는 사람도 적지 않다.

그러나 무서운 만큼 전쟁에는 쓸모가 있는지라, 전쟁을 대비해야 한다는 생각이 많은 나라일수록 백린탄을 가진 군대가 적지 않다. 마침 인은 농사에 쓸 비료를 만드는 곳에서 구할 수 있으니 원료를 얻기도 쉬운 편이다.

백린탄은 한국전쟁 때도 쓰였는데, 전쟁 후 70년이 지난 요즘도 전쟁 당시 날아다니던 백린탄이 터지지 않고 땅속 어딘가에 박혀 있다가 우연히 발견되는 일이 아주 가끔 있다. 2017년에는 대구와 강원도 평창의 공사 현장에서 땅을 파는 도중에 백린이 든 것으로 의심되는 오래된 포탄이 발견되기도 했다. 이때 발견된 백린탄은 부서지면서 내부가 조금 노출되었는데, 70년 세월이 무색하게 조금씩 연기를 피워 올렸다.

백린탄보다 훨씬 더 무서운 무기 중에도 인 원자가 사용되는 것이 있다. 영화 〈더 록The Rock, 1996〉에서 테러리스트들이 샌프란시스코 시민들을 위협하려고 설치한 무기를 VX가스라고 부르는데, 실제로 VX라는 무기가 있다. 영화에서 묘사한 모습과는 꽤 다르지만, 사람에게 매우 위험한 물질이라는 점은 같다. VX라는 이름 자체가 독성 성분 X[venomous agent X]라는 말에서 온 것이다. VX가 얼마나 위험한 물질이냐면 피부에 0.01g만 닿아도 사람의 신경 작용을 망가뜨려 목숨을 빼앗을 수 있다. 이론상으로는 생수통 하나 분량 정도 되는 1kg의 VX로 10만 명을 해칠 수 있다. 이 때문에 한 나라가 VX를 100g 이상 보유해서는 안 된다는 국제협약이 있을 정도다.

이 무서운 VX는 질소 원자 한 개, 산소 원자 두 개, 탄소 원자 열한 개, 수소 원자 스물여섯 개에 마지막으로 인 원자가 한 개 붙어서 만들어진 알갱이들이 모여 있는 물질이다. 단순하게 보면 그저 마흔한 개의 원자로 이루어진 알갱이들이 많이 모여 있는 물질일 뿐, 그 모양도 별스러울 것 없이 평범하다. 그에 비해 사람 몸에서 중요한 역할을 하는 단백질은 대부분 원자 수천 개, 수만 개가 붙어서 이루어진, 대단히 복잡하고 특별한 물질이다. 게다가 그런 복잡한 물질이 다시 수백, 수천 가지가 모여서 제 기능을 해야 사람이 살아 움직일 수 있다. 이토록 복잡하고 정교한 구조를 갖추고 있어야만 살 수 있는 생명체를 고작 원자 마흔한 개짜리 물질이 그처럼 간단히 파괴할 수 있다니, 허무한 기분이 들 정도다. VX는 사람을 이루는 그 복잡한 화학반응의 연결 고리에서 딱 한 군데만 공격하면 전체를 무너뜨릴 수 있는 약점을 공격하는 것 같다는 생각도 든다.

또 그렇다고 해서 인이 무턱대고 무섭고 위험한 물질인 것은 전혀 아니다. 인을 잘 이용해 사람을 살리는 약을 만드는 일도 많다.

세균을 없애는 항생제 중에는 포스포마이신fosfomycin 같이 인 원자가 들어 있는 물질들이 있다. 생물의 몸에서 항상 인을 이용한 화학반응이 일어나고 있으며 인과 관계된 화학반응은 워낙 다양하게 일어나는 편이어서 인이 들어 있는 물질이 몸속 화학반응에 끼어들어 여러 가지 약 역할을 할 것이라는 생각도 해 볼 만하다.

마지막으로 한국에서는 아주 많은 사람의 생계가 달린 산업이자, 한국의 미래가 달렸다고 생각하는 분야에서 인이 아주 중요한 역할을 한다.

인은 중심에 ⊕전기를 띤 양성자가 열다섯 개 있고, 전자도 똑같이 열다섯 개 있는 원자다. 양성자 열네 개와 전자 열네 개가 있는 규소 원자와 딱 하나 차이가 난다. 이 때문에 규소 원자가 많이 들어 있는 덩어리 사이에 인 원자를 아주 조금 넣으면, 하나같이 전자가 열다섯 개씩 있는 수많은 규소 원자들 사이에서 규칙성을 띠고 활동하던 전자들이 전자가 열네 개밖에 없는 인 원자 근처에서 약간씩 어긋나게 된다. 이런 물질에 전기를 흘려서 전자를 밀거나 당겨 주면 약간의 어긋남 때문에 전자가 이상한 작용을 일으킨다. 비유하자면 똑같은 모양으로 수만 개, 수십만 개 반복되는 계단을 빠르게 내려가고 있는데, 중간에 계단 모양이 다른 곳이 한 군데 있어서 갑자기 발이 꼬이고 넘어질 뻔하는 것과 비슷한 느낌이다.

바로 이런 점을 이용해 전기가 흐르는 성질이 달라지는 특이한 물질을 만들어 낼 수 있고, 그 물질을 반도체로 쓸 수 있다. 이 방법은 규소에 붕소를 아주 조금 넣어서 반도체를 만드는 방식과 비슷하다. 규소보다 전자가 살짝 적은 불순물을 넣어 반도체를 만들고자 할 때 붕소를 사용한다면, 인은 규소보다 전자가 살짝 많은 불순물이 필요할 때 사용하는 재료라는 점이 다르다. 요컨대 주원료인 규소에 불순물로 붕소나 인을 아주 약간 넣어 주면 묘한 역할을 하는 전자부품으로 쓸 수 있다는 뜻이다.

세상이 쉽지만은 않은 것이, 인의 원소기호가 P인데 규소에 인을 넣어 만든 반도체는 n형반도체라 하고, 붕소 같은 물질을 넣어 만든 것을 하필이면 p형반도체라고 해서 처음 듣는 사람은 딱 헷갈리게 되어 있다.*

헷갈리는 것을 피해서 인과 반도체의 관계에 대해 하나만 기억하고 싶다면, 반도체 장사가 잘되면 인이 들어 있는 물질을 고순도로 만들어 내는 기술을 가진 화학 회사도 덩달아 장사가 잘된다고 기억해도 좋겠다. 반도체산업에 쓰는 인이 들어 있는 물질은 아주 깨끗하고 순수해야 한다. 그래서 다른 물질이 10만분의

---

* 인은 반도체의 주성분인 규소보다 전자가 하나 더 많아서 하나 남는 전자가 ⊖전기를 띠는 것이 특수한 역할을 한다. 그래서 음의 전기를 의미하는 negative의 머리글자를 따서 n형반도체라고 한다. 반대로 붕소를 넣은 반도체는 규소보다 전자의 개수가 적으므로 주변에 비해 ⊕전기를 띠는 부분이 중요하다. 그래서 양의 전기를 의미하는 positive의 머리글자를 따서 p형반도체라고 한다.

1%, 그러니까 0.00001%도 남지 않도록 걸러 내야 한다. 비료로 쓰이는 인을 만들어 내는 공장도 간단하지가 않은데, 이 정도로 정제하고 또 정제한 순수한 인 성분을 만들려면 많은 기술자가 힘을 모아 노력해야 한다. 반도체를 만들 때 규소에 불순물로 집어넣는 성분이 인인데 그 자체로는 또 아주 순수해야 한다니, 이 역시 묘하고 재미있다.

그 정도로 순수한 인이 들어 있는 반도체로 만든 장치를 이용해 이 글을 쓰면서 잠깐 생각해 보자니, 우리가 쓰는 반도체를 이용한 그 모든 전자제품 역시 도깨비불 못지않게 신비롭다는 생각도 든다.

16

S

sulfur

황과
긴 산책

S

여행지에 가면 잠자리가 바뀐 탓에 깊이 잠들기 어려울 때가 많다. 혹시 뒤척이다 아침 일찍 잠이 깬다면 잠시 숙소 주변을 돌아보며 산책하는 것도 괜찮은 일이다. 낯선 곳의 조용한 풍경을 살펴보고, 상쾌한 공기를 들이마셔 볼 수도 있다. 사람도 없고 소음도 없는 가운데 혼자서 걷다가 이국적인 경치를 보고 있으면 잠시 가깝고 복잡한 생각 없이 멀고 막연한 생각을 하며 시간을 보내기도 좋다.

오후 늦게나 이른 저녁에 숙소에 도착했을 때도 주변을 산책하는 것이 좋을 때가 있다. 숙소에 와서 막 짐을 풀고 잠깐 침대에 걸터앉아 숨을 돌리고 시계를 보니 시간이 애매하다고 해 보자. 거창한 관광지에 갔다 오자니 금세 저녁이 지나 밤이 깊을 것 같고, 여행지까지 오느라 피곤해서 멀리까지 다녀오는 것은 귀찮게 느껴진다. 이럴 때는 그냥 숙소 근처를 잠깐 돌아보면서 그 동네가 어떤 느낌인지 알아보는 것도 재미가 있다. 꾸며 놓은 관광지가 아닌 보통 거리 풍경은 어떤지 첫인상을 살펴보기도 좋고, 편의점이나 현금입출금기 같은 시설이 근처 어디쯤 있는지 봐 놓기도 좋다. 그러다 괜찮아 보이는 식당을 발견하면 그대로 들어가 저녁 요기를 하고 돌아와도 된다.

이렇게 산책할 때나 이곳저곳 걸어 다니며 구경할 때는 역시 발이 편하고 튼튼한 신발이 중요하다. 그러고 보면 인류의 역사상 요즘처럼 산책하기 좋은 시대도 없었다. 지금 같이 걷기 좋은 신발을 많은 사람이 갖게 된 것이 그리 오래된 일은 아니기 때문이다.

편한 신발을 만드는 핵심 소재는 고무다. 원래 고무라는 말은 프랑스어 곰gomme을 비롯해 유럽계 언어에서 나무에서 뽑아낸 쫄깃하고 탱탱한 물질을 일컫는 단어에서 온 말이다. 심심할 때 씹는 껌, 검gum이라는 말도 뿌리가 비슷해 보이는 말이다. 그런데 한국어에서는 씹는 것은 껌이라는 발음으로 굳어졌고, 신발이나 타이어를 만드는 재료는 고무라는 발음으로 굳어져 있다. 한편 고무를 뜻하는 영어 단어 러버rubber는 한국어 고무와는 뿌리가 다르다. 연필로 쓴 것을 지울 때 고무로 문지르면 효과가 좋다는 것이 알려진 뒤로 문지른다는 뜻의 단어 러브rub에서 생긴 말인 듯하다.

사람들이 고무를 사용하기 시작한 지는 제법 오래됐다. 원래 고무는 아메리카 지역, 특히 멕시코 남부 중앙아메리카 지역에서 자라는 고무나무에 상처를 내서 얻은 수액을 모아 굳힌 것이다. 아메리카 사람들은 예부터 고무나무의 수액을 받아서 굳히면 말랑말랑하고 탱탱한 물체가 된다는 사실을 잘 알고 있었다. 그래서 수백 년 전부터 고무나무에서 얻은 고무로 만든 공을 그 지역 어린이들이 가지고 놀았다고 한다.

떠도는 이야기에 따르면 콜럼버스가 유럽에서 배를 타고 아메리카 대륙에 도달한 후에 그곳 어린이들이 가지고 노는 신기한 장난감을 보고는 그것을 하나 가지고 돌아와 고무라는 물질을 유럽 사람들에게 처음으로 알렸다고 한다. 보통 어린이들의 행동을 떠올려 보면 아마 유럽 선원들이 빵이나 과자, 유리구슬 같은 것을 보여 주면서 그 신기한 고무공과 바꾸자고 했고, 어린이들은 쭈뼛거리다가 바꿔 주지 않았을까 싶다.

아메리카에서 나는 고무를 유럽에 소개한 사람이 정말로 콜럼버스였는지는 확실치 않다. 하지만 신항로 개척의 시대가 열린 뒤에 아메리카 대륙에서 자라는 나무에서 고무를 만들 수 있는 수액을 뽑아낸다는 이야기가 널리 알려진 것은 사실이다. 그러므로 오늘날 전 세계의 자동차와 비행기의 타이어, 속옷이나 겉옷에 들어 있는 고무줄, 자주 신는 신발의 고무 밑창 등은 모두 500여 년 전 아메리카 대륙에서 공놀이하던 어린이들이 이 세상에 알려 준 선물인 셈이다.

처음부터 고무의 용도가 이렇게 다양했던 것은 아니다. 고무나무에서 나온 수액을 받아서 그대로 굳히면 우리가 아는 고무처럼 항상 질기고 탱탱한 상태가 되지 않는다. 순수한 고무는 조금 추운 곳에서는 굳어서 딱딱해졌고, 반대로 조금 더운 곳에서는 녹아서 끈적거리곤 했다. 이 때문에 고무라는 물질이 아메리카 대륙을 벗어나 세계 곳곳으로 진출한 뒤로도 한동안은 쓰임새가 많지 않았다. 몇몇 제품을 고무로 만들어 팔아 보려고 해도 더울 때는 녹고, 추울 때는 굳는 단점이 뚜렷하다 보니 많이 팔리지 않았다. 게다가 초창기 고무는 냄새가 너무 심했다. 요즘 고무 제품에서도 누구나 쉽게 맡을 수 있는 특유의 냄새가 나지만, 당시의 고무는 냄새가 훨씬 강해서 생활용품으로 다양하게 만들어 쓰기가 어려울 정도였다고 한다.

그러다가 1840년 전후로 사정이 확 달라졌다. 찰스 굿이어 Charles Goodyear라는 미국의 발명가 덕분에 고무를 지금처럼 실용화하는 길이 열린 것이다. 굿이어는 명문대에서 화학을 배운 학자는 아니었다. 하지만 고무로 가방이나 장화같이 방수 기능이 있는 생활용품을 만들면 분명 대단히 유용할 것으로 생각했고, 실패를 거듭하면서도 틈나는 대로 고무를 실용화할 방법을 연구했다.

널리 알려진 이야기에 따르면 굿이어가 실수로 난로에 고무와 황sulfur을 떨어뜨렸는데, 고무가 난로에서 녹으며 황과 섞이더니 훨씬 탄탄해지는 것을 발견하고는 오늘날 널리 쓰이는 실용적인 고무를 개발하게 되었다고 한다. 이렇게 황 성분을 첨가한 고무를 가황고무vulcanized rubber라고 한다. 그러나 내 생각에는 굿이어가 처음부터 순전히 우연으로 가황고무를 개발하게 됐다기보다는, 황을 이용하면 고무를 개선할 수 있을 것 같다는 이야기를 어디선가 듣고, 황과 고무를 가져다가 여러 가지 실험을 거듭하던 중에 약간의 행운이 더해져서 전해 오는 이야기와 비슷한 일을 겪었을 가능성이 더 크지 않을까 싶다.

생명체에서 뽑아낸 다른 많은 물질처럼 고무나무에서 뽑아낸 고무에도 탄소 원자가 주로 많이 들어 있다. 고무 속의 이 많은 탄소 원자는 대개 서로서로 줄줄이 연결되어 기다란 끈 같은 모양을 하고 있다. 그런데 황 원자는 다른 원자 두 개와 잘 결합하려는 성질이 있다. 갈고리가 두 개 달린 원자라고 생각해도 된다. 그래서 고무에 황을 넣어 주면 이쪽과 저쪽 탄소 가닥 사이에 황이 끼어들어 양쪽으로 갈고리를 걸고 붙어 버린다. 탄소가 많이 들어 있는 실 가닥 같은 물질들 사이사이에 황 원자가 들어가서는 접착제처럼 탄소 실 가닥 곳곳을 붙여 버린다고 상상해도 비슷하겠다.

바로 이 때문에 고무에 황을 적당히 넣어 주면 탄소 가닥들이 서로 엉겨 붙으면서 고무가 더 강해진다. 고무가 더 탱탱해진다는 뜻이다. 고무의 주성분이 탄소 원자들이 길게 이어진 형태라는 사실이 밝혀진 것은 좀 더 뒤의 일이다. 굿이어는 이와 같은 원리로 고무가 탱탱해진다는 것은 몰랐지만, 원리를 발견하기에 앞서 신기한 기술을 먼저 개발한 셈이다.

나중에 밝혀진 사실인데 고무뿐 아니라 생물의 몸속에 있는 다른 단백질에서도 이런 일이 종종 일어난다. 단백질 중에는 간혹 황 원자가 약간 섞인 것이 있다. 단순한 단백질은 그저 실처럼 기다란 모양인데 어딘가에 황이 있으면 그 부분이 접착제 같은 역할을 해서 단백질 가닥들이 거기서 서로 달라붙으며 엉킬 수가 있다. 그 때문에 단백질의 모양이 엉키고 휘고 굽어서 더 복잡한 모양으로 변한다. 마치 수소결합의 힘으로 단백질의 모양이 구부러지는 현상과도 비슷하다. 황은 수소결합보다 더 강한 접착제 역할을 한다. 황 덕택에 단백질의 모양이 더 다양해질 수 있고, 생명체는 더욱 다양한 단백질을 이용하며 더 다양한 모습으로 살아갈 수 있다.

예를 들면 옥시토신oxytocin 같은 호르몬도 황이 중요한 역할을 하는 물질이다. 옥시토신은 몸속에서 여러 역할을 하는데, 사람이 사랑의 감정을 느낄 때 나오는 호르몬 중 하나이기도 하다. 그래서 가끔 사랑의 호르몬이라는 별명으로 부르기도 하는 물질이다. 단백질치고는 작은 편에 속하는 옥시토신은 120개 좀 넘는 원자들이 붙어 있는 덩어리인데, 그 속에는 두 개의 황 원자도 포함되어 있다. 만약 두 개의 황 원자가 없었다면 옥시토신은 그냥 길쭉한 지팡이 모양이 되었을 것이다. 하지만 황 원자 둘이 서로 만나 달라붙으려는 성질 덕분에 옥시토신은 동그란 고리 모양 단백질이 되었다. 수많은 단백질은 모양에 따라 모두 기능이 다른데, 옥시토신이 사랑의 호르몬으로 기능하게 된 것도 따지고 보면 그 모양 덕분에 생긴 결과다. 그러므로 사랑은 두 개의 황 원자가 연결된 덕분에 벌어지는 일이라고 할 수 있겠다.

옥시토신 말고도 사람의 몸속에는 황 원자가 상당히 많이 있다. 그 양이 소듐보다 많으면 많았지 적지는 않다고 한다. 그러나 사람이 황 덩어리를 직접 먹으면 굉장히 위험하다. 사람은 다른 생물 속에 들어 있는 단백질을 먹어서 그 속에 있는 황 원자를 활용하는 방식으로 몸에 필요한 황을 얻는다. 광고에서 피로 해소에 효과가 있으니 먹어 보라고 선전하는 타우린taurine에도 황 원자가 들어 있다.

생물의 몸속에 있는 황 원자는 생명을 다한 후 몸이 썩어서 분해될 때 다시 바깥으로 나온다. 주기율표에서 황은 산소 바로 아래 칸에 적혀 있는데, 산소가 수소 원자 둘과 결합해서 물이 되는 것처럼, 황도 수소 원자 둘과 결합해서 다른 물질이 된다. 이 물질이 바로 황화수소hydrogen sulfide다. 흔히 교과서에서는 황화수소에서 달걀 썩는 냄새가 난다고 설명한다. 아닌 게 아니라 실제로 무엇인가가 썩을 때는 황화수소를 비롯해 황을 함유한 성분이 나오면서 고약한 냄새를 풍기는 경우가 많다. 특히 달걀에는 황 성분이 많아서 썩을 때 이런 물질이 많이 나온다. 그러니 정확히 말하자면 황화수소에서 달걀 썩는 냄새가 난다기보다는 썩은 달걀에서 황화수소 냄새가 난다고 해야 할 것이다.

산소가 화학반응을 잘 일으키는 것처럼 황도 대체로 화학반응을 잘 일으키는 물질이다. 과학적 사실이 아닌 대체적인 느낌을 이야기하자면, 황이 들어 있는 물질이 일으키는 화학반응은 어떤 조건을 맞춰 주면 썩 잘 일어나지만, 그렇지 않을 때는 화학반응이 일어나지 않으므로, 그 조건을 조절하면서 화학반응이 필요할 때 필요한 만큼만 반응이 일어나게 하고 필요 없을 때는 멈추는 것을 종종 본 듯하다.

황을 이용해 화학반응을 일으킬 때 좋은 곳에 잘만 활용하면 더 튼튼한 고무를 만드는 것처럼 유용하게 쓸 수 있지만, 자칫 조건을 잘못 맞추면 화학반응이 너무 심하게 일어나서 무엇인가를 녹이거나 파괴하는 위험한 물질이 생겨나기도 한다. 생물체가 썩을 때 자연스럽게 나오는 황화수소조차도 사람이 너무 많이 들이마시면 위험하다. 간혹 썩고 있는 물질이 너무 많아 황화수소가 잔뜩 차 있는 하수구 근처에 있던 사람이 황화수소에 중독되는 사고가 실제로 일어나곤 한다.

산업현장에서는 황산sulfuric acid을 광범위하게 사용한다. 황산은 다른 물질을 녹이는 것으로 잘 알려진 대표적인 산성 물질이다. 황을 이용해 쉽게 만들 수 있고 비싸지도 않은 데다가 산성이 강해서 여러 산업에 널리 활용되고 있다. 산성 물질이 필요한 다양한 공장에서도 자주 쓰이고, 쇳덩어리에 다른 금속을 얇게 입히는 도금 작업에도 황산이 쓰이는 경우가 있다. 자동차 배터리로 자주 사용하는 납축전지에도 황산을 넣어 전기를 저장하고 꺼내는 데 필요한 화학반응을 일으킨다.

다시 굿이어 이야기로 돌아가면, 굿이어는 가황고무를 개발한 후 백만장자가 될 수 있으리라 기대했을 것이다. 그렇지만 굿이어는 사업으로 큰 성공을 거두지는 못했다. 본격적으로 돈을 벌기도 전에 가황고무를 만드는 기술에 대한 권리를 두고 다른 회사, 다른 사람들과 특허권 소송을 하느라 많은 돈을 써야만 했다. 어쩌면 굿이어가 고무 제품을 팔아서 거둔 이익보다 굿이어의 권리를 보호해 주겠다고 재판에 나섰던 변호사가 번 돈이 더 많았을지도 모른다.

비록 굿이어가 큰돈을 벌지는 못했지만, 그가 개발한 가황고무 덕택에 19세기 후반부터 고무의 시대가 열리기 시작했다. 신발, 장화, 비옷, 고무장갑, 고무 대야, 옷에 쓰이는 고무줄, 병마개, 타이어, 풍선 등 고무를 쓸 수 있는 곳은 매우 많았다. 그뿐 아니라 기계에 들어가는 각종 부품에도 고무가 널리 쓰이게 되었다. 특히 액체나 기체가 새지 않게끔 틈새 없이 꼭 맞아 들어야 하는 부분에 고무 부품이 매우 유용했다. 인구가 늘수록 생활과 산업 곳곳에서 어마어마한 양의 고무가 쓰이는 시대가 되어갔다.

고무의 수요가 늘자 사람들은 고무나무 농사를 더 많이 짓고 싶어 했다. 19세기까지만 해도 고무나무 농사는 대부분 원산지인 아메리카 대륙에서 이루어졌다. 특히 브라질이 고무나무에서 얻은 고무를 수출해 많은 돈을 벌고 있었다. 그러다 보니 브라질에서 고무나무를 빼돌려 다른 지역에서 재배하려는 사람들이 나타나기 시작했다. 그중에 영국의 문익점이라고 할 수 있는 헨리

위컴Henry Wickham이 대량의 고무나무 씨앗을 영국으로 몰래 들여왔고, 영국인들은 이 고무나무 씨앗을 나무로 키워 내는 데 성공했다.

이후 몇십 년이 흐르는 사이에 영국인들은 브라질처럼 기후가 덥고 습한 동남아시아 지역에서 고무나무를 심어 키우기로 하고, 당시 영국이 식민지로 차지하고 있던 말레이시아 지역을 중심으로 계획을 실행해 나갔다. 여기에 말레이시아 농부들의 수많은 노력이 더해진 결과, 현재 동남아시아 지역은 세계적인 고무 생산지가 되었다. 많은 사람이 천연고무나 라텍스라는 말을 들으면 말레이시아, 태국, 베트남 같은 나라들을 먼저 떠올리는데, 이 지역에서 자라는 많고 많은 고무나무는 원래부터 그 땅에 자라던 것들이 아니라 20세기 초에 동남아시아 농부들이 땀 흘려 정착시킨 것들이다. 그들의 노력 덕택에 전 세계 사람들은 더 많은 고무를 더 저렴하게 더 널리 사용할 수 있게 되었다.

고무는 한국인의 문화에도 큰 변화를 가져다주었다. 일제강점기 초기까지만 해도 한국인들은 주로 짚신이나 가죽신 등을 많이 신었다. 그러다가 20세기 초에 이병두를 비롯한 몇몇 발명가와 사업가들이 짚신과 비슷하게 생긴 한국식 고무신을 개발하게 되었다. 이병두는 본래 일본인 가게에서 일하는 점원이었는데, 그곳에서 본 일본식 고무신이 한반도에서도 잘 팔릴 것 같아서 가게를 그만두고 행상으로 일본 고무신을 팔았다고 한다. 그런데 장사가 점점 잘되다 보니 수입한 일본 고무신을 그대로 팔 것이 아니라 한국인들이 좋아할 만한 모양의 고무신을 만들어 팔면 더 좋겠다는 생각을 하게 된 것 같다.

이병두의 생각은 그대로 들어맞았다. 고무신은 가볍고 편하고 튼튼했으며, 질척거리는 논두렁 같은 곳에서 물이 새 들어오지 않는다는 장점까지 있었다. 게다가 동남아시아에서 자라던 많은 고무나무 덕택에 가격도 저렴한 편이었다. 물론 짚신보다야 비쌌지만, 고무신의 장점이 워낙 두드러지다 보니 그만하면 괜찮은 가격이었다. 심지어 새로 개발된 고무신은 그 모양까지 한복에 제법 잘 어울렸다. 얼마 지나지 않아 다른 사업가들도 고무신 사업에 뛰어들어 한반도 곳곳에 고무신 공장이 속속 생겨났다.

고무신은 폭발적인 인기를 끌면서 옛 신발을 빠르게 대체해 갔다. 1960년대까지도 일상복으로 한복을 입는 사람이 많았을 만큼 의복 문화는 쉽게 바뀌지 않는 편이었는데, 신발 문화는 고무신의 등장과 함께 완전히 바뀌었다고 할 수 있을 정도다. 21세기인 요즘에야 고무신을 신는 사람이 거의 없지만, 아직도 한국어 관용표현에 "고무신을 거꾸로 신는다." 같은 말이 남아 있을 정도로 고무신은 한국 문화 속에 깊이 뿌리내렸다. 그리고 요즘 사람들이 많이 신는 운동화에도 고무를 재료로 쓰는 부분은 여전히 중요하다. 1920년 이래 지금까지 가황고무가 한국의 신발 문화를 주도하고 있는 셈이다.

1941년 12월, 일본이 하와이를 침공하면서 태평양전쟁이 시작되자 고무 산업은 잠시 위기를 맞게 된다. 일본군이 동남아시아 지역을 점령함에 따라 고무 유통이 어려워진 것이다. 이 같은 상황은 자칫 연합군에게 큰 문제가 될 수도 있었다. 고무가 각종 기계장치의 부품으로 사용되는 만큼 고무가 없으면 무기를 만들기도 어려워지기 때문이다. 당장에 장갑차나 비행기의 타이어를 만들기 위해서라도 고무는 꼭 필요했다.

그리하여 미국, 캐나다 등지의 기술자들을 중심으로 고무나무와 상관없이 다른 물질을 가공해서 고무를 만들어 내는 기술을 확대하고자 노력을 기울이게 되었다. 석유에서 뽑아낸 물질에 화학반응을 일으키고 또 일으켜서 점차 다른 물질을 만들어 가다 보면 마침내 고무와 비슷한 것을 얻을 수 있는데, 이렇게 만든 물질을 합성고무synthetic rubber라고 한다. 그러니까 합성고무를 생산하려면 열대 지방의 고무나무 농장이 아니라 도시의 공장에서 전기로 움직이는 거대한 강철 기계로부터 고무를 뽑아내는 기술을 완성해야만 한다.

합성고무를 생산하는 기본 원리는 이미 20세기 초에 개발되어 있었다. 따라서 당시 기술자들이 할 일은 합성고무를 값싸게 대량생산할 방법을 찾는 것이었다. 이는 얼마든지 해 볼 만한 도전이었으며, 결국 20세기 중반이 지나는 동안 합성고무의 생산량이 빠르게 늘었고, 고무의 가격은 더욱 저렴해졌다.

한국 기술자들도 합성고무 만들기에 도전했다. 한반도는 고무나무 농장을 일구기에는 겨울이 너무 춥다. 그러므로 한반도에서 고무를 생산할 길은 공장에서 합성고무를 뽑아내는 방법밖에 없었다. 고생 끝에 1973년, 울산의 한 공장에서 처음으로 합성고무가 생산되어 쏟아져 나오기 시작했다. 그 후로도 합성고무를 만드는 기술은 계속해서 발전했다. 요즘 한국은 고무나무에서 얻는 천연고무를 연간 1조 원어치 정도 수입하지만, 공장에서 만드는 합성고무는 그 세 배에 달하는 3조 원어치를 수출하고 있다. 2010년대 중반까지의 자료를 보면, 이 정도의 합성고무 수출량은 세계에서 미국 다음갈 정도로 많은 양이다. 열대의 고무나무 숲에서 나는 천연고무는 한국에 없지만, 강철 배관과 기계로 이루어진 정글 같은 공장에서 만드는 합성고무는 한국에서 쏟아져 나오고 있다. 이같이 합성고무를 만들 때 품질을 개선하기 위해 이런저런 물질을 이용하는데, 지금도 많은 고무 공장에서 황을 이용하고 있다.

황이라는 물질이 있다는 사실은 사람들이 본격적으로 고무를 만들기 전에도 잘 알려져 있었다. 황이라는 이름도 근래에 만든 단어가 아니라 예부터 쓰던 말이 굳어진 것이다. 황은 노란색이 선명한 물질이어서 옛날부터 한자어로 유황^{硫黃}이라고 했는데, 그 뒷글자만 따서 원소 이름으로 쓰고 있다. 유럽에서는 연금술이 유행하던 시대에 황과 철을 주성분으로 하는 황철석이 얼핏 보면 노란색으로 보일 때가 있어서, 이것을 바보의 황금이라고 부르기도 했다. 아마 누군가 황철석을 만들어 사람들에게 보여주면서 연금술로 만든 황금이라고 속이곤 했나 보다.

황은 불이 잘 붙는 물질이다. 그래서 조선시대 이전에는 화약을 만드는 원료로 황을 자주 사용했고, 군대에서 특별하게 관리했다. 조선 전기에는 일본에서 황을 수입해서 쓰는 일이 많았다. 하지만 임진왜란을 겪으면서 일본에서 계속 황을 수입하기가 아무래도 불안했던지 17세기부터는 한반도에서 황을 캐내려는 시도가 꾸준히 이어졌다. 그 결과 17세기 후반에 조선에도 황을 캘 수 있는 광산이 생겼고, 그런 곳을 유황점硫黃店이라고 불렀다. 서울 근처에는 관악산에 유황점이 있었다고 하고, 현재 국립현대미술관 서울관이 있는 소격동 근처에서도 황이 났다고 하는데, 지금 그 흔적을 찾기는 쉽지 않다.

화약 이외에도 황과 전쟁 간의 깊은 관계를 보여 주는 분야는 더 있다.

옛날부터 전쟁이 벌어지면 총탄에 맞아 바로 전사하는 사람의 수보다 다치거나 병에 걸렸다가 건강을 회복하지 못해서 죽는 사람의 수가 훨씬 더 많았다. 그러니 아픈 사람을 빠르게 치료할 방법만 있다면 전쟁의 피해를 대폭 줄일 수 있을 터였다.

19세기가 되자 세균과 같은 작은 미생물이 여러 질병의 원인이라는 사실이 밝혀졌다. 그러나 이 사실을 알면서도 세균을 물리칠 마땅한 방법을 몰랐다. 전염병이 돌 기미가 보일 때 감염 위험이 없는 장소로 피하거나 평소에 몸을 깨끗하게 유지하는 방법이 먼저 자리 잡기는 했다. 하지만 20세기에 접어들어서도 세균에 감염된 사람을 치료할 방법은 좀처럼 찾지 못하고 있었다.

그저 병세가 악화하지 않고 환자가 기력을 유지할 수 있게 돌보면서 인체가 스스로 세균을 이겨 내기를 기다리는 방법이 최선이었다.

감염병 치료제를 만들기 어려웠던 결정적인 문제는 병을 일으킨 세균만 골라서 없애는 방법을 몰랐기 때문이다. 피부에 상처가 생겼을 때 그 부위를 소독해서 세균을 죽이는 방법 정도는 잘 알려져 있었다. 하지만 세균이 몸속에 들어와 퍼져 나가는 단계에서는 손쓸 방법이 없었다. 독한 소독약을 마구 들이부으면 세균뿐 아니라 사람까지 다치게 되고, 그렇다고 소독약을 먹을 수도 없는 노릇이다. 사람의 세포는 건드리지 않으면서 세균의 몸체를 이루는 세포만 딱 알아보고 공격하는 신통한 약을 만들 수 있다면 좋으련만, 화학물질에 눈을 달아 줄 수 있는 것도 아니니, 그런 약을 개발하기란 대단히 어려워 보였다. 이 때문에 사람들은 아무렇게나 쏘기만 하면 반드시 적중한다는 전설 속의 마법 총알에 이 문제를 비유하기도 했다. 그러니까 환상 속의 마탄magic bullet, 즉 마법 총알 같은 화학물질을 찾아내기 전에는 세균만 골라서 없애는 약은 꿈 같은 일이라는 뜻이었다.

그런데 1930년대 초, 꿈속의 마법 총알 같은 약을 실제로 개발한 사람이 등장했다. 바로 독일의 과학자 게르하르트 요하네스 파울 도마크Gerhard Johannes Paul Domagk였다. 도마크가 개발한 약은 황 원자가 들어 있는 화학물질이었기에 술파제sulfa drug라는 이름이 붙었다. 번역하자면 그냥 황 약이라는 뜻이다.

사실 도마크가 애초에 주목한 것은 황 성분이 아니라, 질소 원자가 중요한 역할을 하는 아조azo 성분 물질이었다. 도마크는 아조 성분에 이런저런 화학반응을 일으키면 몸속에서 특별한 기능을 하는 물질이 생길지도 모른다고 짐작했던 것 같다. 그래서 아조 성분에 다른 여러 물질을 섞어가며 약효를 시험하던 중에, 황 원자가 든 몇 가지 물질을 화학반응에 이용하면 효험이 있다는 사실을 알아냈다. 그런데 나중에 후속 연구를 하고 보니 아조 성분은 별 필요가 없었고, 황 원자를 함유한 물질만 있어도 약효가 나타났다.

술파제가 세균의 몸에 들어가면 엽산folacin을 만들 때 쓰이는 원료처럼 반응한다. 엽산은 많은 생물의 몸에 꼭 필요한 성분이다. 지구의 생명체들은 모두 DNA와 단백질로 몸을 만들어 가는데, 몸속에서 각종 영양분을 활용해 DNA와 단백질을 만들 때 조금이지만 엽산이 필요하다. 그래서 세균은 몸속에서 화학반응을 일으켜 스스로 엽산을 만든다. 하지만 사람 몸에는 엽산을 만들어 내는 기관이 없으므로 엽산이 들어 있는 채소를 먹는 등 몸 밖에서 엽산을 구해 와야 한다.

그런데 세균 몸에 술파제가 들어가면 세균은 술파제를 이용해 엽산을 만들려고 한다. 그러면 오류가 발생해 엉뚱한 화학반응이 일어난다. 아마도 술파제에 붙어 있는 황과 다른 원자들의 모양과 성질이 원래 세균에게 필요했던 물질과 묘하게도 비슷해서 혼동을 일으키는 게 아닌가 싶다. 착각한 세균은 쓸데없이 술파

제만 붙들고 있다가 정작 엽산은 만들지 못한다. 엽산이 없으면 DNA와 단백질도 제대로 만들 수 없으므로 결국 세균은 몸을 유지할 수 없게 되어 죽는다.

이와 달리 사람 몸에는 애초에 엽산을 만드는 능력이 없다 보니 술파제의 방해를 받을 일도 없다. 어쩌면 먼 옛날의 세균부터 갖고 있었던 엽산 만드는 능력이 사람처럼 여러 음식을 찾아 먹을 수 있는 동물의 몸에서는 퇴화한 것이 아닐까 하는 상상을 해본다. 만약 그렇다면 어떤 능력이 없다는 점, 얼핏 생각하면 단점 같아 보이는 그 특징을 역이용해서 인류는 세균만 골라서 공격하는 무기를 만든 셈이다.

술파제가 등장한 뒤로 인류는 드디어 몸속에 감염된 세균을 제대로 공격할 수 있게 되었다. 예전에는 작은 상처에 세균이 잘못 감염되기만 해도 그것 때문에 열이 나고 괴로워하다가 세상을 뜨는 일이 자주 있었다. 그런데 술파제가 개발된 후로는 치료를 시도할 수 있게 되었다. 수많은 사람이 술파제 때문에 목숨을 구할 수 있었다.

지금은 세균만 없애는 항생제가 다양하게 개발되어 예전만큼 술파제를 자주 사용하지 않는다. 그렇지만 제2차 세계대전 당시만 해도 세균을 없애는 데 술파제만 한 것이 없었다. 그래서 미국은 술파제 만드는 회사들과 계약을 체결하고 대량의 술파제를 사들여 전쟁터로 보냈다. 그렇게 해서 미군은 세균 감염의 피해를 대폭 줄일 수 있었다.

그 당시 일본군은 패색이 짙은데도 어떻게든 끝까지 버텨서 미군에게 조금이라도 더 해를 입히려고 했다. 그러면 미국 병사들이 전장에서 생명을 잃고 있다는 소식이 자주 전해질 것이고, 그러다 보면 점차 미국 정치인들은 인기를 잃을 테니, 적당한 선에서 일본과 휴전할 수도 있겠다고 계산했는지도 모른다. 만약 그렇게 된다면 전쟁에서 일본이 지기는 하겠지만, 그나마 협상을 통해 일부 점령지를 유지할 수 있을지도 모를 일이었다. 어쩌면 한반도나 대만처럼 일본에서 가까운 땅을 전쟁 후에도 계속 차지할 수 있으리라 기대했을 수도 있다. 그렇지만 일본의 예상과 달리 미군은 술파제를 넉넉히 보유한 덕분에 피해를 줄이면서 버틸 수 있었다. 결국 일본은 모든 것을 포기하고 무조건 항복을 택하는 수밖에 없었다. 황으로 만든 술파제가 많은 사람의 목숨을 구하고, 한국의 광복에도 공을 세운 셈이다.

한 가지 엉뚱한 사실은 정작 술파제를 개발한 도마크는 본래 제2차 세계대전 당시 일본의 동맹국이었던 독일 사람이었다는 점이다. 일이 그렇게 돌아가려고 그랬는지 도마크는 술파제를 개발한 공로로 1939년 노벨 생리의학상 수상자가 되었으면서도 상을 바로 받지는 못했다. 노벨상 수상자 중에 나치 독일을 비판하는 사람이 많다는 이유로 당시 독일 정부가 도마크에게 노벨상을 거부하라는 압력을 가한 듯하다.

그러다 제2차 세계대전이 끝나고 나치 독일이 망한 후, 1947년이 돼서야 도마크는 상을 받으러 갔는데, 노벨상 상금은 1년

안에 받아 가야 한다는 규정에 따라 상금은 못 받고 메달만 받았다고 한다. 수많은 사람의 목숨을 구하고, 역사상 가장 거대했던 전쟁의 방향을 바꾼 공을 세운 사람이었지만, 일이 안 풀리다 보면 그냥 메달만으로 만족해야 하는 것이 세상살이인가 보다.

17

chlorine

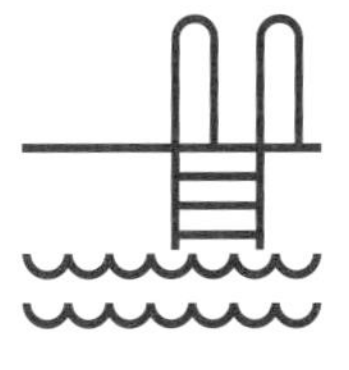

염소와 수영장

Cl

영화에서 휴가 중에 편안하게 쉬는 장면을 보여 줄 때는 한가로운 수영장이 자주 등장한다. 직접 수영하는 장면뿐 아니라 주인공이 기대기 좋은 의자에 반쯤 누운 채로 한 손에는 시원한 음료를 들고 있는 장면도 무척 자주 나온다. 영화 〈애증의 세월The Swimmer, 1968〉은 영화 전체가 아예 주인공이 줄기차게 이 수영장, 저 수영장 옮겨 다니며 계속해서 수영하는 내용이다.

영화같이 근사한 장면은 아니어도 더운 날 시원한 물에 몸을 담그거나 널찍한 수영장 한편의 붐비지 않는 곳에서 그냥 물에 둥둥 떠 있기만 해도 편안히 쉰다는 기분을 느낄 수 있다. 무슨 무슨 리조트 같은 이름이 붙은 시설을 구경해 보면 가장 좋은 놀거리로 내세우는 것이 시설에 딸린 수영장인 경우가 많은데, 그 이유도 사람들이 수영장을 특별한 휴식의 공간으로 떠올리곤 하기 때문 아닌가 싶다.

수영장이라고 하면 물 미끄럼틀이나 인공적으로 파도가 치게 만들어 둔 시설이 떠오르기도 하겠지만, 수영장 냄새를 떠올리는 사람도 많을 것이다. 수돗물을 거세게 틀어 놓을 때 나는 냄새와도 비슷하고 어떻게 보면 약간 비릿한 듯 느껴지기도 하지만, 다른 어떤 냄새와 비슷하다고 설명하기 어려운 독특한 소독약 냄새 같은 것이 수영장에서는 나기 마련이다. 이 냄새를 수영장 냄새라고 부르기에 부족함이 없는 것이, 세계 어느 곳의 어느 수영장을 가든지 특별한 몇 군데를 제외하고는 거의 항상 그 냄새를 맡을 수 있다. 많은 나라, 많은 도시에 수영장 물을 그렇게 처리해야 한다는 규정이나 법령이 갖추어져 있기도 하다.

수영장 냄새는 염소chlorine로 물을 소독해서 나는 냄새다. 염소 원자 둘이 붙어 있는 물질인 염소 기체를 직접 물에 섞어 소독하는 방법도 있고, 염소 원자를 다른 원자들과 함께 이용해 만든 소독약을 쓰는 방법도 있다. 염소는 주기율표에서 플루오린 바로 아래에 적혀 있는 만큼 플루오린과 성질이 비슷하다. 염소도 플루오린처럼 화학반응을 잘 일으키는 편이고, ⊖전기를 띠는 상태로 쉽게 변한다. 염소 기체를 이용해 뭔가를 소독할 수 있는 까닭도 염소 원자가 화학반응을 잘 일으키기 때문이다.

특히 염소 기체는 아주 조금만 물에 넣어도 세균을 비롯해 물속에 사는 여러 미생물의 세포와 화학반응을 일으켜 미생물의 몸을 이루고 있는 물질을 다른 물질로 바꿔 버려 제 기능을 할 수

없게 만든다. 몸의 각 부분이 제대로 기능하지 못하는 미생물은 목숨을 잃을 수밖에 없다. 염소 기체로 수영장 물을 소독하면 바로 이런 일이 일어나 미생물이 제거되고 사람이 감염될 위험이 줄어든다.

만약 수영장 물을 소독하지 않는다면 어떻게 될까? 당연히 물속에 세균 따위의 미생물이 번성할 테고, 그런 물속에 사람이 들어가 수영하고 놀다 보면 어느 틈엔가 미생물에 사람이 감염될 수 있다. 하필 그 세균이 인체에 해를 입히는 종류였다면 수영 한 번 했다가 병에 걸려 크게 고생할 수도 있다.

조선 후기 의학 서적인 《광제비급》에는 사람이 물귀신에게 공격당해 병을 앓을 수도 있다고 설명하는 부분이 있다. 특히 이 책을 쓴 이경화가 직접 듣고 묘사한 것으로 보이는 물귀신 이야기가 실려 있는데, 물속에서 정체불명의 붉은 손이 나와 헤엄치던 사람을 공격했다는 내용이다. 어떤 사람이 다리를 건너다가 실수로 물에 빠졌다고 상상해 보자. 허우적대다가 겨우 살아 나오긴 했지만, 그 뒤로 시름시름 앓다가 끝내 회복하지 못했다면, 조선시대 사람들은 그가 물귀신에 씌어서 목숨을 잃었다고 생각했을 것이다. 그러나 요즘의 지식으로 따져 보면, 그 사람이 물에 빠져 허우적댈 때 물과 함께 여러 미생물이 몸에 들어와 병을 일으켰을 가능성이 크다. 병의 원인이 물귀신이라고 생각했던 옛사람들이 물가에서 굿을 해 귀신을 쫓으려 했다면, 현대인은 염소로 물을 소독해서 세균이라는 물귀신을 퇴치하는 셈이다.

수영장에서 특유의 그 냄새가 난다면 일단 염소로 물을 소독했다고 보면 거의 틀림없다. 그런데 그것이 염소 소독약 자체의 냄새라기보다는 염소 원자가 물속의 여러 이물질과 화학반응을 일으켜 다른 물질로 변하면서 나는 냄새인 경우가 더 많다고 한다. 만약 매일 똑같은 양의 소독약으로 수영장을 소독하는데, 유난히 냄새가 심한 날이 있다면 그날은 물이 평소보다 더 더러웠다고 짐작해 볼 수 있다. 바람에 실려 온 오염 물질이나 사람들의 몸에서 나온 암모니아 등의 물질이 물속에 많이 섞여 있었다면, 그만큼 많은 물질이 염소와 화학반응을 일으켰을 테니 특유의 냄새를 풍기는 물질도 더 많이 생겼을 것이다.

수영장 물뿐 아니라 가정에서 사용하는 수돗물을 만들 때도 염소 소독을 거친다. 한국뿐 아니라 다른 많은 나라에서도 대부분 강물을 정화한 다음 염소를 이용해 소독한 물을 각 가정으로 공급한다. 한국은 〈수도시설의 청소 및 위생관리 등에 관한 규칙〉에 수돗물 1ℓ에 염소가 0.0001g은 들어가야 한다고 규정하고 있다. 정수장에서 모든 처리를 마친 수돗물이 상수도관을 따라 흘러가는 도중에 만에 하나 세균에 오염되더라도, 세균이 염소를 견디지 못하고 파괴되도록 조치한 것이다.

이렇게 수돗물을 매번 염소로 소독하려면 필요한 염소의 양도 만만치 않을 것이다. 다행히 염소는 지구에 풍부한 원소인 데다가 구하기도 어렵지 않다. 염소는 바닷물 속에 ⊖전기를 띤 상태로 넉넉히 녹아 있다. 바닷물에서 얻는 소금이 바로 소듐 원자와

염소 원자가 한 개씩 쌍쌍이 붙어 있는 물질이다. 그러므로 바닷물에서 얻을 수 있는 소금의 양 만큼 염소 기체를 만드는 재료를 얻을 수 있다고 보면 된다. 그리고 소금에서 염소 원자만 떼어 내 염소 기체를 얻는 방법도 그리 어렵지 않다.

재료도 풍부하고 기체로 만들기도 쉽다는 점은 분명 장점이다. 그러나 인류의 역사에는 이 같은 장점을 악용한 사례도 있었다. 20세기 초에 벌어진 제1차 세계대전에서 염소 기체를 이용해 군인들이 독가스 공격을 감행한 것이다.

제1차 세계대전은 흔히 참호전으로 요약된다. 참호는 병사들이 몸을 숨길 수 있도록 땅을 파서 만든 구덩이를 말한다. 그냥 구덩이만 떠올리면 별것 아닌 듯 느껴지겠지만, 당시의 전술로는 기나긴 참호 앞에 철조망을 치고 기관총으로 방어진지를 만들면 상대방이 뚫고 나가기가 대단히 어려웠다. 밀고 나가지도 못하고, 밀려서도 안 되는 상태로 양쪽 모두 참호 안에서 대치하는 상황이 길어지자, 각국 군대는 참호를 돌파할 방법을 찾느라 골머리를 앓았다.

돌격하라는 함성과 함께 용맹한 병사들이 수천 명, 수만 명씩 달려들어도 철조망 앞에서 어영부영하는 사이에 방어하는 쪽에서 기관총 세례를 퍼부으면 부질없이 몰살당할 수밖에 없었다. 비슷한 작전이 반복되고 또 반복되면서 빗발치는 총알 앞으로 돌격하는 무의미한 상황 앞에 시체만 쌓이고 또 쌓일 뿐이었다. 차라리 적진의 요새가 성벽으로 둘러싸여 있었다면 한곳에 포탄을 쏘아 무너뜨리기라도 했을 텐데, 가느다란 철사로 엮은 철조망은 포탄을 맞는다고 해서 와르르 무너지는 것이 아니었다. 설령 좀 망가진다 해도 새 철조망을 가져와 금세 또 얼기설기 엮으면 그만이었다. 상황이 이러니 어느 쪽도 상대의 참호를 쉽게 돌파하지 못했고, 지지부진한 상태로 전쟁이 길어지면서 희생자만 늘어 갈 뿐이었다.

그러던 1915년 4월 22일, 벨기에의 이프르 지역에서 참호를 파고 대치 중이던 프랑스 병사들은 맞은 편 독일군 쪽에서 살짝 노란빛이 도는 희뿌연 초록색 안개 같은 것이 피어오르는 광경을 목격했다. 정체를 알 수 없는 초록색 안개는 프랑스군 진영으로 서서히 몰려왔다. 처음에 병사들은 독일군이 연막탄을 사용한 줄 알았다고 한다. 몇몇 병사들은 안개 속으로 총을 쏘기도 했을 것이다. 하지만 초록색 안개는 변함없이 밀려왔고, 연기 속에 독일군이 숨어 있지도 않았다.

잠시 후, 초록색 안개가 프랑스군 진영까지 번져 왔을 때야 병사들은 그것이 안개가 아님을 깨달았다. 초록색 안개는 다름 아닌 염소 기체였다. 염소를 영어로 클로린chlorine이라고 하는 이유가 바로 초록색을 뜻하는 그리스어 클로로스χλωρός에서 유래한 이름이기 때문이다. 참고로 식물에 있는 엽록소 역시 초록을 띠어서 영어로 클로로필chlorophyll이라고 한다. 한자어 염소는 초록색과 관계없고, 소금에 들어 있는 원소라는 뜻으로 소금 염鹽을 쓴 것으로 보인다.

병사들이 염소 기체를 들이마시자 그것이 닿은 목구멍과 몸속 부위마다 따끔따끔한 느낌이 몰려왔다. 더러운 물을 소독하고 미생물을 죽여서 사람의 건강을 지키는 데 사용해야 할 염소 기체를 높은 농도로 만들어 사람에게 뿌리니 사람의 생명이 위태롭게 되었다. 죽음의 바람이 주위를 휘감고, 그 바람 속에 갇힌 사람은 영문도 모른 채 온몸에 고통을 느끼며 쓰러진다. 병사들 사이에 공포감이 급격히 퍼져 나갔다. 들이마시면 고통스럽게 사람을 죽이는 악마의 바람. 프랑스군 부대는 무너졌다. 참호는 뚫렸다.

염소 기체 공격의 효과는 예상 밖으로 굉장했다. 심지어 공격했던 독일군 쪽에서도 그렇게까지나 위력적일 줄은 몰라서 그다음 행동을 제대로 하지 못했다. 그래서 그날 뚫린 프랑스군 진지를 독일군이 차지하지는 못했다. 그렇지만 사람에게 해로운 기체를 무기로 이용해서 상대를 공격하는 작전이 쓸 만하다는 사실은 확인할 수 있었다. 염소 기체는 철조망으로 막을 수 없고, 참호 옆에 바짝 붙어 숨어도 피할 수 없다. 기체는 철조망 사이로 지나가며, 바람을 타고 작은 구멍 사이로도 스며든다. 그렇게 해서 꼭꼭 숨어 있는 병사의 입과 코로도 들어간다. 장군들은 이런 독가스가 참호를 뚫을 수 있는 비장의 무기라고들 생각했다.

그러자 곧 독일군의 상대편에서도 독가스 무기를 개발해 사용하기 시작했다. 그리고 머지않아 제1차 세계대전은 독가스 전쟁으로 변했다.

지금 제1차 세계대전을 나타내는 모습을 생각해 보라면, 표정 없는 방독면을 쓴 채 진창이 된 참호 안을 유령처럼 걸어 다니는 지친 병사들의 모습을 떠올리는 사람이 많을 것이다. 특히 독일군 쪽에서는 20세기 화학자 중에 가장 중요한 인물이라고 할 만한 프리츠 하버가 적극적으로 독가스 개발에 나섰다. 화학의 황제라고 할 만한 프리츠 하버는 질소 위기를 해결하여 식량 문제를 풀어내는 데 결정적인 공을 세워 인류를 구한 인물이라고도 할 수 있는 사람이다. 그런 그가 사람의 생명을 해치는 독가스 무기를 개발하는 데도 노력을 기울였다는 이야기다.

싼값에 대량으로 구할 수 있는 염소 기체의 특징을 여러 가지로 이용해서 어떤 방법으로 공격하면 사람을 가장 괴롭힐 수 있는지, 하버는 성실히 연구했다. 이후 기술이 발전하면서 염소 기체보다 더 막강한 독가스 무기들이 전쟁 중에 많이 개발되었다. 제1차 세계대전 중에 쓰인 무기 중에는 염소 기체가 아닌 다른 독가스 무기에도 그 성분에 염소 원자를 이용한 것이 적지 않은 편이다. 염소 원자는 얻기 쉽고 화학반응을 잘 일으키니 다른 원자와 조합해서 새로운 물질을 개발하는 재료로 유용했을 것이다. 제1차 세계대전에 사용된 것 중 가장 피해가 심각한 독가스 무기라는 말이 도는 겨자가스mustard gas도 탄소, 수소, 황 원자와 염소 원자를 서로 연결해 만든 물질이었다.

염소 원자가 들어 있는 위험한 물질을 꼽자면 염산hydrochloric acid도 빼놓을 수 없다. 쇳덩이를 지글지글 녹일 만큼 강한 산성

물질로 잘 알려진 염산은 염소 기체를 물에 뿌리기만 해도 물과 화학반응을 해서 저절로 생겨날 수 있다. 독가스로 퍼트린 염소 기체를 병사들이 들이마셨을 때 해를 입는 이유 중 하나도 염소 기체가 몸속의 수분과 반응해서 염산으로 변하기 때문이다.

굳이 독가스와 연관 짓지 않더라도 많은 사람에게 염산은 산성 물질 중에 가장 친숙한 것이 아닐까 싶다. 화학 교과서에 그 이름이 자주 보이기도 하거니와 수업 시간에 산성 물질을 이용해 간단한 실험을 할 때도 묽은 염산을 이용하는 경우가 많다. 화장실 같은 곳을 청소할 때 잘 안 지는 찌든 때를 녹여 없애기 위해 적당한 농도로 희석한 염산을 사용하기도 한다. 염산은 공장에서도 자주 쓰인다. 강력한 화학반응을 일으키는 산성 물질이다 보니, 염소 원자를 이용해 화학반응을 일으켜 새로운 물질을 만들고자 할 때 염산을 흔히 쓴다.

그런데 어지간한 것은 죄다 녹일 만큼 강한 산성을 자랑하는 염산이 알고 보면 우리 몸속에도 있다. 위에서 음식을 소화하기 위해 분비하는 위액의 중요한 성분이 다름 아닌 염산이다. 아마 지금 이 책을 읽는 독자 여러분의 위장에도 대략 몇 숟가락 정도의 염산은 고여 있을 것이다.

위액 속의 염산은 사람이 먹은 음식을 녹여서 소화하기 좋은 상태로 만드는 일을 한다. 특히 위액 중에서 단백질을 분해하는 펩신pepsin이라는 물질은 산성 환경에서 화학반응을 가장 잘 일으키는데, 산성 물질인 염산은 펩신이 활발하게 단백질을 분해할 수 있는 환경을 만들어 준다. 펩신은 예전부터 소화와 관련 있는 물질로 잘 알려져 있었다. 펩시콜라pepsi cola라는 제품 이름도 펩신에서 따왔다는 이야기가 있다. 굉장히 위험한 물질처럼 들리는 염산이 알고 보면 사람 몸속에서 펩신 같은 효소들이 활동할 수 있도록 돕는 역할을 하고 있다.

그뿐 아니라 염산은 위 속에서 산성에 버티지 못하는 세균들을 녹여서 없애는 역할도 맡고 있다. 사람 위액 속에 염산이 없었다면 입으로 세균이 조금만 들어와도 그것에 감염될 가능성이 지금보다 더 높았을 것이다. 배리 마셜Barry J. Marshall 선생이 세균 연구로 큰 명망을 얻어 요구르트 광고에도 출연하게 된 것은, 위액의 염산 속에서도 살아남는 헬리코박터 파일로리*Helicobacter pylori*라는 특별한 예외 세균을 발견했기 때문이다. 헬리코박터 파일로리를 제외한 대부분의 세균은 위 속의 염산 때문에 파괴되어 죽는다. 몸속의 염산 덕택에 사람들은 세균을 없애고, 편안히 음식을 소화하면서 살아갈 수 있다.

위장 속을 흐르는 염산은 제법 강하다. 그래서 동물의 위장 벽면에서는 그 염산에 견딜 수 있는 물질을 끊임없이 내뿜어 얇은 방어막 역할을 하는 세포들이 계속 활동해야만 한다. 이런 세포들이 제 역할을 하지 못하면 염산 때문에 위장 벽면이 상하기 시작한다. 만약 그 동물이 숨이 끊어졌다면 염산에 버티는 세포의 활동이 정지되어, 위장의 염산이 위벽을 녹이고 어느 정도 뚫고 나오는 일도 일어날 수 있을지 모른다.

살아 있는 사람의 몸에서는 하루 평균 1~2ℓ나 되는 많은 위액이 나온다고 한다. 그만한 염산이 계속 위장을 흘러 다니는 셈이다. 만약 몸에 탈이 나서 위장 벽면의 방어막이 약해진다면 그 염산이 위장을 다치게 할 수 있다. 이 때문에 속이 쓰리고 위장이 아프다고 느끼게 되는 일이 많다. 그래서 속이 쓰릴 때 먹는 약에 위장 속의 염산을 약하게 하는 물질이 들어 있기도 하다.

위장에서 염산을 포함한 위액이 분비되는 현상은 신경에 의해 조절된다. 이 사실은 러시아의 이반 페트로비치 파블로프Ivan Petrovich Pavlov가 개를 관찰해서 처음으로 명확히 밝혀냈다. 파블로프가 노벨 생리의학상을 받는 중요한 계기가 되었던 발견이기도 하다. 파블로프는 파블로프의 개 실험으로 유명한 학자지만, 그에게 노벨상을 안겨 준 것은 파블로프의 개 실험이 아니라 대체로 그 전에 개의 위액을 연구하면서 했던 소화와 신경에 관한 실험들이었다. 그러니 파블로프의 노벨상에도 염산이 어느 정도는 이바지했다고 할 수 있다.

평화의 시대에는 염소의 화학반응 능력을 다른 방향으로도 활용한다. 염소 원자를 이용한 물질로 만든 표백제bleach가 좋은 사례다.

염소 원자를 이용한 표백제 중에는 가정용으로 쉽게 쓸 수 있는 제품도 많이 팔리고 있다. 이런 물질을 염소계 표백제chlorine bleach라고 하는데, 얼룩이나 때가 진 부분을 하얗게 만드는 데 사용할 수도 있고, 가정에서 간단하게 소독하는 데도 유용하게 쓸 수 있다. 이 역시 염소가 들어 있는 소금을 원료로 쉽게 만들어 낼 수 있는 물질이므로 저렴한 가격에 쉽게 생산할 수 있는 만큼 값이 싸다는 장점이 있다.

얼룩진 곳에 염소계 표백제가 닿으면 표백제를 이루는 성분 중에 산소 원자가 튀어나와 얼룩에서 색깔을 띠고 있는 성분과 화학반응을 일으키는 방식으로 세탁물을 하얗게 만드는 경우가 많다고 한다. 얼룩을 이루는 물질이 산소와 화학반응을 일으켜 다른 물질로 변하면 색깔을 잃을 것이고, 때에 따라서는 분해되어 녹아 버리거나 떨어져 나가기 쉬워진다. 그러니까 염소계 표백제라고 부르기는 하지만, 그 화학반응을 살펴보면 산소 원자의 역할이 무척 중요하다. 어찌 보면 얼룩을 지우기 위해 염소계 표백제를 넣었을 때 일어나는 화학반응은 얼룩을 불태우는 것과도 비슷하다. 보통 불이 산소 기체가 직접 달라붙어 물질을 변하게 하는 화학반응을 일으키는 것이라면, 염소계 표백제는 특수한 화학반응을 이용해 산소 원자가 물속에서도 불꽃과 같은 역할을 하게 한다는 느낌이다.

시중에 판매되는 염소계 표백제는 여러 가지 안전상 문제를 고려해서 제작된 것이다. 그래도 제시된 방법을 제대로 따르지 않고 사용하다 보면 염소 기체가 피어오를 수 있다는 점은 염두에 두어야 한다. 특히 표백제 효과를 더 높이는 비법이랍시고 다른 물질을 섞어 엉뚱한 화학반응을 일으키면 예기치 못하게 염소 기체라든가 화학반응을 잘 일으키는 또 다른 물질이 생겨날

수도 있다. 전쟁터에서 독가스를 마주친 병사들만큼 피해가 크지는 않겠지만, 몸에 좋을 리는 없다. 만약 문을 꼭 닫아 둔 화장실이나 세탁실에서 표백제로 작업을 하다가 이런 일을 겪는다면 더욱 위험하다. 그러니 염소계 표백제는 주의 사항을 잘 지켜 가며 안전하게 사용하도록 신경 써야 한다.

조금 더 넓게 보면 현대 사회에서 염소 원자를 이용해 만드는 물질 중에 대표로 꼽을 만한 물질이 또 있다. 염산, 표백제, 염소 기체를 능가할 정도로 널리 쓰이는 이 물질은 바로 폴리염화비닐polyvinylchloride이다. PVC라는 약자로도 많이 알려져 있다.

플라스틱의 일종인 PVC는 탄소 원자 두 개마다 수소 원자 셋, 염소 원자 하나의 비율로 아주 많은 원자가 줄줄이 붙어서 기다란 모양을 이루도록 만든 물질이다. 비닐봉지를 만들 때 쓰는 폴리에틸렌이라는 물질과 널리 사용되는 플라스틱 재료인데, PVC는 폴리에틸렌에 염소 원자를 규칙적으로 살짝 뿌려 준 모양이라고 볼 수도 있다. 플라스틱 중에서도 PVC는 상당히 오래전에 개발되어 널리 사용되다 보니 그만큼 가지각색으로 개량하는 방법이 많이 개발되었고, 값도 저렴한 편이다. 그 덕택에 PVC는 플라스틱을 상징하는 물질 중 하나로 자리 잡았다.

이를테면 구식 레코드판을 흔히 비닐레코드vinyl record라고 부르는데, 이것은 초창기에 PVC, 즉 폴리염화비닐 재질로 레코드판을 만들었기에 붙은 이름이다. 한국에서도 플라스틱 재질로 만든 것을 '비닐'이라고 할 때가 많은데, 아마도 폴리염화비닐이 널리 알려진 영향이 아닐까 싶다. 비닐봉지나 비닐하우스의 재료로 가장 많이 쓰이는 재료는 폴리염화비닐이 아니라 폴리에틸렌이나 폴리프로필렌 등의 다른 재료인데도 비닐이라는 표현을 쓴다. 그래도 폴리에틸렌이나 폴리프로필렌의 분자 구조 역시 비닐 구조와 관계가 있으니 비닐봉지나 비닐하우스라는 말도 완전히 틀린 것은 아니라고 할 수 있다.

PVC는 플라스틱 중에서도 역사와 전통을 자랑하는 물질이다. 그리고 그만큼 다양한 용도로 광범위하게 이용되고 있다. 폴리염화비닐이라고 하면 구체적인 제품이 떠오르지 않다가도 PVC라고 하면 대번에 PVC 파이프를 떠올리는 사람도 적지 않을 것이다. 집 지을 때 사용하는 각종 배관이나 공장에서 설비를 연결할 때 사용하는 회색빛 두툼한 플라스틱 관 등이 대부분 PVC 재질이다. PVC는 잡다한 물질에 닿아도 품질이 쉽게 변하지 않는다. 그래서 뭔가가 계속 흘러야 하는 배관을 만들기에 적합하다. 그런 배관을 철로 만든다면 물이나 기름이 지나가는 동안 녹이 슬어서 망가질지도 모른다.

게다가 PVC는 플라스틱이므로 굽은 모양, 쭉 뻗은 모양, 긴 것, 짧은 것 등 다양한 크기와 모양으로 가공하기가 쉽다. 설령 집을 짓는 데 드는 돈이 조금도 아깝지 않은 갑부가 있어서 황금으로 배관을 만든다고 해 보자. 어지간해서 황금이 녹슬지는 않겠지만 황금을 여러 가지 모양으로 가공하기란 귀찮은 일이다. 용광로에 녹여서 틀에 부어 만들어 내든지 아니면 여러 관을 용접해

서 붙여야 한다. 이런 작업은 시간도 오래 걸리고 연료도 많이 든다. 그렇지만 PVC는 약간의 열과 압력을 이용하는 플라스틱 가공 방법으로 얼마든지 모양을 바꿔 만들 수 있다.

그러므로 PVC는 건물과 공장, 농장과 도시를 더 빠르고 값싸게 건설할 수 있는 수단이다. PVC 덕택에 집 짓는 비용이 줄어든다고 말할 수도 있고, 한편으로는 이재민이나 피난민이 발생했을 때라든가 급하게 사람이 몸을 쉴 수 있는 곳이 필요할 때, PVC를 이용해서 필요한 시설을 빨리 만들어 낼 수 있다고 보면 된다. 그래서 PVC는 집을 짓고 시설물을 건설하는 데 가장 오랫동안 널리 사용해온 플라스틱 재료로 자리 잡았다. 사람 몸에 혈관이 있어서 온몸 구석구석 피가 돌 듯이, 현대 도시의 건물 속에서는 PVC 배관이 혈관과 같은 역할을 하고 있다.

그 외에도 PVC는 집이나 빌딩의 다른 부분을 만드는 데도 자주 쓰인다. 아닌 게 아니라 한국에서는 배관 못지않게 집 안에서 PVC가 널리 쓰이는 곳이 또 한 군데 있다. 바로 바닥에 까는 장판 재료다. 흔히 비닐 장판이라고 부르는 제품이 있는데, 말 그대로 폴리염화비닐 장판, 즉 PVC를 재료로 만든 장판을 말한다. 그리고 비닐 장판 하면 바로 떠오르는 모양이 아닌 더 좋은 장판이라고 하더라도 잘 살펴보면, 사실 그 역시 PVC를 여러 다른 물질과 함께 가공해서 보기 좋은 모양으로 만든 것들이 흔하다.

적당히 두툼해야 하고 어느 정도 푹신해야 하면서도 깔끔하게 잘라서 붙이기도 좋은 재료라야 집 바닥에 장판으로 깔기가 좋을 텐데, 다양하게 성능을 개량한 PVC만큼 여기에 들어맞는 재료도 없다. 만약 옛날 한옥처럼 바닥을 대청마루로 꾸민다면 그만큼 많은 나무를 숲에서 잘라 내 재료로 써야 했을 것이다. 한편으로는 집마다 마루를 만들기 위해 나무 모양을 그에 맞춰 자르고 다듬어 조립하느라 시간도 오래 걸렸을 것이다.

장판처럼 부드럽고 푹신한 듯한 느낌의 PVC를 만드는 것이 가능하다면 더 다양한 용도로 PVC를 사용하는 것이 가능할 거라는 생각도 쉽게 해 볼 수 있다. 그렇게 이어진 기술 개발의 흐름을 따라가다 보면 플라스틱으로 이런 것까지 만들 수 있을까 싶은 것까지 PVC로 만들어 낸 것들도 보인다.

비교적 초창기에 놀라움을 안겨 준 것이 바로 PVC를 가공해서 만든 인조가죽이다. 인조가죽이란 PVC를 비롯한 플라스틱을 특별히 가공해서 마치 동물의 가죽 같은 질감이 나게 만든 재료를 말한다. 현재는 PVC 말고 다른 플라스틱 재료를 쓰는 제품도 나와 있다. 한국에서 가죽을 뜻하는 영어 단어의 일본식 발음을 따와서 속칭 레자라고 부르는 재질도 사실 인조가죽에 속한다고 볼 수 있다.

PVC로 인조가죽 만드는 기술이 개발되자 사람들은 가방, 소파, 신발, 옷 등 동물의 가죽으로 만들던 제품을 인조가죽으로 대체해 생산하기 시작했다. 이런 제품은 가축을 기르거나 동물을 사냥해서 얻는 진짜 가죽보다 값도 저렴하고 가공하기도 편리했다. 그 덕분에 더 많은 사람이 가죽 느낌이 나는 다양한 제품을

값싸고 편리하게 사용할 수 있게 되었다. 석유에서 나온 탄소와 소금에서 얻은 염소를 이용해서 PVC를 만들고, 그 PVC로 인조 가죽을 만드는 것이니, 가죽을 얻기 위해 동물을 죽이지 않아도 된다.

한국에서 1년간 생산하는 PVC의 양은 100만 t이 훌쩍 넘는다. 이 중에 일부만 인조가죽을 만드는 데 쓰인다고 해도 그 양은 굉장하다. 소가죽으로 그만한 양을 충당하려면 수만 마리의 소를 잡아야 할지도 모른다. 그러므로 PVC 공장들이 그 많은 소를 대신하고 있다고 볼 수 있다.

충청남도에는 서해안가를 비롯한 몇 군데에 PVC 공장이 들어서 있다. 그렇다면 드넓은 텍사스 초원 같은 곳을 뛰어다니는 수만 마리 소 떼의 농장은 한국에 없을지라도, 충청남도 바닷가의 PVC 공장에는 기계장치의 관을 흐르는 염소 기체와 갖가지 물질들이 끝없이 섞이고 뜨거워지고 식고 녹아내리고 굳기를 반복하는 화학의 농장이 있다고 말해 볼 수 있겠다.

18

Ar

argon

아르곤과 제주도

Ar

제주국제공항에 비행기가 착륙할 때 어떤 항공사는 착륙 안내 방송을 통해 '신화의 섬'이라는 말로 제주도를 소개한다. 아닌 게 아니라 제주도에는 전해 내려오는 신비한 이야기가 많다. 옛날부터 제주에는 여러 신령을 숭배하는 풍습이 많았던 데다가, 한반도 본토에서 멀리 떨어져 있다 보니 제주만의 독특한 풍습이 외지 사람들에게 더욱 신기해 보이기도 했을 것이다. 그런 이야기 중에 재미있는 것들이 제주도 신화라고 알려져 요즘은 제법 많은 사람이 제주도의 신기한 이야기들을 알고 있다.

그런데 제주도 신화라고 알려진 이야기 중 상당수는 이런 문화에 진지한 관심이 생긴 20세기 이후에 조사, 수집된 것들이다. 그렇다 보니 어떤 이야기가 오래전부터 전해오는 것이고, 어떤 것이 근래에 생긴 이야기인지 구분하기가 쉽지 않다. 그러니까 줄거리만 봐서는 머나먼 옛날 제주가 처음 생겨날 때쯤의 이야기 같은데, 사실은 불과 몇 년 전에 세간에 떠돌던 뜬소문이 정착되어 전설로 돌고 있는 것일 수도 있다는 얘기다. 혹은 수백 년 전부터 전해 내려오던 이야기가 최근에 다른 소설이나 영화의 영향으로 줄거리가 바뀌고 등장인물의 특징이 조금씩 달라진 상태로 수집됐을 수도 있다.

제주도 신화라고 볼 수 있는 이야기 중에 제법 오래된 기록으로 우인虞人 이야기를 꼽을 수 있다. 이 이야기는 조선 중기의 정치인으로 알려진 김상헌이 1601년, 어사 자격으로 제주도에 파견 나갔을 때 보고 들은 것을 기록한《남사록》이라는 책에 실려 있다.

우인이란 김상헌이 글에서 사용한 표현으로, 먼 옛날의 뛰어난 사냥꾼을 일컫는 말이다. 김상헌이 남긴 이야기에 따르면, 옛날에 활을 잘 쏘는 우인이 어느 날 한라산 꼭대기에 올라가서는 하늘을 향해 화살을 쏘았다고 한다. 하늘에 도전하려고 일부러 그랬는지, 아니면 짐승을 잡으려다가 잘못 쏜 화살이 하늘을 향해 날아갔는지는 모를 일이다. 어쨌거나 전설 속의 한라산은 지상에서 사람이 올라갈 수 있는 가장 높은 장소였다. 현재의 한라산 정상 높이도 해발 1,947m로 남한 지역에서 가장 높다. 한국에서 가장 높은 건물인 롯데월드타워의 꼭대기 높이를 해발 고도로 나타내면 600m 정도 될 것이므로, 한라산 정상은 이보다 세 배 이상 더 높은 지점이다. 그러니 신화의 세계에서 한라산 꼭대기

에 사람이 올라갔다는 말은 그가 하늘에 가장 가까이 다가갔다는 뜻이다. 즉, 우인은 지상에서 가장 높은 곳에서 하늘에 화살을 쏘았다.

그런데 우인이 쏜 화살은 천복天腹, 그러니까 하늘의 배에 맞았다. 화살이 날아가서 하늘 한가운데 박히는 장면을 상상해 보면 될까? 그러자 하늘을 다스리는 임금은 사람이 감히 하늘을 공격했다고 생각해서 격노했다. 《남사록》에서는 하늘을 다스리는 임금을 상제上帝라고 표현했는데, 이 일로 화가 난 상제는 한라산 꼭대기를 발로 밟아 버렸다고 한다. 그리하여 한라산 꼭대기가 부러져서 떨어져 나갔고, 한라산은 원래 높이보다 한참 낮아져서 더는 누구도 하늘을 향해 화살을 쏘지 못하게 되었다. 그리고 꼭대기 부분이 떨어져 나가는 바람에 한라산 정상은 다른 산들과 다르게 움푹 들어간 모양이 되었고, 그곳에 샘물이 고여 백록담이 되었다고 한다.

훗날에 생긴 이야기 중에는 그렇게 해서 부러진 한라산 꼭대기가 멀리 해안가 마을에 떨어져서 산방산이 되었다는 내용도 있다. 한라산에서 산방산으로 가는 길에는 그때 흩날린 부스러기들이 여기저기 돌과 바위로 떨어져 있다는 이야기도 더불어 생긴 것 같다.

요약하면 우인 신화는 재주가 뛰어난 사람이 하늘에 도전했다가 재난을 맞이했다는 이야기인데, 활쏘기에 능한 주인공이 등장하는 점도 재미있지만, 무엇보다 제주도의 독특한 지형과 이야기의 줄거리가 맞아떨어지는 점이 신기하다. 그래서인지 산방산이 한라산 꼭대기에서 떨어져 나왔다는 이야기는 제주도에 전해 오는 다른 이야기들보다 잘 알려져 있다. 절묘하게도 산방산과 백록담의 둘레가 그럭저럭 비슷하기도 하다. 게다가 산방산의 생김새도 어쩐지 산꼭대기에나 있을 법한 거대한 바윗덩어리가 평평한 바닷가 마을에 난데없이 튀어나온 모양이라서 한라산 꼭대기에서 떨어져 나왔다는 이야기가 더 그럴싸하게 들리기도 한다.

그렇다면 이 신화가 사실일 가능성도 있을까?

황당한 상상 속의 이야기일 뿐이지만, 먼 옛날 지구에 도착한 외계인이 한라산 근처에 우주선을 띄워 놓고 근방을 조사하고 있었다고 해 보자. 그런데 제주도에 살던 한 사람이 우주선을 의심스럽게 여겨서 한라산 꼭대기에 올라가 살펴보았다. 그러자 외계인이 모습을 드러내고, 그 사람은 화살을 쏘아서 맞힌다. 외계인들은 지구의 사람들이 자기들을 공격하는 것이 위험하다고 생각한다. 그래서 한라산 꼭대기를 부순다. 그렇게 해서 우주선이 있는 높이 근처로 사람이 오지 못하게 하는 동시에, 자신들의 힘이 얼마나 강력한지 과시하기도 한다. 어쩌면 외계인들의 기술로 일부러 한라산 화산을 폭발시켰을지도 모른다.

외계인 이야기는 그렇다 치고, 어쩌면 먼 옛날 제주도에서 화산이 폭발했을 때 한라산 정상 근처에 있던 거대한 바위가 부서져 굴러떨어졌고, 그게 정말로 산방산이 되었을 수는 있을 것 같기도 하다. 만일 그런 일이 정말로 일어났다면, 그 시절 그 장면을 목격한 사람의 이야기가 자손 대대로 전해지다가 내용이 조금 바뀌어서 우리가 아는 우인 신화가 되었을 수도 있을 것이다. 420여 년 전에 김상헌이 그런 이야기를 듣고 기록으로 남겼을 가능성은 없을까?

현대의 과학자들은 이런 신화가 사실인지 아닌지 조사할 방법을 알고 있다. 바로 아르곤argon을 살펴보는 것이다.

방사성을 띤 원자는 대개 일정한 속도로 방사선을 내뿜으면서 다른 원자로 변해 간다. 예를 들어 우라늄 10g을 놓아 두고 45억 년쯤 기다리면, 우라늄이 서서히 방사선을 내뿜다가 절반에 해당하는 5g 정도가 납으로 변한다. 또 포타슘 원자 중에 아주 일부가 방사성을 띠는데, 방사성을 띤 포타슘 원자는 방사선을 내뿜고 아르곤으로 변할 수 있다. 대략 계산하면, 방사성을 띤 포타슘 원자만 골라서 10g을 모아놓고 13억 년 정도 기다리면 그중에 1g이 못 되는 양이 아르곤으로 변한다.

칼륨이라고도 부르는 포타슘은 돌이나 흙에 제법 들어 있다. 그러니 그중 방사성을 띤 것은 오랜 시간에 걸쳐 서서히 방사선을 내뿜고 조금씩 아르곤으로 변해 갈 것이다. 따라서 발에 채는 아무 돌멩이라도 어느 정도 오래된 것이라면 그 속에는 아르곤이 아주 약간씩은 있을 것이다.

아르곤은 헬륨과 마찬가지로 다른 원자와 화학반응을 거의 일으키지 않는 물질이다. 어찌나 반응을 안 일으키는지 자기들끼리 달라붙어 액체가 되는 일도 없이 그저 낱낱이 흩어져 기체 상태로 날아다니기만 한다. 그래서 주기율표에 아르곤을 헬륨과 같은 열에 쓰고, 비활성기체로 분류한다. 즉, 아르곤 원자는 아주 특별한 상황이 아니고서는 거의 항상 기체다.

이렇듯 웬만해서는 화학반응을 일으키지 않는 성질 덕분에 아르곤을 이용해 돌의 나이를 조사할 수 있다. 아직 돌이 되지 않은 뜨거운 용암이 흐르는 모습을 상상해 보자. 용암 속에 있던 아르곤은 기체이므로 펄펄 끓는 용암에서 빠져나와 공기 중으로 흩어질 것이다. 그렇게 아르곤이 빠져나간 상태에서 용암이 굳어 돌이 되었다면, 그 돌 속에는 아르곤이 거의 없을 것이다.

그런데 만약 그 속에 방사성을 띤 포타슘이 있었다면, 그것이 오랜 세월에 걸쳐 조금씩 아르곤으로 변할 것이다. 즉, 아르곤이 없던 돌 속에 다시 아르곤이 조금씩 생겨난다는 얘기다. 그렇게 수천 년, 수만 년, 수십만 년 시간이 지나는 동안 돌에는 그 속에 갇힌 아르곤이 차츰 많아질 것이다. 따라서 돌 속에 있는 방사성 포타슘과 아르곤의 비율을 정밀하게 측정하면, 그 돌이 용암이었다가 굳어서 돌이 된 뒤로 시간이 얼마나 지났는지 추측할 수 있다. 이 같은 추측 방법을 포타슘-아르곤 연대측정법 또는 칼륨-아르곤 연대측정법 혹은 K-Ar 연대측정법이라고 한다.

학자들은 바로 이 방법으로 산방산의 돌 속에 아르곤이 얼마나 있는지 정밀하게 조사하고 계산했다. 그 결과 산방산은 약 70만~80만 년 전에 생겨났을 가능성이 크다고 한다. 백록담 부근의 돌들이 생겨난 시기로 추산되는 2만~3만 년 전과는 큰 차이가 난다. 그러니 산방산이 원래 한라산과 한 덩어리였다가 떨어져 나왔다는 우인 신화와는 들어맞지 않는다. 돌 속의 아르곤을 살펴보니 수만 년 전에 외계인이 제주도에 나타났고 화살을 쏘던 옛사람들과 싸우기도 했을 거라는 의심은 할 필요가 없어졌다는 뜻이다.

이렇듯 아르곤은 헬륨과 비슷하게 다른 물질과 화학반응을 일으키지 않으려고 한다는 점이 가장 중요한 특징인 물질이다. 아르곤이라는 이름도 그리스어로 아무 일도 하지 않는다는 뜻을 지닌 아르고스Άργος라는 말에서 따왔다고 한다. 다만 아무 일도 안 하는 정도가 헬륨보다는 조금 떨어진다. 이렇게 말하면 아르곤은 헬륨보다 좀 쓸모없는 물질 같기도 하다. 그러나 사실은 정반대다. 아르곤은 헬륨보다도 훨씬 더 자주, 대량으로 사용되던 물질이다.

그 까닭은 아르곤이 헬륨을 압도하는 굉장한 장점을 한 가지 지녔기 때문이다. 아르곤은 공기 중에 널렸다. 헬륨은 지구에서 구하기 쉽지 않은 희귀한 물질이지만, 아르곤은 공기 중에 1% 가까이 들어 있다. 1%라고 하면 별로 많아 보이지 않을 수도 있다. 그러나 공기 성분 중 질소 기체, 산소 기체 다음으로 많은 것이 아르곤이다. 요즘 공기 중에 이산화탄소가 점점 많아져서 걱정인데, 아르곤의 양은 이산화탄소보다 열 배 이상 더 많다. 아르곤이 아무 화학반응을 안 일으키는 물질이기에 망정이지, 그렇지 않았다면 공기 중에 이렇게나 많은 아르곤이 지구를 지금과는 전혀 다른 모습으로 바꿔 놓았을지도 모른다.

아르곤을 헬륨보다 훨씬 많이 사용할 수 있었던 까닭은 이렇듯 공기 중에 풍부하기 때문이고, 아르곤을 얻는 방법 역시 공기 중에서 뽑아내는 것이다. 봉이 김선달은 대동강물을 팔아먹었다고 하는데, 아르곤 공장에서는 그냥 공기 중에서 아르곤을 뽑아서 제품을 만들어 판매한다. 그리고 재료를 구하기 쉬운 만큼 값도 싸다.

한국에도 허공에서 아르곤을 뽑아 판매하는 공장들이 있다. 산업현장에서 아르곤을 여러 가지 목적으로 다양하게 활용하기 때문이다. 어떤 공장에서는 공기 중에서 산소 기체나 질소 기체를 뽑아 쓰면서 겸사겸사 아르곤도 뽑아서 팔기도 한다. 2020년에 전라남도 광양에 있는 한 제철소에서는 공장 가동 중에 뽑아낸 아르곤 80억 ℓ를 사고 싶은 사람에게 팔겠다고 공고를 낸 적도 있다.

그렇다면 아르곤은 어떤 일에 쓰일까? 헬륨과 마찬가지로 아무런 반응도 일으키지 않으면서 재료를 보호하거나 작업장을 깨끗하게 유지해야 할 때 아르곤을 사용하는 경우가 많다. 대표적인 예로 아르곤 용접을 들 수 있다. 쇠를 녹여 붙이는 용접 작업을 할 때는 높은 온도로 쇠붙이 주위를 녹이는데, 온도가 워낙 높다 보니 의도치 않게 주변의 잡다한 물질이 화학반응을 일으키며 끼어들어 용접되는 부위를 더럽힐 수 있다. 공기 중의 산소

만 해도 화학반응을 일으켜 쇠를 녹슬게 할 수 있고, 먼지가 타서 재가 생길 수도 있다. 그럴 때 아르곤을 불어 넣어 주면 불필요한 반응을 일으킬 만한 것을 모두 날려 버리고 깨끗하게 용접할 수 있다.

아르곤 용접을 많이 하는 곳에서는 주변에 아르곤이 너무 많아져서 가끔 문제가 생기기도 한다. 물론 아르곤은 아무 화학반응을 안 하는 물질이므로 몸에 닿아도 피부가 상하거나 곧바로 인체에 해를 입지는 않는다. 그렇지만 공기 중에 아르곤이 너무 많으면 그만큼 질소나 산소 같은 다른 기체가 부족한 상태가 된다. 산소가 부족한 곳에서는 사람이 숨을 쉴 수 없다. 만약 그런 상황에 놓이면 얼른 신선한 공기가 많은 곳으로 나가야 한다.

그런데 아르곤은 화학반응을 하지 않으니 맛도 냄새도 나지 않는다. 그래서 공기 중에 아르곤이 많아져도 금방 알아차리기가 어렵다. 환기가 잘 안 되는 장소에서 아르곤 용접을 많이 할 때, 이런 점을 조심하지 않으면 사람이 숨을 못 쉬게 되는 사고가 생길 수 있다. 한국에서도 이런 사고가 실제로 발생한다. 아르곤을 안전하게 사용할 수 있는 까닭이 아무런 화학반응을 하지 않기 때문인데, 너무 반응을 일으키지 않아서 도리어 위험한 상황을 만드는 셈이다.

아르곤은 전 세계에 밤을 즐기는 문화를 선사한 물질이라고 할 수 있다. 구식 전구와 형광등을 만드는 데 아르곤이 큰 역할을 했기 때문이다.

인류 문명이 시작된 지는 수천 년이 지났으나 19세기 말에 토머스 에디슨Thomas Edison 연구팀이 전구를 개발하기 전까지 밤은 대체로 쉬거나 자는 시간이었다. 어둠을 쉽게 밝힐 수 없으니 낮처럼 일할 수도 없었고, 그렇다고 밤거리를 쏘다니며 놀거나 여가를 즐기기에도 한계가 있었다. 횃불이나 등불 같은 수단이 있기는 했지만, 이런 불은 다루기가 번거롭고 무엇보다 빛이 별로 밝지 않았다.

에디슨 연구팀은 전기를 이용해서 값싸고 편리하게 불을 밝힐 수 있는 전구를 만들고자 나섰다. 이들이 택한 방법은 아주 가느다란 물질에 많은 전기를 흘리고, 높은 온도에 도달하면 빛이 나는 현상을 이용해서 집 안을 밝히는 기술이었다. 그래서 전기를 통하면 빛을 내는 가느다란 부품인 필라멘트를 개발하면서, 높은 온도에 잘 견디고 빛을 잘 내도록 온갖 재료로 시험을 거듭했다.

그러나 그 어떤 재료도 빛을 낼 만큼 높은 온도에 도달하면 제대로 버티지 못했다. 모든 화학반응은 온도가 높아질수록 더 잘 일어난다. 산소는 가뜩이나 화학반응을 잘 일으키는데, 온도까지 높아지자 더욱 활발하게 반응해서 필라멘트를 이루는 물질을 금세 상하게 했다. 이래서는 오래도록 전구를 사용할 수 없고, 전구를 오래 쓰지 못하면 싼값으로 누구나 환하게 빛을 밝히게 한다는 꿈도 이룰 수 없게 된다. 그렇기에 필라멘트를 높은 온도에서 오래 견디게 만드는 것은 전구를 개발하는 과정에서 해결해

야 하는 가장 중요한 문제였다. 이 문제를 풀어내는 사람이 쓸 만한 전구를 만드는 데 성공한 사람이 될 터였다.

에디슨 연구팀은 전구에서 공기를 최대한 빼내 필라멘트가 산소와 만나지 못하게 해서 화학반응을 차단하기로 했다. 그리하여 공기를 빼내는 장치인 진공 펌프를 만들고, 그것을 사용해서 전구에서 공기를 빼내는 방법도 개발했다. 여러 가지 복잡한 기구들을 총동원한 끝에 에디슨 연구팀은 마침내 높은 온도를 오래 유지해도 필라멘트가 파손되지 않는 전구를 만드는 데 성공했다. 그렇게 만든 전구는 점점 더 많이 팔려 나갔다.

이후 전구가 널리 사용되면서 기술자들은 필라멘트를 보호하는 새로운 방법을 개발했다. 복잡한 장치를 이용해 전구에서 공기를 빼내는 작업보다 전구 안을 아르곤으로 가득 채우는 작업이 더 간편하다는 사실을 알아낸 것이다. 아르곤을 전구에 불어넣으면 아르곤이 그 안에 있던 공기와 이물질들을 밀어내, 전구에는 아무 화학반응을 일으키지 않는 아르곤만 가득 차게 된다. 이렇게 해 두면 전구를 오래 사용해도 필라멘트가 잘 손상되지 않는다. 심지어 아르곤은 가격도 싸고 구하기도 쉬워서 전구를 수백만 개씩 만들더라도 아무 부담 없이 사용할 수 있다.

지금은 필라멘트를 사용하는 구식 전구 대신에 LED 조명이 빠르게 퍼져 나가고 있다. LED 조명을 만들 때는 대개 아르곤이 필요 없다. 그러니 앞으로 전기 조명에 쓰이는 아르곤은 차차 줄어들 것이다. 그래도 한때 인간 세상의 밤을 밝히던 불빛마다 아르곤이 아주 중요한 역할을 했다는 것은 사실이다. 아르곤을 넣어 밝히던 그 전기 불빛 덕분에 사람이 세상을 사는 방식이라든가 문화를 누리는 방식이 완전히 바뀌었다. 저녁 회식에서 밤샘 야근까지, 나이트클럽에서 심야 토크쇼까지, 찰리 채플린의 영화 〈시티 라이트City Lights, 1931〉에서 유진 오닐의 희곡 〈밤으로의 긴 여로Long Day's Journey into Night, 1956〉까지, 밤과 관련 있는 현대 문화가 모두 아무 반응도 일으키지 않고 가만히 있는 것이 가장 큰 재주인 아르곤이 전기 조명 속에 묵묵히 자리를 잡고 있기에 생겨났다고 말할 수 있다.

끝으로 아르곤의 특이한 용도 한 가지를 더 설명하기 위해 엑시머excimer라는 상태를 이야기하려고 한다.

아르곤은 비활성기체로, 결코 화학반응을 일으키지 않으려고 하는 물질이다. 그에 비해 염소나 플루오린은 아주 화학반응을 잘 일으키는 물질로, 어디에나 달라붙어 무엇이든 녹이려고 하는 물질이다. 그렇다면 결코 화학반응을 일으키지 않으려고 하는 비활성기체와 무엇이든 화학반응을 일으키려고 하는 염소나 플루오린을 서로 섞어 두면 어떻게 될까? 화학반응을 일으키지 않으려는 비활성기체 쪽의 성질이 이겨서 아무 일도 일어나지 않을까? 아니면 화학반응을 일으키려는 쪽이 이겨서 무엇인가 화학반응이 일어나 새로운 물질이 생겨날까?

이런 문제는 마치 어떤 공도 쳐 내는 최고의 타자와 어떤 타자도 칠 수 없는 공을 던지는 최고의 투수가 맞붙는 것과 같다. 아르곤으로 이런 실험을 해 보면, 아르곤 쪽이 지는 경우가 생긴다. 가장 화학반응을 잘 일으키는 물질인 플루오린을 이용하면 가끔 아르곤도 화학반응을 일으키는 수가 있다. 그렇게 해서 보통 때라면 볼 수 없는 특수한 물질을 만들어 낼 수 있는데, 아르곤과 플루오린이 서로 화학반응을 일으키는 상태 중에 전기적으로 특수한 상황이 되는 것을 아르곤-플루오린 엑시머 또는 Ar-F 엑시머라고 한다.

아르곤-플루오린 엑시머는 빛에 대해 이상하게 반응하는 성질이 있다. 세상에는 주위에서 에너지를 가하면 빛을 내는 물질이 여러 가지 있다. 예를 들어 어떤 물질은 전기를 걸면 빛을 내고, 어떤 물질은 높은 열을 가하면 빛을 낸다. 그런데 만약 빛을 쐬어 주면 그 결과로 똑같은 빛을 내는 물질이 세상에 있다면 어떨까? 이런 물질은 쐬어 준 빛을 받아서 빛을 내는데, 자기가 내뿜는 그 빛 때문에 다시 더 빛을 내게 될 것이다. 이런 물질이 여럿 모여 있으면 작은 빛을 한 번 쐬어 주기만 해도 그 빛 때문에 모여 있는 물질들이 연이어 계속 빛을 내면서 똑같은 빛을 아주 강하게 낼 수 있을지도 모른다.

이와 비슷한 상황에서 생겨난 특이하고 강한 빛을 레이저laser라고 한다. 그리고 아르곤-플루오린 엑시머 역시 이런 현상을 일으킬 수 있는 유용한 물질 중 하나다. 특히 아르곤-플루오린 엑시머로 만든 레이저는 일상적인 물질을 깔끔하고 정교하게 깎아내기에 유리해서 그런 작업을 해야 할 때 많이 쓰인다. 그 외에도 반도체와 같은 정교한 전자부품을 만들어야 할 때도 아르곤을 이용한 레이저를 종종 사용했고, 다른 여러 가지 가공 용도로도 아르곤을 이용한 레이저가 인기 있었다.

친숙한 용도를 꼽자면 시력이 나쁜 사람의 눈을 레이저로 잘 다듬어서 시력을 되찾게 하는 라섹LASEK 같은 수술에도 아르곤을 이용한 레이저를 자주 사용했다고 한다. 그러니 혹시 주위에 라섹수술로 안경을 벗게 된 사람이 있다면, 그 사람은 아르곤이 뿜어낸 강한 빛을 받은 뒤에 눈이 밝아졌다고 말해 볼 수 있겠다.

아르곤은 아무 일도 하지 않는다는 뜻을 가진 물질치고는 여러 사람에게 꽤 많은 도움을 주고 있다.

19

K

potassium

포타슘과 바나나

K

지금으로부터 1,000년을 넘게 거슬러 올라간 10세기경, 발해 출생으로 해상 무역을 하며 살던 이광현이라는 상인이 있었다. 이광현은 무역으로 큰돈을 번 부유한 가문의 후계자였던 것으로 보이는데, 희한하게도 기록에 남아 있는 행적은 무역이나 상업에 관한 내용보다는 신비롭고 야릇한 술수에 관한 것들이 대부분이다. 《해객론》이라는 책에 실려 있는 전설 같은 이야기에 따르면, 그는 신라로 가는 배에서 이상한 노인을 만나 가르침을 얻은 뒤로 건강을 잘 관리하는 법을 깨달았다고 한다. 그 뒤로 이광현은 운도雲島라는 섬에서 늙지도 않고 병들지도 않는 방법을 실천하며 살았다. 그러는 사이에 불로불사하는 사람으로 유명해져서 해객海客, 즉 바다 나그네라는 별명을 얻었다고 한다.

어느 날 이광현은 자신이 연마한 비술로 젊음을 유지하며 삶을 지속할 수는 있어도 사람의 경지를 초월하는 단계로는 나아갈 수 없다는 것을 깨달았다. 그리고 이 세상을 초월하여 다른 세상으로 나아가는 경지에 이르려면 뛰어난 효능을 지닌 특별한 약을 먹는 수밖에 없다는 결론을 내렸다. 그리하여 원하는 약을 찾아다니기 시작한 이광현은 마침내 산속에서 또 다른 스승을 만나 신비로운 그 약을 만드는 비법을 전해 받았다고 한다.

이광현이 살던 무렵에서 멀지 않은 시대인 8~9세기경에 활동한 자비르 이븐 하이얀Jābir ibn Ḥayyān 역시 신기한 비술을 개발한 인물이다. 원래 지금의 이란 지역인 페르시아 태생 학자인데, 중세 이후 아랍과 유럽에서 그의 이름이 자주 오르내렸다. 자비르가 명성을 얻게 된 까닭은 여러 가지 재료를 섞고 끓이고 식히고 휘젓는 등의 방법으로 별의별 이상한 물질들을 만드는 재주가 있었기 때문이었다.

자비르가 활동하던 시대는 이슬람 제국의 전성기와 가깝다. 한때 이슬람 제국은 동쪽으로 중국과의 국경에서 전쟁을 치를 만큼 세력을 뻗쳤고, 서쪽으로는 스페인과 포르투갈 지역을 정복할 정도로 막강한 힘을 자랑했다. 그렇다면 혹시 자비르의 재주가 동쪽으로도 전파되지는 않았을까? 특히 바다를 오가며 여러 나라와 무역하는 상인에게는 먼 나라에서 개발된 신기한 기술을 접할 기회가 더 많았을 것이다. 어디까지나 공상일 뿐이지만, 발해의 이광현이 전해 받았다는 신비로운 약을 만드는 비법도 어쩌면 자비르 같은 인물이 연구한 화학 지식이 흘러 흘러 전달된

것일지도 모른다. 이런저런 재료를 섞으면 색깔이 확 바뀌기도 하고, 열을 가하지 않았는데도 부글부글 끓어 넘치는가 하면, 갑자기 폭발하기도 하는 화학 실험은 분명 신기해 보인다. 그런 마법 같은 광경을 지켜보다가 문득, 저렇게 하면 사람의 경지를 뛰어넘는 약을 만들 수 있겠구나, 하고 생각한 옛사람도 있지 않았을까 상상해 본다.

자비르의 지식이 발해나 신라로 전해졌는지는 알기 어렵지만, 그의 명성이 유럽으로 퍼져 나간 것은 분명하다. 유럽에서는 자비르를 라틴어식으로 발음한 게베르Geber라는 이름이 알려지기도 했고, 그가 남긴 비법을 기록한 문서나 책 같은 것이 세간에 돌기도 했다. 그런데 자비르의 이름을 달고 남아 있는 기록 중에는 갖가지 믿기 어려운 이야기도 많다. 짐작건대 자비르의 신비로운 이름이 점점 더 유명해짐에 따라 나중에는 엉뚱한 전설이 생겨나 자비르의 행적에 더해지기도 했을 테고, 한편으로는 누군가가 엉뚱한 비술 따위를 지어내고는 자비르의 비법이라고 속여 퍼뜨리기도 했을 것이다.

그런 이야기 중에는 자비르가 화학 실험으로 생명체를 만들어내는 데 도전하려 했다는 내용이 자주 보인다. 여러 가지 물질을 이용해 화학반응을 일으키다 보면 달걀노른자나 흰자와 비슷해 보이는 끈끈한 물질이 생성될 때가 있는데, 아마 자비르는 그런 물질을 이용해 작은 벌레의 알 정도는 만들 수 있다고 생각했던 게 아닐까 싶다. 떠도는 이야기 중에는 자비르가 정말로 실험실에서 이런저런 물질을 섞어 전갈이나 뱀과 비슷한 생물을 만들어 냈다는 전설도 있다. 심지어 그런 실험을 하던 사람들이 사람 같은 생물을 만들어 내는 데 성공했다는 소문도 있었다.

이 같은 소문은 유럽 사람들에게도 영향을 미쳤을 것이다. 중세 유럽 사람들 사이에는 실력이 뛰어난 학자라면 실험실에서 여러 물질을 섞어 인간과 비슷한 생명체 혹은 요정 같은 것을 만들 수 있다는 이야기가 돌았다. 그리고 그런 것을 라틴어로 호문쿨루스homunculus라고 불렀는데, 플라스크 속의 작은 인간이라는 뜻이다. 이런 믿을 수 없는 이야기들이 서로 얼마나 관계있는지는 밝히기 어렵겠지만, 자비르의 명성을 생각하면 간접적으로라도 영향을 받았을 가능성이 있다.

그러나 유럽의 학자들이 자비르에게 좀 더 직접 영향을 받은 분야는 연금술alchemy의 전통이라 할 수 있는 황금을 만드는 방법이었던 것 같다. 값싼 물질을 이용해서 황금을 만드는 것은 보통의 화학반응으로는 불가능한 일이지만, 자비르가 개발했다는 이런저런 놀라운 비법을 보던 사람 중에는 분명히 황금을 만드는 일도 가능할 것 같다고 느끼는 사람들이 있었을 것이다.

그렇게 자비르는 연금술에 큰 영향을 끼쳤고, 나아가 화학의 바탕을 닦은 인물이 되었다. 요즘 자비르에 관해 이야기할 때는 직접 실험해서 지식을 확인하고 증명하는 것을 중요하게 여긴 그의 태도를 자주 언급하는 듯하다. 자비르가 연금술의 시대에 자주 언급되던 인물이기는 하지만, 그는 막연한 상징이나 무슨

기운 같은 것을 중시하면서 그저 느낌으로 되느냐 안 되느냐 넘겨짚을 것이 아니라, 어떤 조건에서 직접 실험해서 정말로 되느냐 안 되느냐를 따지는 것이 중요하다고 강조했다고 한다.

그런 만큼 현재 우리가 사용하는 말 중에도 자비르의 유산이 있다. 대표적인 말이 알칼리alkali다. 산성을 띠는 물질에 섞으면 그것을 중성으로 만들어 버리는 물질을 대개 염기성 물질이라고 하는데, 알칼리는 염기성 물질 중에서 물에 잘 녹는 일부 물질을 일컫는다. 주변에서 쉽게 접할 수 있는 염기성 물질들은 대개 알칼리이므로, 알칼리성 물질이라는 말을 염기성 물질과 거의 같은 뜻으로 생각해도 크게 틀리지는 않는다.

아랍어로 알칼리al qalīy는 원래 식물 따위를 태운 재를 뜻하는 말인데, 자비르의 연구가 널리 알려진 까닭에 알칼리라는 말이 전 세계로 퍼졌다는 이야기가 있다. 실제로 식물을 태운 재를 잘 골라 물에 녹이면 염기성, 즉 알칼리성 용액이 되기도 한다. 조선 시대 이전 우리 조상들도 식물의 재를 녹인 물을 잿물이라 부르고 세탁에 이용했다. 염기성을 띠는 잿물에는 단백질 등의 얼룩이나 때를 이루는 성분을 파괴하는 성질이 있어서 이를 빨래하는 데 이용한 것이다. 참고로 가성소다를 일컫는 양잿물이라는 말은 서양에서 받아들인 잿물이라는 뜻이다. 잿물이든 양잿물이든 농도가 높으면 단백질을 녹인다. 즉, 알칼리성 물질도 산성 물질만큼이나 사람 몸에 위험하다. 위험한 산성을 중화하는 물질이라고 해서 막연히 안전한 물질로 생각하면 곤란하다.

자비르는 식물을 태운 재로 만든 알칼리성 물질로 다양한 실험을 했던 듯하다. 그래서인지 나중에 근대 화학이 발달하자 대표적인 알칼리성 물질에서 뽑은 원소를 알칼리와 비슷한 이름인 칼륨kalium이라고 부르게 되었다. 아랍어 알칼리에서 알al은 관사이고 재를 뜻하는 말은 칼리qalīy이므로, 칼륨이라는 말은 결국 재의 원소라는 뜻이다.

그런데 이 말을 한국어로 옮기면서 말이 꼬이기 시작했다. 잿물에서 온 원소라고 하니 단순히 생각하면 재를 뜻하는 한자 회灰를 써서 회 또는 회소라는 이름을 붙였을 법도 한데, 그러지 않았다. 칼륨이 한국에 알려졌을 때 이미 석회암을 일컬어 회라는 말을 두루 쓰고 있었기 때문이다. '회칠을 한다', '횟가루를 뿌린다' 같은 말에 쓰이는 회가 바로 석회를 뜻한다. 그런데 정작 석회암에는 칼륨이 아니라 칼슘 원자가 주로 들어 있다. 그러니 칼륨의 뜻을 번역해서 원소 이름에 회를 붙이기에는 아무래도 혼돈의 여지가 있다. 아마도 이 때문에 뜻을 번역해서 원소 이름을 만들지 않고, 소리를 받아 적는 방식을 택한 것이 아닐까 싶다. 그리하여 받아들이게 된 용어가 칼리와 비슷한 소리를 조합한 한자어 가리加里다.

식물을 태운 재에서 처음으로 알칼리성 물질과 칼륨을 발견하게 된 것으로 미루어 식물에는 칼륨이 많이 있으리라 짐작할 수 있다. 실제로 칼륨은 식물의 몸을 이루는 데 꼭 필요한 재료다. 즉, 식물이 잘 자라게 하려면 칼륨이 필요하다. 그래서 농사용 비

료에 칼륨 성분이 빠지지 않는다. 과거에는 칼륨을 주성분으로 하는 비료를 가리비료, 가리질비료라고 불렀다. 지금도 농업계에서는 종종 쓰는 말이다.

가리, 그러니까 칼륨을 비료로 만들어 농작물에 공급한다는 점을 생각하면 거꾸로 식물을 태워서 칼륨이 들어 있는 잿물을 얻는 것은 과연 이치에 맞는 방법이다. 식물도 지구의 생명체인 만큼 몸을 이루는 가장 중요한 원소는 칼륨이 아니라 탄소일 것이다. 그런데 식물의 몸을 이루는 수많은 원자 중에 탄소, 산소, 수소 같은 원자들은 태우면 화학반응을 일으켜 낱낱이 떨어져 나왔다가 다시 서로 적당히 붙어서 이산화탄소와 수증기가 된다. 공교롭게도 이 물질들은 기체여서 연기가 되어 허공으로 날아간다. 따라서 식물이 타고 남은 재에는 기체가 되어 날아가지 않는 원자들만 남게 된다. 마침 칼륨 원자는 재로 남는 쪽에 속한다. 지금처럼 정밀한 화학반응을 일으킬 기술이 없었던 시절에 식물을 태워서 얻은 재로 알칼리성 물질을 만들었던 옛사람들의 기술은 상당히 실용적이었던 셈이다.

어쨌든 한동안 칼륨을 가리라고 부르다가 1980~1990년대 무렵, 가리 대신 칼륨이라는 말을 쓰자는 쪽으로 분위기가 기울었다. 가리라는 말은 낟가리, 볏가리처럼 단으로 묶은 곡식이나 장작 따위를 쌓은 더미를 뜻하는 우리말 가리와 겹치기도 하고, 일본어 발음과 비슷하기도 해서 인기를 잃은 듯하다. 그래서 가리비료, 가리질비료 대신에 칼륨비료라는 말을 점차 많이 쓰게 되었다. 칼륨이라는 말은 독일어권을 비롯한 유럽에서 원소 이름으로 사용하는 말이고, 재를 뜻하는 칼리라는 말에서 온 가리와 뿌리가 같은 말이기도 하다. 또 칼륨이라고 발음하면 원소기호 K를 쉽게 떠올릴 수 있다는 장점도 있었다.

그런데 2016년에 대한화학회가 원소 이름을 영어 발음에 가깝도록 바꾸는 지침을 마련하면서 칼륨이라는 이름이 포타슘potassium으로 또 한 번 바뀌었다. 이때 나트륨은 소듐으로, 플루오르는 플루오린으로 바뀌는 등 몇몇 원소가 새 이름을 얻었다. 이후 옛 이름과 새 이름이 뒤섞여 쓰이면서 사람들을 헷갈리게 하는 일이 많아졌는데, 아무래도 이름 때문에 가장 큰 혼란을 겪고 있는 원소는 칼륨, 즉 포타슘인 듯하다.

포타슘은 칼륨이 들어 있는 물질 중 몇 가지를 영어에서 포타시potash라고 부르는 데서 유래한 말이다. 포타시는 항아리라는 뜻의 포트pot와 재라는 뜻의 애시ash가 합쳐진 말로 보인다. 따라서 포타슘도 알칼리, 칼륨, 잿물과 뜻이 통하는 말이다. 다만 포타슘은 영어 단어의 전통이 강한 말로, 국제 학회에서 통용되는 논문이 대부분 영어로 작성되는 만큼 학계에서는 포타슘이 가장 잘 통하는 편이라 할 수 있다.

그렇다고는 해도 가리가 칼륨으로 바뀐 지 얼마 되지도 않아 다시 포타슘으로 바꿔 쓰자니 아무래도 혼란스러울 수밖에 없다. 단순히 칼륨을 포타슘이라고 바꾸어 부르는 데서 끝나는 문제라면 그나마 좀 나을 텐데, 칼륨 원자를 함유한 수산화칼륨, 염

화칼륨 등의 물질을 수산화포타슘, 염화포타슘이라고 하면 더 낯설게 느껴진다. 농업 분야에서는 여전히 칼륨비료라는 말이 많이 쓰이고 있거니와 더 옛날 말인 가리비료라는 말도 계속해서 함께 쓰이는 실정이다. 그에 비해 포타슘비료라는 말은 아직 좀처럼 쓰이지 않는 것 같다. 이런 혼란 속에서 가리비료 대신에 칼리비료, 카리비료 같은 말도 비공식적으로 쓰이고 있으며, 어떤 농업 관련 자료에서 칼리는 칼륨 원자와 산소 원자가 연결된 물질들을 일컫는다고 설명하는 등 여러 혼란스러운 말들이 어지럽게 돌아다니고 있다.

많은 사람이 이름을 들어 봤을 청산가리^{青酸加里}는 이 같은 혼란을 대표하는 물질이라고 할 수 있다. 청산가리는 동물이 조금만 먹어도 목숨을 잃을 가능성이 큰 물질이어서 사람에게 피해를 주는 짐승을 처치하려는 용도로 팔던 독약이다. 그런데 안타깝게도 짐승 말고 사람이 청산가리를 먹는 바람에 해를 입는 사고가 계속해서 일어나고 있다.

청산가리라는 이름은 한자식으로 붙인 명칭이다. 이 약품은 포타슘과 탄소, 질소 원자가 들어 있는 물질로, 이 가운데 탄소와 질소 원자 부분을 청산이라고 부르고, 포타슘 원자 부분을 가리라고 불렀던 까닭에 그 이름이 청산가리가 되었다. 이후 가리가 칼륨으로 바뀌면서 청산가리라는 이름도 변화를 겪었다. 청산이라는 말 역시 구식 번역어라고 해서 시안cyan이라는 말로 바꾸어 쓰게 되었다. 그래서 한동안 청산가리를 시안화칼륨이라고 불러야 한다는 주장이 자주 나왔다. 그러나 이름만 듣고 청산가리와 시안화칼륨이 같은 물질이라고 생각하기는 어려웠던 데다가 시안화칼륨은 발음하기도 어려워서 이 용어는 널리 퍼지지 못했다. 게다가 시안화칼륨이라는 말이 채 정착하기도 전에 이제는 시안을 영어 발음에 가까운 사이안으로 표기하고, 칼륨은 포타슘으로 부르게 되었다. 즉, 이 물질의 이름이 사이안화포타슘potassium cyanide이 된 것이다. 그리하여 요즘은 이 물질의 이름을 청산가리, 청산칼륨, 시안화칼륨, 사이안화칼륨, 사이안화포타슘 등으로 혼란스럽게 부르고 있다.

청산가리를 예로 드는 바람에 포타슘의 인상이 나빠졌을 수도 있겠지만, 청산가리에서 실제로 동물을 공격하는 역할을 주로 맡는 부분은 탄소와 질소 원자가 연결된 부분, 즉 청산에 해당하는 부분이다. 가리 부분, 그러니까 포타슘 부분은 이 물질을 다루기 좋은 형태가 되도록 돕는 역할을 한다고 보는 편이 좋을 것이다. 그래서 포타슘 대신 소듐을 사용해 만든 사이안화소듐sodium cyanide도 위험하기는 매한가지다. 참고로 사이안화소듐도 청산소다, 청산나트륨, 시안화나트륨, 시안화소듐, 사이안화소듐 등으로 혼란스럽게 불린다.

금속 형태인 포타슘 덩어리를 그냥 물에 넣어서 화학반응을 일으키면 잿물의 주성분에 해당하는 강한 알칼리성 물질 수산화포타슘potassium hydroxide이 생긴다. 세탁용 세제로는 효과가 좋지만, 농도가 높으면 위험하고 사람에게 해롭다. 그러나 묽은 농도의

포타슘은 여러 생명체에서 매우 중요한 역할을 하며, 사람 몸에도 꼭 필요한 소중한 물질이다. 포타슘은 ⊕전기를 띠는 상태로 잘 변하는 성질이 있어서 주기율표에서 소듐, 리튬과 함께 아래위로 한 줄에 자리한다. 생명체는 ⊕전기를 띠는 상태로 변한 포타슘 원자를 주로 활용한다.

예부터 자비르 같은 학자들이 이미 짐작하고 있었듯이, 포타슘은 우선 식물의 몸에서 중요한 역할을 한다. 식물 몸속의 여러 화학반응에 포타슘이 관여하지만, 특별히 꼽을 만한 것은 식물의 기공stomata과 관계된 현상이다. 기공은 식물의 숨구멍이라고 할 수 있는 아주 작은 구멍인데, 이 구멍이 열렸다 닫혔다 하면서 산소 기체와 수증기를 뿜어내고 이산화탄소를 흡수한다. 보통 초록색 잎에는 1mm^2 정도의 면적에 기공이 몇백 개씩이나 있다고 한다. 포타슘 원자가 ⊕전기를 띤 상태로 변한 것을 포타슘 이온이라고 하는데, 포타슘 이온은 식물의 이 작은 구멍을 열었다 닫았다 하는 손잡이 역할을 한다고 볼 수 있다. 자세히 살펴보면, 식물이 기공을 닫아야 할 때는 포타슘 이온을 비롯한 몇 가지 물질을 기공 주변의 주머니 같은 구조 한쪽에 끌어다 놓는다. 그러면 포타슘 이온을 따라 주변의 수분이 몰려들어서 그 주머니 같은 구조가 부풀어 올라 기공을 막아 버린다. 단순화하면 식물이 작은 물주머니를 부풀렸다가 납작하게 하기를 반복하면서 기공을 막았다가 열었다가 하는데, 포타슘 이온과 같은 물질들이 그 물주머니에 연결된 수도꼭지 역할을 한다고 할 수 있다.

식물들은 기공의 움직임을 이용해 무척 많은 양의 수증기를 내뿜으면서 자기 몸을 다스린다. 2017년에 나온 보도에 따르면 농촌진흥청에서는 벼의 기공 움직임을 사람 뜻대로 조절하는 방법을 연구하고 있다고 한다. 만약 연구에 성공해서 식물의 기공을 꼭 필요할 때만 열게 할 수 있다면 그만큼 수증기를 덜 내뿜고 자라도록 조절할 수 있을 것이고, 그러면 물이 부족한 지역에서도 잘 자라는 벼 품종을 개발할 수 있을 것이다. 그런 식으로 사람이 식물 몸속의 포타슘을 조절해 사막이나 황무지를 풀밭으로 만들 수 있을지도 모른다.

식물의 몸에서 포타슘이 중요한 역할을 하는 만큼 식물성 음식 중에 포타슘이 풍부한 것들이 많다. 특히 바나나가 포타슘이 많이 든 음식으로 잘 알려져 있고, 토마토와 아보카도, 무화과, 땅콩 등에도 많은 편이다. 건강을 유지하기 위해 이런 음식을 잘 챙겨 먹어야 한다는 정보도 널리 퍼져 있다. 이 말은 곧 사람 몸에도 포타슘이 필요하다는 뜻이다.

식물만큼 결정적인 곳에 많이 필요하지는 않지만, 동물이 살아가는 데도 포타슘이 중요한 역할을 한다. 특히 소듐과 함께 사람의 신경이 작용하는 데 관여하는 물질이 바로 포타슘이다. 그래서 몸 상태에 따라 포타슘이 많이 든 음식을 챙겨 먹거나 피해야 하는 일이 정말 중요할 때도 있다. 하다못해 땀을 많이 흘렸을 때 마시라고 광고하는 이온음료에도 포타슘 성분이 조금씩 들어 있다. 대체 우리 몸은 포타슘과 소듐을 어떻게 활용하는 걸까?

사람의 신경은 전기신호를 전달하면서 제 역할을 한다. 몸의 특정 부위에서 감지한 것을 뇌에 전달하고, 정보를 받은 뇌가 다시 신체 각 부위로 명령을 전달함으로써 몸이 움직이는데, 이때 전기신호를 전달하는 통로가 바로 신경이다. 예를 들어 뜨거운 것이 손에 닿았다면 뜨거움을 감지한 세포가 신경을 통해 전기신호를 뇌로 보낸다. 뇌는 그 전기신호를 전달받아서 뜨거움을 안다. 사랑에 기뻐하고 이별에 아파하는 뇌의 깊은 고민부터, 뇌에서 신경 쓰지 않아도 알아서 근육을 움직이는 심장까지, 우리 몸에서 일어나는 모든 신경 작용에 전기가 이용된다.

그러므로 전자제품을 사용하기 위해 배터리를 충전하듯이 사람 몸에서도 충전과 비슷한 화학반응이 일어난다. 리튬이온배터리는 외부에서 전기를 공급해 충전하지만, 사람의 몸은 생명체가 무슨 일을 할 때마다 항상 연료로 활용하는 ATP라는 물질을 반응시켜서 충전한다. 이때, 충전 과정에서 핵심이 되는 물질이 세포의 겉면에 있는데, 이름하여 소듐-포타슘 펌프$^{Na^+ K^+ pump}$다.

소듐-포타슘 펌프라는 물질에 ATP가 닿으면 ATP는 화학반응을 일으켜 아데노신이인산으로 변한다. 그리고 이 화학반응의 영향으로 소듐-포타슘 펌프가 배배 꼬이며 비틀어진다. 불 위에서 오그라드는 오징어를 상상하면 되겠다. 여기서 불에 해당하는 것은 ATP이고 오징어처럼 오그라드는 것은 소듐-포타슘 펌프다. 단, 오징어와 소듐-포타슘 펌프에는 결정적인 차이점이 있다. 한 번 오그라든 오징어는 다시 펴지지 않지만, 소듐-포타슘 펌프는 화학반응이 끝난 뒤에 원래 모양으로 되돌아온다는 점이다. 이때 꼬였다가 풀리는 모양이 절묘해서 한쪽으로 들어온 것을 빨아들여 다른 쪽으로 뿜어낸다. 즉, 펌프 같은 역할을 하게 된다. 게다가 적절한 모양과 크기 덕분에 아무것이나 펌프질을 하지 않고 ⊕전기를 띤 소듐과 역시 ⊕전기를 띤 포타슘만 붙잡아 보낸다. 바로 이것이 소듐-포타슘 펌프라는 이름이 붙은 이유다.

몸 곳곳에는 이런 일을 하는 아주 작은 펌프 같은 물질이 대단히 많이 움직이고 있다. ATP가 닿을 때마다 오그라들었다가 펴지는 모양으로 펌프질을 반복한다. 그리고 그렇게 펌프질을 할 때마다 ⊕전기를 띤 물질을 퍼내서 한쪽으로 쌓아 놓는 방식으로 전기를 충전한다. 지금도 우리 몸속에서는 전기를 띤 소듐, 포타슘을 퍼내는 펌프가 계속 가동되고 있다. 이것이 우리 몸속 신경에 필요한 전기를 충전하는 과정이다.

우리가 신경 써서 골똘히 생각해야 할 때나 무엇인가를 느끼고 행동해야 할 때, 우리 몸은 평소에 소듐-포타슘 펌프를 가동해 모아 둔 전기를 이용해서 신체 각 부분이 서로 신호를 주고받는다. 그래서 사람이 살아가는 동안 몸을 움직일 전기를 모아 두느라 쓰는 에너지의 양도 상당하다. 여러 연구 결과를 살펴보면 소뇌에서 소모하는 에너지의 절반가량이 이런 활동에 쓰이는 것으로 짐작된다. 어쩌면 밥을 먹어서 얻는 에너지의 10분의 1 정도는 신경의 통신을 준비하는 충전 작업에 쓴다고 보아도 큰 과장은 아닐 것이다. 삶을 사는 수고의 10분의 1쯤은 소듐과 포타슘

을 몸속 세포 이쪽 편에서 저쪽 편으로 보내는 데 소모하는 셈이라고도 할 수 있겠다.

수십만 개의 원자가 연결된 소듐-포타슘 펌프의 크기는 대략 10만분의 1mm 단위로 재야 할 정도로 작다. 그런데도 그 많은 원자가 아주 절묘한 구조를 이루고 있어서 ATP가 가까이 와서 화학반응을 일으키면 그 영향으로 전체 원자들이 일정한 방향으로 정확히 오그라들며 꼬였다가 풀리도록 짜 맞춰져 있다. 동시에 원자들이 배치된 모양이 마치 갈고리나 거름망 같은 역할을 하게끔 이루어진 부분도 있어서 여러 물질 중에서도 정확히 소듐과 포타슘만 골라서 붙잡는다. 원자 하나하나가 모여서 조립된 모양이 마치 기계 부품을 조립해서 만든 장치처럼 정교하다. 소듐-포타슘 펌프의 움직임을 묘사한 논문을 읽다 보면, 이 작은 펌프가 움직이는 동안 달카닥달카닥하는 소리라도 날 것 같은 느낌이 들 정도다.

소듐-포타슘 펌프는 한 번 움직일 때마다 세 개의 소듐과 두 개의 포타슘을 이쪽저쪽으로 퍼낸다. 소듐-포타슘 펌프를 이루고 있는 원자가 수십만을 헤아리는 것과 비교하면 아주 적은 양이다. 비유하자면 커다란 트럭만큼 거대한 펌프로 한 번에 물 한 숟가락씩만 퍼내는 것과 비슷하다. 언뜻 너무 작은 단위로 움직인다는 생각이 들지도 모르지만, 펌프의 힘이 좋은 데다가 속도도 빠르며 쉬지 않고 계속해서 움직인다는 점을 생각하면 역시 놀라운 장치다. 몸속에 필요한 전기를 충전하는 데는 충분하다.

그런데 소듐-포타슘 펌프에는 한 가지 특이한 점이 있다. 기술자들이 인공적으로 개발한 배터리는 ⊕전기를 띠기 쉬운 원자와 ⊖전기를 띠기 쉬운 원자를 같이 사용해서 전기를 만든다. 이와 달리 동물의 몸은 ⊕전기를 띠기 쉬운 소듐과 역시 ⊕전기를 띠기 쉬운 포타슘을 주로 사용한다. 전자제품 배터리와 달리 생물의 몸은 세포 안쪽에 ⊕전기를 띤 포타슘을 저장하고, 세포 바깥쪽에는 그보다 더욱 많은 양의 ⊕전기를 띤 소듐을 저장하는 방식으로 충전을 한다. 그래서 둘 다 ⊕전기이기는 하지만, 세포 바깥에 더욱더 강한 ⊕전기가 걸리도록 해서 필요한 전기를 준비해 둔다.

사람이 로봇을 개발할 때는 이런 식으로 ⊕전기를 잘 띠는 물질만을 이용해 전기를 충전하고 통신하게끔 만들지 않는다. 로봇의 전기회로가 이런 식이라면 구조가 매우 복잡하고 작동하는 데도 너무나 많은 힘이 들 것이다. 로봇과 동물의 몸을 단순히 비교하면 생명체의 몸이 이런 구조로 전기를 만들어서 신경을 작동하고 온몸을 관리한다는 것이 너무 번거롭고 불합리하며 힘들어 보인다. 뭔가 다른 비밀이 숨어 있는지는 모르겠지만, 언뜻 생각하기에는 아무래도 효율이 떨어지는 방식이다. 그런데 동물의 몸은 어쩌다가 이런 방식으로 전기를 저장하게 됐을까?

여기서부터는 내 상상인데, 몇 가지 연구 결과를 읽고 요즘 정리한 생각은 이렇다.

바다에 사는 간단한 세균 같은 생물 중에는 몸에 필요한 화학

반응을 일으키기 위해 몸 밖에서 ⊕전기를 띤 수소를 빨아들이는 것들이 있다. 이런 세균의 세포에는 수소를 붙잡아 몸속으로 들여보내는 펌프 역할을 하는 구멍이 있다. 그런데 지구의 바닷속에는 소듐, 포타슘, 마그네슘 등 ⊕전기를 띠기 쉬운 원자들이 많이 녹아 있다. 세월이 흐르는 동안 그런 여러 물질 중에서 필요한 물질을 골라서 빨아들여 이런저런 목적으로 사용하기 위해 이리저리 다양하게 진화한 세균도 나타났을 것이다.

그렇게 먼 옛날 세균들이 바닷물에서 필요한 물질을 빨아들이기 위해 사용했던 기관이 있었는데, 그 생물들과 같은 뿌리에서 진화해 생긴 요즘 동물들은 그런 기관을 몸속에서 전기를 충전하는 용도로 쓴다고 생각해 보자. 즉, 바닷속에서 옛날 세균들이 ⊕전기를 띤 물질을 빨아들일 때 사용하던 기관을 요즘 동물들이 어떻게든 다른 용도로 활용해서 신경 활동에 쓰다 보니, 좀 비효율적인 것 같아도 ⊕전기를 띤 물질만 사용해서 전기를 만들게 된 것 아닐까?

사람은 두 손을 여러 가지 목적으로 쓰면서 살아가는 생물이다. 그런데 사람의 손이란 다른 네발짐승의 앞발 두 개가 변해서 생긴 것이다. 앞발 두 개는 원래 발 역할을 했지만, 사람은 아쉬운 대로 그것을 손이라는 용도로 쓰고 있다는 이야기다. 이 때문에 사람은 두 발만 사용해서 걸어 다녀야 한다. 그러다 보니 사람은 허리뼈에 힘이 많이 들어가고 허리가 아플 일도 많다. 만약 로봇이라면 그냥 바퀴가 네 개 달린 몸체에 손 두 개를 추가한 모양으로 만들 수 있었을 것이다. 그러나 생물이 다른 생물로 진화해 가는 과정에서 네발짐승이 손이 있으면 좋겠다고 느껴서 거기에 손이 둘 더 달리는 형태로 너무 크게 변하기는 어렵다. 있는 발 네 개를 최대한 활용해서 둘은 손으로 쓰고 둘은 발로 남겨 두는 정도로 활용하는 임시방편이 진화에서는 최선이다.

이와 비슷하게 ⊕전기를 띈 물질을 사용하는 구멍을 먼 옛날부터 세균 조상이 갖고 있었기에 그것을 변형해서 뇌나 신경의 활동에도 쓰게 된 것 아닐까? 혹시 그런 억지스러운 활용 때문에 사람의 신경 활동이나 생각에 지금과 같은 복잡함과 번거로움이 있는 것인지도 모른다. 다시 말해, 처음부터 계획해서 인위적으로 신경을 만들었다면 ⊕전기와 ⊖전기를 모두 사용해 더 효율적이면서도 간략하게 신경을 만들 수 있었을 텐데, 그게 아니라 원래 있던 다른 생물이 진화를 통해 이리저리 바뀌고 적응해 가면서 신경 체계가 우연히 생겨났기 때문에 지금과 같이 복잡한 모양이 되었다고 짐작해 본다.

여기서부터는 정말로 아무 근거 없이 막연하고 허망한 상상인데, 사람이 네발짐승의 앞발을 손으로 사용하고 있어서 허리가 아프듯이, 세균의 ⊕전기 물질 구멍을 신경 활동에 쓰고 있다는 한계 때문에 사람의 신경 활동과 두뇌 활동이 충분히 발달하지 못했고, 그 때문에 사람의 생각은 편협함, 사악함, 비열함 같은 한계를 갖게 된 것은 아닌가 하는 상상도 해 본다.

그 연원이야 정확히 알 수 없지만, 현재 사람이라는 동물은 그

런대로 신경 활동이 발달하여 뇌라는 곳에서 아주 복잡하게 얽힌 모양으로 신경이 전기를 주고받으며 살아가고 있다. 그리고 그 과정은 항상 소듐과 포타슘이 이쪽에서 저쪽으로 움직이기도 하고 되돌아가기도 하면서 전기를 충전했다가 썼다가 하는 현상이다.

잠깐 다른 이야기로, 온라인 게임에서 아이템을 갖는 데 너무 신경을 쓰는 사람을 놀리는 글을 몇 번 읽은 적이 있다. 어차피 그것은 게임 회사 서버 컴퓨터 속에서 그 아이템을 갖고 있느냐 아니냐의 여부를 전기신호 0으로 표시하느냐 1로 표시하느냐 하는 차이일 뿐인데, 그런 것에 왜 그렇게 집착하냐고 지적하는 이야기였다.

그런데 어찌 보면 사람이 살면서 느끼는 모든 희로애락과 갑작스레 경험하는 격렬한 감정과 깊은 상념과 끝없는 꿈까지도, 결국은 전부 신경 속에서 전기를 띤 포타슘이 여기로 흘러갔다가 또 저기로 옮겨 갔다가 하는 과정일 뿐이다. 너무 쉽게 이야기하는 것 아닌가 싶지만, 따져 보면 볼수록 크게 틀린 말도 아닌 것 같다.

20

Ca

calcium

칼슘과 전망대

Ca

한국에 본격적으로 고층 빌딩이 들어서기 시작한 것은 아마도 1968년, 종로에 세운상가아파트가 들어서면서부터였을 것이다. 당시 무질서한 모습으로 낡아 가던 종로의 한 구역을 통째로 철거하고, 넓은 면적에 하나로 이어진 높고 커다란 건물을 짓겠다는 계획으로 탄생한 것이 바로 세운상가아파트다. 가장 높은 동이 17층 정도이니 아주 높은 편이라고는 할 수 없지만, 그 시절에는 사람들 눈길을 잡아끄는 첨단 건축물이었다. 특히 아래쪽 5층까지는 상가, 그 위층은 주거용 아파트로 이루어진 구성은 사람들의 관심을 받기에 충분했다.

당시에는 그 거대한 건물 안에 온갖 종류의 상점들이 다 모여 있어서 세운상가아파트를 벗어나지 않고도 놀고, 먹고, 일하고, 자는 모든 생활이 가능해 보일 정도였다. SF에서 묘사하는 미래 세계에는 대규모 빌딩 하나 또는 거대한 우주기지 하나가 도시 역할을 하는 모습이 종종 등장한다. 세운상가아파트는 1960년대의 현실 속에 나타난 SF 세상과도 같은 모습이었던 셈이다. 준공식에는 대통령이 찾아와 역사적인 순간을 기념했고, 이후 1980년대까지도 세운상가에 가면 무엇이든 구할 수 있다는 이야기가 널리 퍼져 있었다. 특히 1980년대 초에는 전자제품이나 컴퓨터에 관한 물건을 구할 수 있는 최고의 상가로 알려져서 한국의 전자산업과 컴퓨터산업 발달에 큰 역할을 했던 사람들이 자주 들락거렸다고 한다. 대표적으로 아래아한글 워드 프로세서HWP가 처음 만들어져 팔리던 곳도 바로 이곳 세운상가였다.

1970년대를 지나 1980년대에 이르는 동안 서울에는 세운상가를 능가하는 다른 고층 건물들이 속속 등장했다. 특히 1970년대 중반 이후 급격하게 늘어난 서울의 인구를 감당하기 위해 당시만 해도 논밭이 펼쳐져 있던 강남 지역에 아파트를 짓는 사업이 본격적으로 시작되었다. 그때는 강남이라는 말보다 영등포의 동쪽이라는 뜻으로 영동이라는 말이 더 많이 쓰였는데, 방배동 삼호아파트 같은 엘리베이터가 딸린 12층짜리 아파트가 1970년대 영동 지역에 건설된 대표적인 아파트들이다. 그때부터 한국에는 고층 아파트에 사는 사람의 수가 빠르게 늘었다.

이후 1985년, 여의도에 63빌딩이 들어서고, 2년 뒤인 1987년에 트윈타워가 준공되면서 본격적으로 초고층 건물의 시대가 열렸다. 63빌딩은 '동양에서 가장 높은 빌딩'이라는 선전으로 유명

해져서 한국에서 가장 높은 건물이라는 명성을 20년 가까이 누렸다. 요즘은 이보다 더 높은 건물이 서울 시내에만 해도 여러 군데 있고, 다른 도시에도 있다. 지금도 잊을 만하면 한 번씩 어느 지역에 금융지구를 새로 개발해서 100층이 넘는 건물을 세우겠다거나, 국제업무지구를 만들어서 세계에서 가장 높은 건물을 짓겠다는 등의 계획이 나오곤 한다.

높은 건물에는 전망대가 딸려 있기도 하거니와 삼성동의 트레이드타워나 여의도의 63빌딩에는 최고층에 가까운 높은 위치에 아예 식당을 두고 영업을 하기도 한다. 건물 꼭대기에 높이 올라가서 서울 시내 풍경을 내려다보며 느긋하게 식사를 하거나 한두 잔 술을 마셔 보라고 권하는 셈이다.

꼭 이런 초고층 건물의 화려한 장소가 아니더라도 인구의 50% 가까이가 아파트에 사는 한국에서는 아파트 거실에 앉아 쉬다가 창밖 풍경을 보며 잠깐씩 여유를 가져 본 사람들이 많을 것이다. 어떤 사람들은 탁 트인 강 풍경이 내려다보이는 넓고 호화로운 집에서 발코니 바깥을 내다보기도 하고, 어떤 사람들은 답답하게 가린 다른 집들의 그늘 사이로 한 뼘 보일까 말까 하게 드러난 파란 하늘을 보기도 하겠지만.

그래도 어느 집이건 현대에 건설된 이런 거대한 집들은 다들 시멘트와 콘크리트로 지은 돌덩어리 같은 건물이다.

이런 재료를 사용하지 않으면 이렇게 높다란 건물들을 그 정도로 값싸고 빠르게 지을 수는 없다. 한국 건설업자들은 콘크리트로 건물을 짓는 데 경험이 많은 편이다. 다양한 임기응변 재주나 모든 일을 빨리빨리 해치우려고 하는 한국 문화도 콘크리트로 재빨리 높은 건물을 지어 올리는 기술에 들어맞았던 듯싶다. 세계에서 가장 높은 빌딩인 부르즈 할리파Burj Khalifa의 건설 주문을 실행한 한국 건설사는 평균적으로 사흘에 한 층씩 건물 골조를 만들어 올렸다는 보도가 있었을 정도다.

요즘 사용하는 콘크리트란 시멘트에 모래와 자갈 그리고 물을 섞어 사용하는 건설 재료를 말한다. 시공할 때는 묽은 반죽 같은 상태지만 시간이 지나면 굳어서 아주 튼튼해진다. 콘크리트의 재료 중 모래와 자갈은 흙 바닥에서 흔히 볼 수 있으니 그보다 핵심 재료처럼 보이는 것은 역시 시멘트다. 시멘트는 모래나 자갈 같은 다른 성분을 연결하는 접착제 역할을 해서 다른 재료들을 돌처럼 단단하게 붙잡아 준다.

현대 시멘트의 성분을 살펴보면 칼슘, 탄소, 산소, 알루미늄 같은 다양한 원소들이 보인다. 알루미늄이야 흙 속에 워낙 많이 있는 물질이니 이 중에 눈에 띄는 주성분이라고 할 만한 것은 칼슘과 탄소다. 특히 시멘트의 재료라고 하면 칼슘 원자 하나에 탄소 원자 하나, 산소 원자 세 개씩의 비율로 붙어 있는 탄산칼슘calcium carbonate 같은 것을 꼽을 만하다.

칼슘이라고 하면 많은 사람이 몸속에 있는 뼈의 성분을 떠올릴 텐데, 우리 몸속에 있는 칼슘을 제외하고 살면서 가장 많이 마주치는 칼슘이 아마 시멘트 속에 있는 칼슘이 아닐까 싶다. 지금

야외에 있거나 고풍스러운 목조 건물 또는 화강암으로 지은 석조 건물에서 이 책을 읽고 있는 독자가 아니라면, 잠시 눈을 들어 주변을 둘러보기만 해도 시멘트가 주재료인 벽이나 바닥이 보일 것이다. 바로 그 벽 속에 칼슘 원자가 무더기로 쌓여 있다.

현대적인 시멘트가 개발되기 전에도 사람들은 시멘트와 비슷한 물질을 건축재료로 자주 사용했다. 조선시대 이전의 한국인들은 지붕의 기와를 올리고 마지막으로 마무리할 때 주로 석회를 발랐는데, 석회에도 칼슘이 들어 있다. 어찌 보면 옛날부터 쓰던 석회 역시 일종의 시멘트라고 할 수 있다. 아닌 게 아니라 칼슘이라는 원소 이름도 석회를 라틴어로 칼스calx라고 하는 데서 따온 것이다. 즉, 칼슘은 석회를 이루는 물질이라는 뜻이다.

한국에서 건설산업이 발전하고 아파트가 빽빽이 들어서는 것만큼이나 한국에서는 시멘트도 많이 생산된다. 한국에서 1년에 생산하는 시멘트의 양은 5000만 t이 넘는데, 이는 전 세계 순위로 10~11위쯤 되는 양이다. 한국의 땅이 딱히 넓은 편이 아님을 고려하면 어마어마한 양이다. 미국의 땅 넓이는 한국의 100배에 가깝지만, 미국 전체에서 생산되는 시멘트의 양은 한국의 두 배도 되지 않는다. 인구와 연관 지어 계산하면 한국은 국민 한 사람당 매년 1t씩 시멘트를 만드는 나라라고 할 수도 있겠다.

도대체 이 많은 시멘트는 한반도 어디에서 생산되는 것일까? 시멘트는 석회암이라는 돌을 가공해서 만든다. 가장 간단하게 시멘트 비슷한 물질을 만들려면 석회암을 곱게 가루로 빻은 뒤에 불에 한 번 구우면 된다. 이 정도면 제일 간단한 간이 석회쯤으로 부를 수 있다. 물론 현대의 시멘트는 다른 공정을 더 거쳐서 생산되지만, 어느 쪽이든 시멘트 공장은 원료인 석회암을 가져오기 좋은 지역에 짓는 것이 유리하다. 그래서 한국에서는 석회암이 많이 나는 강원도와 충청북도 지역을 중심으로 수십 년 전부터 시멘트 공장들이 여럿 들어섰다.

한국인이 아파트를 사랑할 수밖에 없는 운명이었는지, 쓸 만한 자원이 별로 없기로 악명 높은 한국이지만 석회암만은 전혀 부족하지 않다. 영월, 단양, 동해 같이 석회암이 풍부한 지역에 가면 산 몇 개가 통째로 석회암 덩어리인 곳들도 드물지 않다.

이런 곳에서는 시멘트를 만들기 위해 산을 차츰차츰 깎아 가며 석회암을 떼어 내서 가공한다. 강원도 동해시에는 50년 동안 석회암을 캐내다가 2017년에 작업을 중단한 곳이 있는데, 이곳 풍경을 보면 그 긴 시간 동안 작업하면서 산 몇 개를 전부 갈아 없애 버린 것을 알 수 있다. 지금 모습은 산이 사라져 버린 휑한 평지에 석회암을 깎아 내고 남은 허연 잔해만 남아 있어서 무척 생경해 보인다. 2020년에 그 모습을 보도한 《매일경제》의 한 기사에서는 마치 "화성의 표면"과 같다고 묘사할 정도였다.

그런데 나에게는 산이 온통 석회암 덩어리라는 사실보다 더욱 이상하게 들리는 것이 있다. 그렇게 산을 이룰 만큼 많은 석회암 덩어리가 생겨난 이유가 별 볼 일 없어 보이는 조개나 소라 같은 작은 동물 때문이라는 점이다.

지금으로부터 약 5억 8000만 년 전부터 2억 5000만 년 전까지의 시기를 고생대라고 한다. 고생대에 살았던 조개와 소라 비슷한 생물들도 지금의 조개나 소라처럼 딱딱한 껍데기를 갖고 있었다. 게다가 조개 이상으로 중요하다고 할 만한 생물로, 눈에 잘 안 보일 정도로 작은 미생물 중에서도 비슷하게 딱딱한 것들이 있다. 이런 생물들은 바닷물에서 필요한 재료를 빨아들여 딱딱한 껍데기를 만들어서 몸을 보호하는데, 바로 그 껍데기의 성분이 탄산칼슘이다.

생물은 항상 산소를 사용하기 마련이고 생명체의 주재료는 탄소이니 탄산칼슘을 이루는 원자 중에 산소와 탄소는 쉽게 구할 수 있다. 아마 이런 생물들은 바닷물에 떠다니는 칼슘을 흡수해서 몸속의 산소, 탄소와 합치는 방식으로 탄산칼슘 껍데기를 만들었을 것이다.

바닷물 속에는 칼슘이 제법 많이 녹아 있다. 지금 기준으로 볼 때, 바닷물에 녹아 있는 성분 중 가장 흔한 것은 소금을 이루는 소듐과 염소이고, 그다음이 마그네슘, 칼슘 같은 것들이다. 바닷물에서 뽑아낼 수 있는 칼슘의 양을 소금과 비교하면 80분의 1 정도밖에 되지 않겠지만, 바닷물은 어마어마하게 많으므로 그 정도만 해도 잘만 모으면 조개가 껍데기를 만드는 데 쓸 양으로는 충분하다.

그렇게 살아가던 탄산칼슘 껍데기 생물들이 세상을 떠나면 껍데기만 남아 바다 밑에 가라앉는다. 그런 것들이 오랜 세월 끝없이 쌓이고 쌓인다면 나중에는 산처럼 쌓일 것이다. 그리고 시간이 흐르면서 그것이 눌리고 굳어서 정말로 산처럼 변한다. 그게 바로 석회암 덩어리다. 바닷속 생물들이 살다 죽고 흔적을 남기는 과정이 바다에서 탄산칼슘 성분이 모였다가 쌓이는 과정이 된 것이다. 달리 말하면 바닷속에 사는 몇 가지 생물들이 긴 세월 바닷물에서 탄산칼슘 성분을 모아서 굳혀 주는 거름막 같은 역할을 했다고 생각해 볼 수 있다.

그렇다고는 해도 겨우 조개나 그보다 작은 생물들이 아무리 모인들 산처럼 거대한 석회암이 한두 군데도 아니고 전국 곳곳에 생겨날 수 있을까 하는 점은 좀 믿기지 않을 때도 있다. 그러나 현대의 학자들은 여전히 석회암 덩어리들이 생겨난 가장 중요한 원인으로 생물의 활동을 꼽곤 한다.

고생대가 끝날 때 페름기 대멸종Permian-Triassic extinction event이라고 하는 엄청난 사건이 있었다. 흔히 생물의 대멸종이라고 하면 소행성이 지구에 충돌해서 공룡이 멸종한 사건이 가장 유명한데, 페름기 대멸종은 그보다도 몇 배나 규모가 큰 무시무시한 사건이었다. 최근에는 페름기 대멸종 때 일어난 거대한 화산 폭발의 영향으로 지구 환경이 완전히 바뀌었고, 당시 지구에 살고 있던 생명체 거의 전부가 무더기로 멸종했다는 학설이 주로 인정받는 것 같다. 이유야 무엇이건 약 2억 5000만 년 전에 지구 생물 종의 80% 혹은 그 이상이 절멸했고, 그 때문에 모든 멸종의 어머니라는 별명까지 붙은 대멸종 사건이 실제로 일어났던 것은 사실이다.

그러니 그런 일이 일어나기 전, 고생대 시절에 우리가 모를 삶을 살던 생물이 얼마나 많았으며, 그것들이 무슨 놀라운 일들을 일으켰을지 누가 또 알겠는가?

바닷물 속에 녹아 있던 칼슘이 생물의 몸을 거쳐 탄산칼슘으로 굳고, 오랜 세월이 지난 뒤 거대한 석회암 지대를 이루었다. 그런데 지상에서는 탄산칼슘으로 이루어진 석회암이 다시 물에 녹는 일도 일어난다. 거대한 바위산이 물에 녹는 모양을 상상하기란 쉽지 않지만, 땅속으로 스며든 빗물이나 지하수가 오랫동안 석회암 지대를 흐르면 석회암을 이루고 있던 탄산칼슘이 조금씩 물에 녹아 나온다. 이런 일이 아주 오랜 세월에 걸쳐 계속 이어지다 보면 탄산칼슘이 물에 녹아 빠져나간 자리에 구멍이 생기고, 그런 구멍이 너무 커져서 땅이 무너지거나 움푹 패기도 한다. 이렇게 물이 석회암을 녹여서 생긴 지형을 카르스트karst라고 하며, 땅속에 생긴 구멍이 무너지지 않고 형태를 유지하고 있는 것을 석회동굴 또는 종유굴이라고 한다.

석회암이 물에 녹아 생긴 만큼 석회동굴이 있는 곳에는 항상 물이 촉촉하게 흐르고 있는 수가 많다. 그래서 〈깊은 밤 갑자기 1981〉에서 〈디센트The Descent, 2005〉까지, 영화에서 동굴을 탐험하는 내용이 나올 때면 동굴에서 똑똑 물 떨어지는 소리가 스산하게 울려 퍼지는 장면을 보여 주게 된 것이다. 그런 동굴에는 대부분 천장에 고드름 같은 종유석이 달려 있고, 바닥에는 석순이 자라고 있다. 지하수에 녹은 탄산칼슘이 동굴 천장에 맺혀 있다가 물이 증발하면서 다시 굳으면 종유석이 되고, 바닥에 떨어진 다음 물이 증발해서 굳으면 석순이 된다. 간혹 오래된 콘크리트 건물에서도 종유석 같은 것을 볼 수 있는데, 이 역시 건물의 갈라진 틈새로 오랫동안 스며든 빗물에 시멘트 속에서 탄산칼슘과 비슷한 성분이 조금씩 녹아 나오면서 생긴 것이다.

종유석과 석순이 가득한 석회동굴 외에도 카르스트지형은 땅이 움푹 꺼지거나 바위산이 뾰족하게 솟아 있는 등 특이한 경관을 연출하곤 한다. 그래서 이런 지역 중에는 관광지로 이름난 곳이 많다. 한국에서는 충청북도 단양이 대표적인 카르스트지형 관광지로, 흔히 단양팔경으로 꼽는 명승지가 여기에 해당한다. 조선시대나 고려시대의 시인들은 단양의 신비로운 경치를 보고 신령이나 선녀가 강과 산을 아름답게 조각한 것으로 노래하곤 했다. 그러나 사실 그 풍경은 석회암 때문에 생겨난 것이다. 석회암은 먼 옛날에 딱딱한 껍데기를 가지고 살아가던 작은 바다 생물들 때문에 생겼다. 그러니 수억 년 전에 살았던 바다 생물들이야말로 단양의 절경을 만들어 낸 신령이고 선녀들이라 할 수 있겠다.

칼슘이 물에 잘 녹는 이유는 칼슘 원자가 화학반응을 잘 일으키기 때문이다. 소듐이나 포타슘처럼 칼슘도 ⊕전기를 잘 띠는 편이다. 그래도 칼슘은 포타슘처럼 화학반응을 마구 일으키지는 않는다. 대신 칼슘 원자 한 개가 일단 ⊕전기를 띠게 되면 포타슘 원자나 소듐 원자 한 개가 띠는 것보다 두 배나 많은 전기를 띨

수 있다. 그 덕택에 칼슘은 소듐, 포타슘과는 다른 화학반응을 일으킨다. 그래서 칼슘은 물에 녹아 흘러 다니기도 하고, 그러다가 적당한 조건에서 다른 물질을 만나면 석회암 덩어리처럼 단단하게 굳기도 한다. 사람들은 화학을 잘 모르던 시절부터 이런 성질을 어렴풋하게 짐작하고 있어서 칼슘이 들어 있는 석회를 요리조리 활용했다. 덕수궁 돌담길 같은 곳만 걸어도 조선시대 사람들이 돌과 기와를 붙여서 굳히기 위해 하얀 시멘트같이 생긴 석회를 접착제처럼 발라 놓은 것을 볼 수 있다.

사람은 스스로 느끼지도 못하는 사이에 몸속에서 칼슘 성분을 다양한 화학반응에 활용하곤 한다. 널리 알려졌다시피 사람의 뼈를 이루는 물질의 상당량은 칼슘이다. 우리가 멸치나 우유 같은 음식을 먹으면 그 속에 있던 칼슘이 물에 녹아서 흘러 다니다가 적당한 곳에서 다른 물질과 결합하면서 단단하게 굳어 뼈를 이룬다. 사람이나 동물의 뼈 성분은 석회암이나 콘크리트의 시멘트와는 다르다. 하지만 칼슘만 놓고 보면 시멘트를 물에 개었다가 굳혀서 튼튼한 건물을 짓는 것과 꽤 비슷한 현상이 몸속에서 일어나 뼈를 이룬다고 하지 못할 것도 없다.

사람의 뼈는 화학의 황제인 탄소와 인 등의 물질이 칼슘과 튼튼하게 붙어 있는 구조로 만들어져서 가벼우면서도 아주 튼튼하다. 같은 무게의 재료로 강도만 비교하자면 철로 만든 주철무쇠과 비슷한 정도가 아닐까 하는 느낌이 들 정도다. 그래서 몸무게를 지탱하는 역할을 충분히 해낼 수 있다. 게다가 사람의 얼굴 생김새는 얼굴 뼈의 모양 때문에 정해지는 경우가 많고, 사람의 키가 큰지 작은지도 뼈가 얼마나 크냐 작으냐에 달린 경우가 많다. 이렇게 보면 사람의 외모도 어느 정도는 그 사람 몸속의 칼슘에 의해 결정된다고 할 수 있다.

물에 녹아서 ⊕전기를 띠고 화학반응을 잘 일으키는 성질 덕에 칼슘은 뼈를 이루는 일 외에도 몸속 여기저기서 요긴하게 사용된다. 그중 칼슘이 전기를 띠는 특징은 뇌의 신경들이 전기신호를 주고받을 때 이용한다. 그래서 칼슘이 부족하면 뇌가 정상적으로 작동하지 못하는 수가 있다. 떠도는 속설 중에 칼슘이 부족하면 뇌가 제대로 안 돌아가서 쉽게 흥분하고 화를 잘 내게 된다는 이야기가 있다. 사람의 성격이 그렇게 간단하게 정해지는 것은 아니지만, 칼슘이 뼈 말고도 몸 곳곳에 많은 영향을 미칠 수 있다는 것은 분명 사실이다. 그러니 만약 화를 잘 내는 어떤 사람이 자기 주변에는 온통 한심한 사람밖에 없고, 직장의 부하직원들은 다들 얼간이이며, 요즘 세대는 다 멍청하고, 한국은 썩어 빠진 나라이므로 다들 군대 비슷한 곳에 다시 보내서 철저히 정신교육을 해야 한다고 날뛰고 있다면, 자기 빼고 모두가 잘못되었다고 소리 지르면서 세상을 다 엎어 버릴 꿈을 꾸기보단 다른 해결책을 찾는 편이 좋을 수도 있다. 그 해결책으로 칼슘이 풍부한 우유를 하루에 한 잔씩 마시는 것도 나쁠 것은 없다고 본다.

몸속에서 칼슘이 수시로 사용되는 현상은 뼈에 역으로 영향을 끼치기도 한다.

동물은 몸에 칼슘이 필요하면 뼈에 잔뜩 들어 있는 칼슘을 녹여서 사용한다. 사실 몸의 활동에 꼭 필요한 인 성분도 뼈에 저장되어 있던 것을 녹여서 사용할 때가 많다. 그러니까 뼈가 몸 여러 기관에 필요한 칼슘과 인의 저장고 역할을 하는 셈이다. 그 외에도 사람이 살다 보면 뼈가 낡고 상하는 일도 있을 것이다. 그래서 뼈는 항상 조금씩 없어지기도 하고 생겨나기도 하면서 유지되어야 한다.

그런데 사람이 나이가 들어 몸이 쇠약해지다 보면 뼈가 없어지는 양과 새로 생기는 양의 균형이 무너질 때가 있다. 그러면 뼈에서 칼슘이 점점 사라지면서 뼈가 약해진다. 뼈에 작은 구멍이 생겨나는 골다공증 같은 병이 생기는 이유도 그 때문이다.

사람 말고도 살아가는 데 칼슘이 필요한 생물은 적지 않다. 심지어 식물도 자라면서 조금씩은 칼슘 성분이 필요할 때가 있다. 대표적으로 배추를 비롯한 몇 가지 농작물을 키울 때는 석회암 성분이나 칼슘이 들어 있는 비료를 조금 주어야 잘 자란다. 한편으로는 몸에 생기는 여러 가지 병을 치료하기 위해 칼슘을 이용한 물질로 약을 만들기도 한다. 칼슘은 화학반응을 잘 일으키는데다가 원래 몸 곳곳에서 요긴하게 쓰이는 물질이므로 잘만 이용하면 병 든 곳에서 특별한 화학반응을 일으켜 고장 난 몸을 고칠 수 있을 것이다.

우유가 되었든 멸치가 되었든 조개껍데기가 되었든 석회암이 되었든, 지구에서 칼슘을 구하기가 쉬운 편이라는 점은 확실하다. 만약 한국인들이 석회암을 갈아서 시멘트 만드는 일을 너무 많이 하는 바람에 세상의 석회암이 모두 바닥나는 날이 온다면, 그때는 바닷물에 녹아 있는 칼슘으로 시멘트 만드는 기술을 개발하면 된다. 칼슘은 이렇게 흔해서 꼭 시멘트가 아니더라도 칼슘이 들어 있는 물질을 대량으로 만들어 여기저기 많이 뿌리면서 활용하는 예가 있다.

대표적인 것이 겨울에 길이 얼어붙지 않게 하려고 뿌리는 염화칼슘calcium chloride이다. 물이 얼음이라는 고체 상태로 변하기 위해서는 물을 이루고 있는 알갱이들이 규칙적으로 단단히 달라붙어 연결되는 현상이 일어나야 한다. 그런데 염화칼슘이 물에 녹으면 그 속의 염소는 ⊖전기를 띠는 상태로 변하고, 칼슘은 ⊕전기를 띠는 상태로 변한다. ⊖전기를 띤 염소는 물속에서 ⊕전기를 띤 것에 붙으려 하고, ⊕전기를 띤 칼슘은 ⊖전기를 띤 것에 붙으려고 하면서, 물끼리 서로 연결되는 현상을 방해하고 다닌다. 이 때문에 염화칼슘이 녹은 물은 잘 얼지 않는다.

이런 효과는 비슷한 현상을 일으킬 수 있는 다른 물질을 넣어도 일어난다. 예를 들어 소금을 물에 녹여도 그 속의 염소는 ⊖전기를 띠는 상태가 되고, 소듐은 ⊕전기를 띠는 상태가 되므로 비슷한 현상이 일어난다. 냉동실에 소금물을 얼리면 맹물보다 잘 얼지 않고, 바닷물이 강물보다 잘 얼지 않는 것도 같은 이유다. 그런데 길바닥에 얼음이 얼지 않게 하는 용도로는 다른 여러 물질 중에서도 염화칼슘이 가장 효율이 좋은 축에 속한다는 사실

을 알게 되어서 사람들은 도로에 염화칼슘을 뿌린다.

1864년, 벨기에의 화학 회사에서 염화칼슘을 대량생산한 뒤로 사람들은 겨울마다 이 하얀 가루를 뿌려 빙판이 생기는 것을 막았다. 얼핏 대수롭지 않은 일로 느껴질 수도 있지만, 염화칼슘 덕분에 사람들이 얼음판에서 미끄러져 다치는 일이 놀랍도록 줄어들었다. 물론 염화칼슘이 완벽한 물질은 아니다. 염화칼슘을 이루고 있는 염소와 칼슘은 둘 다 어디서나 화학반응을 잘 일으키는 원소들이어서 염화칼슘을 여기저기 막 뿌리면 기대하지 않은 화학반응으로 오히려 피해를 볼 수도 있다. 가령 염화칼슘을 뿌린 도로를 자주 운행하는 자동차가 쉽게 녹슬거나, 아스팔트와 콘크리트가 염화칼슘과 화학반응을 일으켜 도로가 파손되기도 한다. 그렇지만 지난 150년이 넘는 세월 동안 염화칼슘 덕분에 빙판길 교통사고가 얼마나 줄어들었는지, 그 덕분에 목숨을 구한 사람이 얼마나 되는지 헤아려 본다면, 칼슘이 갖가지 방법으로 사람의 목숨을 구하고 있다고도 생각할 수 있다.

따지고 보면 사람은 지상에 처음 나타나면서부터 칼슘 성분을 활용하면서 살았다고 할 수도 있다. 다른 동물의 뼈를 몽둥이처럼 휘두르는 도구로 사용하기도 했거니와 석회암이 녹아서 생긴 동굴을 집으로 이용하기도 했다.

충청북도 제천의 점말동굴도 석회암 지대에 있는 동굴인데, 이곳에서 6만 년보다도 더 거슬러 올라가는 구석기시대 사람들이 살았던 흔적이 발견되었다. 어찌나 옛날 흔적인지 이곳에서는 원숭이 종류의 뼈가 발견되기도 했고, 코뿔소를 닮은 동물의 뼈가 발견되기도 했다. 요즘 한국의 산속을 걸어 다니는 모습을 상상하기조차 어려운 짐승들이 돌아다니던, 지금과는 전혀 다른 시대에도 사람들이 석회암 지대의 동굴에서 살았다는 얘기다.

그러고 보면 많은 사람이 콘크리트로 지은 아파트에서 사는 요즘 한국의 모습은 석회암 지대의 동굴에 살던 그 먼 옛날의 전통으로 되돌아간 모습이라는 생각이 들기도 한다. 우뚝하게 솟은 네모난 건물에 층층이 모여서 살아가는 한국인의 모습은 어떻게 보면 3억 년, 4억 년 전에 살았던 조개들의 껍데기 성분을 높다랗게 쌓아 그 속에서 지내는 것으로 생각할 수도 있겠다.

어린이들이 기르기 좋아하는 소라게는 조개들이 남긴 껍데기를 집으로 삼고 살아간다. 사람이 콘크리트로 만든 집은 소라게의 집보다 훨씬 더 튼튼하고 크고 화려할 뿐, 성분을 놓고 따지면 소라게가 집을 구해 그 안에서 살아가는 것과 크게 다르지는 않아 보인다.

만약 누군가 긴긴 세월, 우리가 사는 땅에서 생물들이 어떻게 살아가고 있는지 몇억 년간 꾸준히 관찰하고 있다면, 이런 우리의 사는 모습도 썩 재미있어 보일 거라고, 나는 상상해 본다.

참고 문헌

1. 수소와 매실주

최재동, "천리안위성의 발사체와의 전자파 적합성 시험결과 분석." 전력전자학회 학술대회 논문집 (2010): 215-217.

Barreto, Leonardo, Atsutoshi Makihira, and Keywan Riahi. "The hydrogen economy in the 21st century: a sustainable development scenario." International Journal of Hydrogen Energy 28, no. 3 (2003): 267-284.

Bevenot, X., A. Trouillet, C. Veillas, H. Gagnaire, and M. Clement. "Hydrogen leak detection using an optical fibre sensor for aerospace applications." Sensors and Actuators B: Chemical 67, no. 1-2 (2000): 57-67.

Crabtree, George W., Mildred S. Dresselhaus, and Michelle V. Buchanan. "The hydrogen economy." Physics today 57, no. 12 (2004): 39-44.

Dehkordi, Asghar Molaei, Mohammad Amin Sobati, and Mohammad Ali Nazem. "Oxidative desulfurization of non-hydrotreated kerosene using hydrogen peroxide and acetic acid." Chinese Journal of chemical engineering 17, no. 5 (2009): 869-874.

Fonseca Guerra, Célia, F. Matthias Bickelhaupt, Jaap G. Snijders, and Evert Jan Baerends. "The nature of the hydrogen bond in DNA base pairs: the role of charge transfer and resonance assistance." Chemistry-A European Journal 5, no. 12 (1999): 3581-3594.

Grochala, Wojciech. "First there was hydrogen." Nature chemistry 7, no. 3 (2015): 264-264.

Hardi, Justin S. "Experimental investigation of high frequency combustion instability in cryogenic oxygen-hydrogen rocket engines." PhD diss., 2012.

Spudis, P. D., D. B. J. Bussey, S. M. Baloga, J. T. S. Cahill, L. S. Glaze, G. W. Patterson, R. K. Raney, T. W. Thompson, B. J. Thomson, and E. A. Ustinov. "Evidence for water ice on the Moon: Results for anomalous polar craters from the LRO Mini-RF imaging radar." Journal of Geophysical Research: Planets 118, no. 10 (2013): 2016-2029.

Ippolito, Joseph A., Richard S. Alexander, and David W. Christianson. "Hydrogen bond

stereochemistry in protein structure and function." Journal of molecular biology 215, no. 3 (1990): 457-471.
Lepp, Stephen, P. C. Stancil, and A. Dalgarno. "Atomic and molecular processes in the early Universe." Journal of Physics B: Atomic, Molecular and Optical Physics 35, no. 10 (2002): R57.
Mello, Paola de A., Fábio A. Duarte, Matheus AG Nunes, Mauricio S. Alencar, Elizabeth M. Moreira, Mauro Korn, Valderi L. Dressler, and Érico MM Flores. "Ultrasound-assisted oxidative process for sulfur removal from petroleum product feedstock." Ultrasonics sonochemistry 16, no. 6 (2009): 732-736.
Newberry, Robert W., and Ronald T. Raines. "A prevalent intraresidue hydrogen bond stabilizes proteins." Nature chemical biology 12, no. 12 (2016): 1084-1088.
Ostriker, Jeremiah P., and Nickolay Y. Gnedin. "Reheating of the Universe and Population III." The Astrophysical Journal Letters 472, no. 2 (1996): L63.
Rahman, Mohammad Shafiur. "pH in food preservation." In Handbook of food preservation, pp. 305-316. CRC Press, 2007.
Reddy, Avanija, Don F. Norris, Stephanie S. Momeni, Belinda Waldo, and John D. Ruby. "The pH of beverages in the United States." The Journal of the American Dental Association 147, no. 4 (2016): 255-263.
Ritter, James A., Armin D. Ebner, Jun Wang, and Ragaiy Zidan. "Implementing a hydrogen economy." Materials Today 6, no. 9 (2003): 18-23.
Sackmann, I., Arnold I. Boothroyd, and Kathleen E. Kraemer. "Our sun. III. Present and future." The Astrophysical Journal 418 (1993): 457.
Shaver, Peter Albert. Cosmic Heritage: Evolution from the Big Bang to Conscious Life. Springer, 2011.
Spudis, P. D., D. B. J. Bussey, S. M. Baloga, J. T. S. Cahill, L. S. Glaze, G. W. Patterson, R. K. Raney, T. W. Thompson, B. J. Thomson, and E. A. Ustinov. "Evidence for water ice on the Moon: Results for anomalous polar craters from the LRO Mini-RF imaging radar." Journal of Geophysical Research: Planets 118, no. 10 (2013): 2016-2029.

2. 헬륨과 놀이공원

강동혁, 임병직, 김종규, and 최환석. "가스발생기와 터빈배기부 열교환기 연계시험을 위한 설비 구성 및 성능시험." 한국추진공학회 학술대회논문집 (2018): 304-308.
김동원. "헬륨가스 공급 부족에 가격 급상승… 반도체 수익성에 악영향." 디일렉, 2021년 2월 19일.

김용욱, 이정호, 김동기, 이장환, 송윤호, and 조기주. "시험발사체 추진기관시스템 시험 절차." 한국추진공학회 학술대회논문집 (2019): 681-682.
김진선. "박상학 "대북전단 50만장 보냈다, 수소가스 구입못해 17배 비싼 헬륨가스로"." 서울경제, 2020년 6월 23일.
박대준. "대북전단 살포 단체 사용 수소가스통… "뇌관 없는 폭탄"." 뉴스1, 2020년 6월 23일.
아이가스저널. "[긴급진단] 헬륨 공급파동의 끝은 언제인가?" i가스저널, 2012년 9월 3일.
Bahcall, J. N., and M. H. Pinsonneault. "Helium diffusion in the Sun." The Astrophysical Journal 395 (1992): L119-L122.
Choi, Yoon Hyuck, Yi Li, Dongkeun Park, Jiho Lee, Philip C. Michael, Juan Bascunan, John P. Voccio, Yuki Iwasa, and Hideki Tanaka. "A Tabletop Persistent-Mode, Liquid Helium-Free 1.5-T MgB 2 "Finger" MRI Magnet: Construction and Operation of a Prototype Magnet." IEEE Transactions on Applied Superconductivity 29, no. 5 (2019): 1-5.
Damon, Paul E., and J. Laurence Kulp. "Excess helium and argon in beryl and other minerals." American Mineralogist: Journal of Earth and Planetary Materials 43, no. 5-6 (1958): 433-459.
Dyck, Willy. "The use of helium in mineral exploration." Journal of Geochemical Exploration 5, no. 1-2 (1976): 3-20.
Kim, Jung-Duck, Seung-A. Han, Won-Baek Yang, and Jong-Guk Rhim. "A study on the Internal Flow Analysis of Gas Cylinder Cabinet for Specialty Gas of Semiconductor." Journal of the Korean Institute of Gas 24, no. 5 (2020): 74-81.
Osterbrock, D. E., and J. B. Rogerson. "The helium and heavy-element content of gaseous nebulae and the Sun." Publications of the Astronomical Society of the Pacific 73, no. 431 (1961): 129-134.
Peebles, P. James E. "Primeval helium abundance and the primeval fireball." Physical Review Letters 16, no. 10 (1966): 410.
Pietarila, Anna, and Philip G. Judge. "On the formation of the resonance lines of helium in the Sun." The Astrophysical Journal 606, no. 2 (2004): 1239.
Potter, Sean. "Retrospect: May 6, 1937: The Hindenburg Disaster." Weatherwise 60, no. 3 (2007): 16-17.
Price, Charlotte Alber. "The Helium Conservation Program of the Department of the Interior." Envtl. Aff. 1 (1971): 333.
Schramm, David N., and Robert V. Wagoner. "Element production in the early universe." Annual Review of Nuclear Science 27, no. 1 (1977): 37-74.
Tisza, Laszlo. "The theory of liquid helium." Physical Review 72, no. 9 (1947): 838.
Unterberg, E. A., O. Schmitz, D. H. Fehling, H. Stoschus, C. C. Klepper, J. M. Muñoz-Burgos, G. Van Wassenhove, and D. L. Hillis. "HELIOS: A helium line-ratio spectral-monitoring

diagnostic used to generate high resolution profiles near the ion cyclotron resonant heating antenna on TEXTOR." Review of Scientific Instruments 83, no. 10 (2012): 10D722.

3. 리튬과 옛날 노래

고동욱. "前 법원 인사총괄 판사 "특정법관 정신질환 몰아간 적 없다"(종합)." 연합뉴스, 2019년 12월 13일.

권오은. "포스코, 광양에 연간 전기차 100만 대분 리튬 공장 짓는다." 조선일보, 2021년 4월 14일.

금호석유화학. "LBR." 금호석유화학 홈페이지, 합성고무 – LBR, https://www.kkpc.com/kor/product/syntheticRubber/productDetail/?seq=5 .

금호석유화학. "SSBR." 금호석유화학 홈페이지, 합성고무 – SSBR, https://www.kkpc.com/kor/product/syntheticRubber/productDetail/?seq=2 .

김재진, 이광근, and 조진행. "북극해 항로시대와 강원권 항만의 복합운송 물류네트워크 구축전략에 관한 연구." 한국항만경제학회지 32, no. 4 (2016): 109–126.

김창석. "모랄레스 볼리비아 대통령 공식 방한." 케이에스피뉴스, 2010년 8월 20일.

박정엽. "韓 배터리 점유율 1년 만에 2배... 올 수출 70억 달러로 역대 최고 전망." 조선일보, 2021년 1월 18일.

엘지화학 공식블로그 엘지케미토피아. "1995년 시작된 LG화학의 배터리 연구, 〈인터배터리 2019〉." LG화학공식블로그 LG케미토피아, 2019년 10월 25일, https://blog.lgchem.com/2019/10/25_interbattery/ .

연합뉴스. "[일지] LG화학 배터리 사업 시작부터 분할 결정까지." 연합뉴스 / 한국경제, 2020년 9월 17일.

Barandiarán, Javiera. "Lithium and development imaginaries in Chile, Argentina and Bolivia." World Development 113 (2019): 381–391.

Culkin, F. R. E. D. E. R. I. C. K., and R. A. Cox. "Sodium, potassium, magnesium, calcium and strontium in sea water." In Deep Sea Research and Oceanographic Abstracts, vol. 13, no. 5, pp. 789–804. Elsevier, 1966.

Ebensperger, Arlene, Philip Maxwell, and Christian Moscoso. "The lithium industry: its recent evolution and future prospects." Resources Policy 30, no. 3 (2005): 218–231.

Epstein, J. A., E. M. Feist, J. Zmora, and Y. Marcus. "Extraction of lithium from the dead sea." Hydrometallurgy 6, no. 3–4 (1981): 269–275.

He, Xin, Sumanjeet Kaur, and Robert Kostecki. "Mining Lithium from Seawater." Joule 4, no. 7 (2020): 1357–1358.

Jakhrani, A. Q., S. R. Samo, Habibur Rahman Sobuz, Md Alhaz Uddin, M. J. Ahsan, and Noor

Md Sadiqul Hasan. "Assessment of dissolved salts concentration of seawater in the vicinity of Karachi." International Journal of Structural and Civil Engineering 1, no. 2 (2012): 61–69.

Kamat, Prashant V. "Lithium-Ion Batteries and Beyond: Celebrating the 2019 Nobel Prize in Chemistry–A Virtual Issue." ACS Energy Letters 4, no. 11 (2019): 2757–2759.

Kavanagh, Laurence, Jerome Keohane, Guiomar Garcia Cabellos, Andrew Lloyd, and John Cleary. "Global lithium sources–industrial use and future in the electric vehicle industry: a review." Resources 7, no. 3 (2018): 57.

Lisbona, Diego, and Timothy Snee. "A review of hazards associated with primary lithium and lithium-ion batteries." Process safety and environmental protection 89, no. 6 (2011): 434–442.

Mohandas, E., and V. Rajmohan. "Lithium use in special populations." Indian journal of psychiatry 49, no. 3 (2007): 211.

Ooi, Kenta, Yoshitaka Miyai, and Shunsaku Katoh. "Recovery of lithium from seawater by manganese oxide adsorbent." Separation Science and Technology 21, no. 8 (1986): 755–766.

Oruch, Ramadhan, Mahmoud A. Elderbi, Hassan A. Khattab, Ian F. Pryme, and Anders Lund. "Lithium: a review of pharmacology, clinical uses, and toxicity." European journal of pharmacology 740 (2014): 464–473.

Özdemir, Hatice, and Alper Özdoğan. "The effect of heat treatments applied to superstructure porcelain on the mechanical properties and microstructure of lithium disilicate glass ceramics." Dental materials journal 37, no. 1 (2018): 24–32.

Peiró, Laura Talens, Gara Villalba Méndez, and Robert U. Ayres. "Lithium: sources, production, uses, and recovery outlook." Jom 65, no. 8 (2013): 986–996.

Sun, Xin, Han Hao, Fuquan Zhao, and Zongwei Liu. "Tracing global lithium flow: A trade-linked material flow analysis." Resources, Conservation and Recycling 124 (2017): 50–61.

Sutar, Alekha Kumar, Tungabidya Maharana, Saikat Dutta, Chi-Tien Chen, and Chu-Chieh Lin. "Ring-opening polymerization by lithium catalysts: an overview." Chemical Society Reviews 39, no. 5 (2010): 1724–1746.

Weeks, Mary Elvira, and Mary E. Larson. "JA Arfwedson and his services to chemistry." Journal of Chemical Education 14, no. 9 (1937): 403.

Yoshino, Akira. "The birth of the lithium-ion battery." Angewandte Chemie International Edition 51, no. 24 (2012): 5798–5800.

4. 베릴륨과 보물찾기

갤럽리포트. "한국인이 좋아하는 40가지 [그 밖의 것들] – 국내도시 / 외국 / 외국도시 /

옷색깔 / 보석 / 숫자 / 월 / 요일 / 종교 / 직업 (2004-2019).” 갤럽리포트, 2019년 11월 28일.
광업등록사무소. “30. 광종명 : 베릴륨(Berylium:Be).” 산업통상자원부 광업등록사무소 홈페이지 자료.
김기룡. “청원 만수리 구석기유적의 석기공작 비교연구.” 한국구석기학보 24 (2011): 3-20.
김기룡. “청원 만수리 구석기유적의 편년과 석기 연구.” PhD diss., 한양대학교, 2008.
김미정. “청원 만수리 유적 한국 最古 구석기 유적.” 중부매일, 2012년 12월 10일.
신승엽. “日 백색국가 배제… 中企 대책마련 분주.” 매일일보, 2019년 8월 4일.
자원순환기술지원센터. “국가통합자원관리시스템 베릴륨 흐름의 특징.” 한국생산기술연구원 자원순환기술지원센터 국가통합자원관리시스템 홈페이지, https://k-mfa.kr/app/mfa/statistics/info/feature/mfa_statistics_info_feature_63_2014_v.jsp .
A. Tomberlin T. “Beryllium-a unique material in nuclear applications.” Idaho Falls, ID: Idaho National Laboratory, 2004.
Arif, Mohammed, D. J. Henry, and C. J. Moon. “Host rock characteristics and source of chromium and beryllium for emerald mineralization in the ophiolitic rocks of the Indus Suture Zone in Swat, NW Pakistan.” Ore Geology Reviews 39, no. 1-2 (2011): 1-20.
Baker, D. “Replacement of Albemet and Beryllium based Materials for F-35 Applications.” SBIR STTR Award Details, Contract:N68335-08-C-0465, Solicitation Topic Code:N08-128.
Chernikov, Andrei A., and Moisei D. Dorfman. “Mineral composition of rare-metal-uranium, beryllium with emerald and other deposits in endo-and exocontacts of the Kuu granite massif (Central Kazakhstan).” New Data on Minerals 39 (2004): 71-79.
Crone, W. C. “Compositional variation and precipitate structures of copper-beryllium single crystals grown by the Bridgman technique.” Journal of crystal growth 218, no. 2-4 (2000): 381-389.
Esmati, K., H. Omidvar, J. Jelokhani, and M. Naderi. “Study on the microstructure and mechanical properties of diffusion brazing joint of C17200 Copper Beryllium alloy.” Materials & Design 53 (2014): 766-773.
Puchta, Ralph. “A brighter beryllium.” Nature chemistry 3, no. 5 (2011): 416-416.
Samal, P., and J. Newkirk. “Beryllium and Aluminum-Beryllium Alloys.” (2015).
Schwarz, Dietmar, Gaston Giuliani, G. Grundmann, and M. Glas. “The origin of emerald.” Emeralds of the World, extraLapis English 2 (2002): 18-23.
Strohmeyer, Cadmium-Friedrich, K. S. L. Hermann, Beryllium-Friedrich Wöhler, and A. A. B. Bussy. “List of multiple discoveries.”
USGS. “Beryllium-Important for National Defense.” USGS Mineral Resources Program, Fact Sheet 2012-3056.
Zheng, Li Fang, Xiao Gang Wang, Li Na Yue, Ya Jie Xie, Bao Peng Wu, and Jing Ming Zhong.

"Progress in the Application of Rare Light Metal Beryllium." In Materials Science Forum, vol. 977, pp. 261-271. Trans Tech Publications Ltd, 2020.

5. 붕소와 애플파이

김선길, 문인용, 이평안, and 김보현. "다결정 입방정질화붕소를 이용한 미세 공구 제작과 그 응용." 한국정밀공학회 학술발표대회 논문집 (2012): 149-150.

구경진, 황병하, 김대은, and 백홍구. "초정밀 부품의 내구성 향상을 위한 질화붕소 박막의 마멸 특성에 관한 연구." 정보저장시스템학회논문집 3, no. 3 (2007): 129-134.

박상준. "日 도호쿠 대지진 / 정부, 붕산 52톤 지원." 한국일보, 2011년 3월 16일.

삼성반도체이야기. "[반도체 쉽게 알기 #3] 불순물은 반도체도 춤추게 해요~." 삼성반도체이야기 홈페이지, 2012년 4월 2일, https://www.samsungsemiconstory.com/18 .

서울역사편찬원 발간. "경복궁연건일기." 서울역사편찬원, 1868년경 원판 작성 추정.

안승모. "누금세공(鏤金細工)." 한국민족문화대백과사전, 1996.

이경화, 번역 한민섭. "광제비급." 한의학고전DB, 1790년경 원판 작성 추정.

박지원, 번역 이가원. "열하일기." 한국고전종합DB, 1780년경 원판 작성 추정.

Chapin, Robert E., and Warren W. Ku. "The reproductive toxicity of boric acid." Environmental Health Perspectives 102, no. suppl 7 (1994): 87-91.

DeFrancesco, Heather, Joshua Dudley, and Adiel Coca. "Boron chemistry: an overview." Boron Reagents in Synthesis (2016): 1-25.

Fishel, Fred M. "Pesticide Toxicity Profile: Boric Acid." EDIS 2005, no. 15 (2005).

Fokin, V. M., and E. D. Zanotto. "Continuous compositional changes of crystal and liquid during crystallization of a sodium calcium silicate glass." Journal of non-crystalline solids 353, no. 24-25 (2007): 2459-2468.

Gore, J. Chad, Ludek Zurek, Richard G. Santangelo, S. Michael Stringham, D. Wes Watson, and Coby Schal. "Water solutions of boric acid and sugar for management of German cockroach populations in livestock production systems." Journal of economic entomology 97, no. 2 (2004): 715-720.

IRENE, OKORO CHIMDINMA. "BORON DISTRIBUTION IN THE SOILS OF A TOPOSEQUENCE IN A DERIVED SAVANNA AGRO-ECOLOGICAL ZONE OF NIGERIA." (2015).

Kang, Hyung-tae, Young-dong Chung, Woo-young Huh, and Yong-bi Shin. "Characterization of Western Asia Glassware excavated from Hwangnamdaechong Great Tomb." 한국문화재보존과학회: 학술대회논문집 (2004): 131-134.

Kot, Fyodor S. "Boron in the environment." Boron separation processes (2015): 1-33.

Miyazaki, Tsukasa, Yuuki Takeda, Sachiko Akane, Takahiko Itou, Akie Hoshiko, and Keiko En. "Role

of boric acid for a poly (vinyl alcohol) film as a cross-linking agent: Melting behaviors of the films with boric acid." Polymer 51, no. 23 (2010): 5539-5549.
Price, Catherine J., Melissa C. Marr, Christina B. Myers, John C. Seely, Jerrold J. Heindel, and Bernard A. Schwetz. "The developmental toxicity of boric acid in rabbits." Fundamental and applied toxicology 34, no. 2 (1996): 176-187.
Rasheed, M. Khalid. "Role of boron in plant growth: a review." J. Agric. Res 47, no. 3 (2009).
Seth, Manish. "The role of surface energy of boron nitride on gross melt fracture elimination of polymers." PhD diss., University of British Columbia, 2011.
Siegel, Earl, and Suman Wason. "Boric acid toxicity." Pediatric Clinics of North America 33, no. 2 (1986): 363-367.
Smedskjaer, Morten M., Randall E. Youngman, and John C. Mauro. "Principles of Pyrex® glass chemistry: structure-property relationships." Applied Physics A 116, no. 2 (2014): 491-504.
Smith, R. A. "Boron in glass and glass making." Journal of non-crystalline solids 84, no. 1-3 (1986): 421-432.
Sommer, Anna L., and C. B. Lipman. "Evidence on the indispensable nature of zinc and boron for higher green plants." Plant physiology 1, no. 3 (1926): 231.
Subramanian, C., A. K. Suri, and T. S. R. C. Murthy. "Development of Boron-based materials for nuclear applications." Barc Newsletter 313 (2010): 14.
TASAKI, Makoto, Hiromi YAMADA, Shinji MORIMOTO, and Manabu TOGAI. "Development of a Quantitative Analysis Method for Unreacted Boric Acid in Polarizing Plates." (2012).
Uluisik, Irem, Huseyin Caglar Karakaya, and Ahmet Koc. "The importance of boron in biological systems." Journal of Trace Elements in Medicine and Biology 45 (2018): 156-162.

6. 탄소와 스포츠

산업연구원. "한국 화학산업의 경제 및 사회적 영향 분석." 산업연구원 보고서, 2020년 12월.
안재광. "LG화학, 세계 최대 탄소나노튜브 공장 가동." 한국경제, 2021년 4월 14일.
최민경. "없어서 못 팔던 에틸렌… 올해부터 '공급과잉' 되나." 머니투데이, 2021년 2월 14일.
최홍준. "[화학] 국내 석유화학산업 현황 및 향후계획." KOTRA 공개 자료, 최홍준 연구조사본부 / 한국석유화학협회 제공 자료, 2019년.
한국석유화학협회. "위상." 한국석유화학협회 홈페이지, 석유화학산업 - 석유화학산업 현황 - 위상 (2020), https://www.kpia.or.kr/index.php/pages/view/industry/phase .
화학산업인적자원개발위원회. "석유화학산업의 최근 동향과 전망, 그리고 2030 메가트렌드." 화학산업인적자원개발위원회, 2020년 1월.
Andrews, Anne E. "Diamond Is Forever: De Beers, the Kimberely Process, and the Efficacy of

Public and Corporate Co-Regulatory Initiatives in Securing Regulatory Compliance." SCJ Int'l L. & Bus. 2 (2005): 177.

Cohn, S. H., C. Abesamis, I. Zanzi, J. F. Aloia, S. Yasumura, and K. J. Ellis. "Body elemental composition: comparison between black and white adults." American Journal of Physiology-Endocrinology And Metabolism 232, no. 4 (1977): E419.

Dresselhaus, M. S., G. Dresselhaus, and R. Saito. "Physics of carbon nanotubes." Carbon 33, no. 7 (1995): 883-891.

Gbaruko, B. C., J. C. Igwe, P. N. Gbaruko, and R. C. Nwokeoma. "Gas hydrates and clathrates: Flow assurance, environmental and economic perspectives and the Nigerian liquified natural gas project." Journal of Petroleum Science and Engineering 56, no. 1-3 (2007): 192-198.

Glascock, M., P. Nabelek, D. Weinrich, and R. Coveney. "Correcting for uranium fission in instrumental neutron activation analysis of high-uranium rocks." Journal of radioanalytical and nuclear chemistry 99, no. 1 (1986): 121-131.

Grimes, R. W., and Charles Richard Arthur Catlow. "The stability of fission products in uranium dioxide." Philosophical Transactions of the Royal Society of London. Series A: Physical and Engineering Sciences 335, no. 1639 (1991): 609-634.

Haddon, R. C., A. S. Perel, R. C. Morris, T. T. M. Palstra, A. F. Hebard, and R. M. Fleming. "C60 thin film transistors." Applied physics letters 67, no. 1 (1995): 121-123.

Hansen, James, Donald Johnson, Andrew Lacis, Sergej Lebedeff, Pius Lee, David Rind, and Gary Russell. "Climate impact of increasing atmospheric carbon dioxide." Science 213, no. 4511 (1981): 957-966.

Howarth, Robert W., Renee Santoro, and Anthony Ingraffea. "Methane and the greenhouse-gas footprint of natural gas from shale formations." Climatic change 106, no. 4 (2011): 679-690.

Huang, Peter H. "Meta-mindfulness: A new hope." Rich. JL & Pub. Int. 19 (2015): 303.

Jacob, David T. "There is no Silicon-based Life in the Solar System." Silicon 8, no. 1 (2016): 175-176.

Maier-Reimer, Ernst, and Klaus Hasselmann. "Transport and storage of CO2 in the ocean-an inorganic ocean-circulation carbon cycle model." Climate dynamics 2, no. 2 (1987): 63-90.

Popov, Valentin N. "Carbon nanotubes: properties and application." Materials Science and Engineering: R: Reports 43, no. 3 (2004): 61-102.

Sikar, E., M. A. Santos, B. Matvienko, M. B. Silva, C. H. E. D. Rocha, E. Santos, A. P. Bentes Jr, and L. P. Rosa. "Greenhouse gases and initial findings on the carbon circulation in two reservoirs and their watersheds." Internationale Vereinigung für theoretische und angewandte Limnologie: Verhandlungen 29, no. 2 (2005): 573-576.

7. 질소와 목욕

산업안전보건공단. "악취의 측정과 분석." 산업안전보건공단, 2002.

이영완. "한국 첫 우주발사체 나로호 발사 D-1… 위성 안착시킬 고체로켓 개발 과정." 조선일보, 2009년 8월 18일.

최혜원. "전국 상수도 보급률 99.1%… 도시·농어촌 격차 감소." 환경부, 알림 / 홍보 - 뉴스공지 - 보도 설명, 수도정책과, 2019년 1월 30일.

Altenburger, Rolf, and Philippe Matile. "Further observations on rhythmic emission of fragrance in flowers." Planta 180, no. 2 (1990): 194–197.

Berstad, Arnold, Jan Raa, and Jørgen Valeur. "Indole–the scent of a healthy 'inner soil'." Microbial ecology in health and disease 26, no. 1 (2015): 27997.

Ciriminna, Rosaria, Monica Lomeli-Rodriguez, Piera Demma Cara, Jose A. Lopez-Sanchez, and Mario Pagliaro. "Limonene: a versatile chemical of the bioeconomy." Chemical Communications 50, no. 97 (2014): 15288–15296.

Ellis, Fred. "Naming of Chemical Elements." Names 1, no. 3 (1953): 163–176.

Fedoruk, Marion J., Rod Bronstein, and Brent D. Kerger. "Ammonia exposure and hazard assessment for selected household cleaning product uses." Journal of Exposure Science & Environmental Epidemiology 15, no. 6 (2005): 534–544.

Fellström, Claes, Märit Karlsson, Bertil Pettersson, Ulla Zimmerman, Anders Gunnarsson, and Anna Aspan. "Emended descriptions of indole negative and indole positive isolates of Brachyspira (Serpulina) hyodysenteriae." Veterinary microbiology 70, no. 3–4 (1999): 225–238.

Han, Thi Hiep, Jin-Hyung Lee, Moo Hwan Cho, Thomas K. Wood, and Jintae Lee. "Environmental factors affecting indole production in Escherichia coli." Research in microbiology 162, no. 2 (2011): 108–116.

Katsuno, Tsuyoshi, Hisae Kasuga, Yumi Kusano, Yoshihiro Yaguchi, Miho Tomomura, Jilai Cui, Ziyin Yang et al. "Characterisation of odorant compounds and their biochemical formation in green tea with a low temperature storage process." Food Chemistry 148 (2014): 388–395.

Möller, Detlev, and H. Schieferdecker. "The role of atmospheric ammonia in biogeochemical nitrogen circulation." Zeitschrift fur die gesamte Hygiene und ihre Grenzgebiete 28, no. 11 (1982): 797–802.

O'Hara, Caroline Mohr, Frances W. Brenner, and J. Michael Miller. "Classification, identification, and clinical significance of Proteus, Providencia, and Morganella." Clinical microbiology reviews 13, no. 4 (2000): 534–546.

Ringnes, Vivi. "Origin of the names of chemical elements." Journal of Chemical Education 66, no. 9 (1989): 731.

Sheibani, Ershad, Susan E. Duncan, David D. Kuhn, Andrea M. Dietrich, Jordan J. Newkirk, and Sean F. O'Keefe. "Changes in flavor volatile composition of oolong tea after panning during tea processing." Food science & nutrition 4, no. 3 (2016): 456-468.

Siegfried, Robert. "Lavoisier's table of simple substances: Its origin and interpretation." Ambix 29, no. 1 (1982): 29-48.

Timmer, Björn, Wouter Olthuis, and Albert Van Den Berg. "Ammonia sensors and their applications-a review." Sensors and Actuators B: Chemical 107, no. 2 (2005): 666-677.

Uiterkamp, AJM Schoot. "Nitrogen cycling and human intervention." In Nitrogen Fixation, pp. 55-66. Springer, Boston, MA, 1990.

Williams, Jonathan, and Akima Ringsdorf. "Human odour thresholds are tuned to atmospheric chemical lifetimes." Philosophical Transactions of the Royal Society B 375, no. 1800 (2020): 20190274.

Windig, J. J., H. A. Mulder, J. Ten Napel, E. F. Knol, P. K. Mathur, and R. E. Crump. "Genetic parameters for androstenone, skatole, indole, and human nose scores as measures of boar taint and their relationship with finishing traits." Journal of Animal Science 90, no. 7 (2012): 2120-2129.

Wright, N. R. "Nitrogen, or Azote." The American journal of dental science 9, no. 1 (1859): 3.

Yumoto, Isao, Kikue Hirota, Shingo Yamaga, Yoshinobu Nodasaka, Tsuneshirou Kawasaki, Hidetoshi Matsuyama, and Kenji Nakajima. "Bacillus asahii sp. nov., a novel bacterium isolated from soil with the ability to deodorize the bad smell generated from short-chain fatty acids." International journal of systematic and evolutionary microbiology 54, no. 6 (2004): 1997-2001.

8. 산소와 일광욕

곽재식. "곽재식의 세균 박람회." 김영사, 2020.

상수도사업본부 시설안전부 시설관리과. "정수 및 고도정수처리." 서울 정책아카이브, 서울주요정책 서울정책실, 2014년 5월 18일.

아리수 홍보관. "아리수 공급 고도정수처리." 서울특별시 상수도사업본부 아리수 홍보관, 아리수 이야기 - 아리수 생산 - 아리수 공급 - 고도정수처리, https://e-arisu.seoul.go.kr/about/process.jsp .

윤봉학. "영도경찰서, 금고털이 형제 검거." 쿠키뉴스, 2010년 3월 24일.

한창균, 김근완, and 최삼용. "대전 석봉정수장 건설지역 1·2 지구의 문화유적 발굴." 역사와실학 15 (2000): 31-57.

환경부. "고도정수처리시설 도입 및 평가지침." 환경부, 2013.

Bae, Ki-Dong. "A review of Korean Paleolithic archaeology in 1990s." MUNHWAJAE Korean Journal of Cultural Heritage Studies 35 (2002): 4-27.

Ball, William T., Justin Alsing, Daniel J. Mortlock, Johannes Staehelin, Joanna D. Haigh, Thomas Peter, Fiona Tummon et al. "Evidence for a continuous decline in lower stratospheric ozone offsetting ozone layer recovery." Atmospheric Chemistry and Physics 18, no. 2 (2018): 1379-1394.

Bennett, Jennifer L., Haiguang Liao, Tilo Buergel, Gregory Hyatt, Kornel Ehmann, and Jian Cao. "Towards bi-metallic injection molds by directed energy deposition." Manufacturing Letters 27 (2021): 78-81.

Boeniger, Mark F. "Use of ozone generating devices to improve indoor air quality." American Industrial Hygiene Association Journal 56, no. 6 (1995): 590-598.

Carleton, N. P., and W. A. Traub. "Detection of molecular oxygen on Mars." Science 177, no. 4053 (1972): 988-992.

Cheng, Lin, Wantanee Viriyasitavat, Mate Boban, and Hsin-Mu Tsai. "Comparison of radio frequency and visible light propagation channels for vehicular communications." IEEE Access 6 (2017): 2634-2644.

Craddock, Paul T., and Nigel D. Meeks. "Iron in ancient copper." Archaeometry 29, no. 2 (1987): 187-204.

Cunningham, Carol C. "Energy availability and alcohol-related liver pathology." Alcohol Research & Health 27, no. 4 (2003): 291.

Dey, Aparajita, and Arthur I. Cederbaum. "Alcohol and oxidative liver injury." Hepatology 43, no. S1 (2006): S63-S74.

Dodd, Robert B. "Diethyl Ether. Its Effects on the Human Body." Academic Medicine 37, no. 5 (1962): 527.

Grenfell, J. Lee, Heike Rauer, Franck Selsis, Lisa Kaltenegger, Charles Beichman, William Danchi, Carlos Eiroa et al. "Co-evolution of atmospheres, life, and climate." Astrobiology 10, no. 1 (2010): 77-88.

Gungordu, Nahide, Ayse Yalcin-Celik, and Ziya Kilic. "Students' Misconceptions about the Ozone Layer and the Effect of Internet-Based Media on It." International Electronic Journal of Environmental Education 7, no. 1 (2017): 1-16.

Hansen, Torben Bruun, and Bente Andersen. "Ozone and other air pollutants from photocopying machines." American Industrial Hygiene Association Journal 47, no. 10 (1986): 659-665.

Hessen, Dag O. "Solar radiation and the evolution of life." Solar radiation and human health (2008): 123-136.

Ichihashi, Masamitsu, Nazim U. Ahmed, Arief Budiyanto, An Wu, Toshinori Bito, Masato Ueda, and Toshihiko Osawa. "Preventive effect of antioxidant on ultraviolet-induced skin cancer in mice." Journal of Dermatological Science 23 (2000): S45–S50.

Lillis, Robert J., Justin Deighan, Jane L. Fox, Stephen W. Bougher, Yuni Lee, Michael R. Combi, Thomas E. Cravens et al. "Photochemical escape of oxygen from Mars: First results from MAVEN in situ data." Journal of Geophysical Research: Space Physics 122, no. 3 (2017): 3815–3836.

Lim, Mi Young, Ju-Mi Kim, Jung Eun Lee, and GwangPyo Ko. "Characterization of ozone disinfection of murine norovirus." Applied and environmental microbiology 76, no. 4 (2010): 1120–1124.

Lind, Olle, Mindaugas Mitkus, Peter Olsson, and Almut Kelber. "Ultraviolet vision in birds: the importance of transparent eye media." Proceedings of the Royal Society B: Biological Sciences 281, no. 1774 (2014): 20132209.

Matheus, Luiz Eduardo Mendes, Alex Borges Vieira, Luiz FM Vieira, Marcos AM Vieira, and Omprakash Gnawali. "Visible light communication: concepts, applications and challenges." IEEE Communications Surveys & Tutorials 21, no. 4 (2019): 3204–3237.

Mohania, Dheeraj, Shikha Chandel, Parveen Kumar, Vivek Verma, Kumar Digvijay, Deepika Tripathi, Khushboo Choudhury, Sandeep Kumar Mitten, and Dilip Shah. "Ultraviolet radiations: Skin defense-damage mechanism." Ultraviolet Light in Human Health, Diseases and Environment (2017): 71–87.

Narayanan, Deevya L., Rao N. Saladi, and Joshua L. Fox. "Ultraviolet radiation and skin cancer." International journal of dermatology 49, no. 9 (2010): 978–986.

Ratner, Michael I., and James CG Walker. "Atmospheric ozone and the history of life." Journal of Atmospheric Sciences 29, no. 5 (1972): 803–808.

Rubin, Mordecai B. "The history of ozone. The Schönbein period, 1839–1868." Bull. Hist. Chem 26, no. 1 (2001): 40–56.

Sciuto, Katia, and Isabella Moro. "Cyanobacteria: the bright and dark sides of a charming group." Biodiversity and Conservation 24, no. 4 (2015): 711–738.

Sherby, Oleg D., and Jeffrey Wadsworth. "Ancient blacksmiths, the Iron Age, Damascus steels, and modern metallurgy." Journal of Materials Processing Technology 117, no. 3 (2001): 347–353.

Siebeck, Ulrike E., and N. Justin Marshall. "Ocular media transmission of coral reef fish–can coral reef fish see ultraviolet light?" Vision research 41, no. 2 (2001): 133–149.

Swartzendruber, L. J. "Melting point of iron." Bulletin of Alloy Phase Diagrams 5, no. 4 (1984): 339–339.

Szeto, Wai, W. C. Yam, Haibao Huang, and Dennis YC Leung. "The efficacy of vacuum-ultraviolet light disinfection of some common environmental pathogens." BMC infectious diseases 20, no. 1 (2020): 1–9.

Wagner, Jennifer K., Esteban J. Parra, Heather L. Norton, Celina Jovel, and Mark D. Shriver. "Skin responses to ultraviolet radiation: effects of constitutive pigmentation, sex, and ancestry." Pigment cell research 15, no. 5 (2002): 385–390.

Weschler, Charles J. "Ozone in indoor environments: concentration and chemistry." Indoor air 10, no. 4 (2000): 269–288.

Zhang, Q., and P. L. Jenkins. "Evaluation of ozone emissions and exposures from consumer products and home appliances." Indoor Air 27, no. 2 (2017): 386–397.

Zhang, Jianping. "An integrated design approach for improving drinking water ozone disinfection treatment based on computational fluid dynamics." (2007).

9. 플루오린과 아이스크림

김종철. "치아우식증 예방과 불소." The journal of the Korean dental association 33, no. 1 (1995): 18–21.

변상근, 강해령. "솔브레인, 초고순도 '12나인' 액체 불화수소 대량 생산." 전자신문, 2020년 1월 2일.

이석훈. "형석의 개발과 시장 현황." Mineral and Industry 17, no. 1 (2004): 68–80.

전경운, 황순민. "반도체 소재사업 '기술독립' 속속 성과." 매일경제, 2019년 10월 2일.

황정, 허순도 "금산-완주지역 형석광화대내 지하수의 불소분포 특성." In Proceedings of the KSEEG Conference, pp. 73–76. The Korean Society of Economic and Environmental Geology, 2000.

Benhadid-Dib, Samira, and Ahmed Benzaoui. "Refrigerants and their environmental impact Substitution of hydro chlorofluorocarbon HCFC and HFC hydro fluorocarbon. Search for an adequate refrigerant." Energy Procedia 18 (2012): 807–816.

Blumm, J., A. Lindemann, M. Meyer, and C. Strasser. "Characterization of PTFE using advanced thermal analysis techniques." International Journal of thermophysics 31, no. 10 (2010): 1919–1927.

Brack, Duncan. International trade and the Montreal Protocol. Routledge, 2017.

Ciconkov, Risto. "Refrigerants: There is still no vision for sustainable solutions." International Journal of Refrigeration 86 (2018): 441–448.

Groult, Henri, Frédéric Lantelme, Mathieu Salanne, Christian Simon, Céline Belhomme, Bertrand Morel, and François Nicolas. "Role of elemental fluorine in nuclear field." Journal of fluorine chemistry 128, no. 4 (2007): 285–295.

Morel, B., and B. Duperret. "Uranium and fluorine cycles in the nuclear industry." Journal of Fluorine Chemistry 130, no. 1 (2009): 7–10.

Osborne, Nathan S., and Defoe C. Ginnings. "Measurements of heat of vaporization and heat capacity of a number of hydrocarbons." J Res Natl Bur Stand 39 (1947): 453-477.
PALUCKA, TIM. "The slipperiest solid substance on earth." MRS BULLETIN 31, no. 5 (2006): 421-421.
Roesky, Herbert W. "A flourish of fluorine." Nature chemistry 2, no. 3 (2010): 240-240.
Royal Society of Chemistry. "On This Day – June 26 : Fluorine was isolated by the French chemist Henri Moissan on this day in 1886." Royal Society of Chemistry, Home page, Resources, https://edu.rsc.org/resources/on-this-day-jun-26--fluorine-was-isolated/10626.article .
Sakoda, Akiyoshi, and Motoyuki Suzuki. "Fundamental study on solar powered adsorption cooling system." Journal of chemical engineering of Japan 17, no. 1 (1984): 52-57.
Schwerin, Lenher. "Fluorspar-Its chemical and industrial applications." Journal of Chemical Education 17, no. 4 (1940): 160.
Stallard, Robert D., and Edward S. Amis. "Heat of vaporization and other properties of dioxane, water and their mixtures." Journal of the American Chemical Society 74, no. 7 (1952): 1781-1790.
Szwarc, H. "The diamond saga: from Moissan to the present day." In Annales pharmaceutiques francaises, vol. 66, no. 1, pp. 50-55. 2008.
Tiedemann, T., M. Burke, and H. Kruse. "Recent Developments to Extend the Use of Ammonia." (1996).
Velders, Guus JM, Stephen O. Andersen, John S. Daniel, David W. Fahey, and Mack McFarland. "The importance of the Montreal Protocol in protecting climate." Proceedings of the National Academy of Sciences 104, no. 12 (2007): 4814-4819.
Wisniak, Jaime. "Henri Moissan. The discoverer of fluorine." Educación Química 13, no. 4 (2002): 267-274.

10. 네온과 밤거리

고정일. "[조선 창조경영의 도전자들] 은방서 머슴 살던 13살 소년 조선 최고 금은방 거상으로." 주간조선, 2352호, 2015년 4월 13일.
김소연. "1930 년대 잡지에 나타난 근대백화점의 사회문화적 의미." 대한건축학회 논문집-계획계 25, no. 3 (2009): 131-138.
동아일보 사설. "대경성의 조선인." 동아일보, 1932년 10월 26일.
양기철. "서울거리." 조선일보, 1931년 10월 17일.
염복규. "민족과 욕망의 랜드마크: 박흥식과 화신백화점." 도시연구 6 (2011): 43-71.
염상섭. "현대인과 문학 (7)." 동아일보, 1931년 11월 19일.

오윤정. "[용어와 건축] 백화점." 건축 59, no. 9 (2015): 80-80.
유인석. "한국의 건축가-박길룡 (2), 작품과 건축시상." Korean Architects 8 (1996): 72-77.
이랑주, and 김순구. "한국 백화점 비주얼머천다이징 패러다임에 관한 연구." Archives of Design Research 21, no. 5 (2008): 113-124.
정지희. "일제강점기 은세공상회를 통해 본 종로의 공간성과 형성배경." 서울학연구 74 (2019): 33-80.
조선일보. "창경원의 불야성." 조선일보, 1931년 4월 19일.
Arabatzis, Theodore. "Cathode rays." In Compendium of Quantum Physics, pp. 89-92. Springer, Berlin, Heidelberg, 2009.
Biddle, Charles. "Historic Signs: Georges Claude, Neon's Founder." Western Pennsylvania History: 1918-2018 (2008): 18-19.
Campbell, W. W. "A comparison of the visual hydrogen spectra of the Orion nebula and of a Geissler tube." The Astrophysical Journal 9 (1899).
Crowe, Michael F. "Neon signs: Their origin, use, and maintenance." APT Bulletin: The Journal of Preservation Technology 23, no. 2 (1991): 30-37.
Ewing, Robert M. "Neon Sign Construction." (1929).
Grandinetti, Felice. "Neon behind the signs." Nature Chemistry 5, no. 5 (2013): 438-438.
Grochala, Wojciech. "On the position of helium and neon in the periodic table of elements." Foundations of Chemistry 20, no. 3 (2018): 191-207.
Meunier, J., Ph Belenguer, and J. P. Boeuf. "Numerical model of an ac plasma display panel cell in neon-xenon mixtures." Journal of applied physics 78, no. 2 (1995): 731-745.
Reif-Acherman, Simón. "Heinrich geissler: pioneer of electrical science and vacuum technology [scanning our past]." Proceedings of the IEEE 103, no. 9 (2015): 1672-1684.
Włoch, Joanna. "The language of chemistry: A study of English chemical vocabulary." Beyond Philology (2015): 77.

11. 소듐과 냉면

강두순. "한화케미칼 "거대한 소금산이 노다지"." 매일경제, 2019년 4월 25일.
김보형. "유가 올라도 잘나가는 '가성소다'를 아시나요." 한국경제, 2018년 2월 5일.
남형도. "가성소다 공장 팔았더니…4년새 가격 '최대'." 머니투데이, 2017년 3월 21일.
이도연. "포장냉면은 나트륨 '폭탄'… 1인분만 먹어도 하루 섭취량." 연합뉴스, 2017년 6월 29일.
이성규. "복어, 독살의 비약으로 이용되다 (상)." The Science Times, 2010년 3월 26일.
장진원. "천연 살충제 '제충국' 재배하는 채의수 씨." 한경BUSINESS, 2015년 9월 23일.

정민주. "가성소다, 가격 상승+환차익… 한화케미칼·롯데정밀화학 '호재'." EBN, 2019년 6월 18일.

Babinčáková, Mária. "Leavening Agents: The Chemistry of Baking Discovered with a Computer-Based Learning." Journal of Chemical Education 97, no. 4 (2020): 1190–1194.

Bourrié, Guilhem. "Salts in Deserts." Mankind and Deserts 2: Water and Salts (2021): 121–137.

Ead, Hamed A. "Globalization in Egypt in a Historical Context: Berthollet and the Egyptian Natron." Journal of Globalization Studies 11, no. 1 (2020): 118–133.

Faber, Malte, and Marc Frick. "Conceptual and political foundations for examining the interaction between nature and economy." In A Research Agenda for Environmental Economics. Edward Elgar Publishing, 2020.

Figtree, Gemma A., Chia-Chi Liu, Stephanie Bibert, Elisha J. Hamilton, Alvaro Garcia, Caroline N. White, Karin KM Chia, Flemming Cornelius, Kaethi Geering, and Helge H. Rasmussen. "Reversible oxidative modification: a key mechanism of Na^+–K^+ pump regulation." Circulation research 105, no. 2 (2009): 185–193.

Friedman, Barry. "A Chemistry Puzzle to Be Solved Breadcrumb." The Science Teacher 87, no. 6 (2020).

Filippini, Tommaso, Marcella Malavolti, Paul K. Whelton, Androniki Naska, Nicola Orsini, and Marco Vinceti. "Blood Pressure Effects of Sodium Reduction: Dose-Response Meta-Analysis of Experimental Studies." Circulation 143, no. 16 (2021): 1542–1567.

Huang, Jianming, Lei Zhang, Limin Hu, Yanhua Han, Mingzhong Xu, Weipeng He, Bin Ru et al. "The Comparative Analysis of the LED and High-Pressure Sodium Lamp as Road Lighting." In Proceedings of 2018 International Conference on Optoelectronics and Measurement, pp. 155–158. Springer, Singapore, 2020.

Huang, Liping, Kathy Trieu, Sohei Yoshimura, Bruce Neal, Mark Woodward, Norm RC Campbell, Qiang Li et al. "Effect of dose and duration of reduction in dietary sodium on blood pressure levels: systematic review and meta-analysis of randomised trials." bmj 368 (2020).

Jeran, Nina, Martina Grdiša, Filip Varga, Zlatko Šatović, Zlatko Liber, Dario Dabić, and Martina Biošić. "Pyrethrin from Dalmatian pyrethrum (Tanacetum cinerariifolium/Trevir./Sch. Bip.): biosynthesis, biological activity, methods of extraction and determination." Phytochemistry Reviews (2020): 1–31.

Jurewicz, Joanna, Paweł Radwan, Bartosz Wielgomas, Michał Radwan, Anetta Karwacka, Paweł Kałużny, Marta Piskunowicz, Emila Dziewirska, and Wojciech Hanke. "Exposure to pyrethroid pesticides and ovarian reserve." Environment International 144 (2020): 106028.

Katzin, David, Leo FM Marcelis, and Simon van Mourik. "Energy savings in greenhouses by transition from high-pressure sodium to LED lighting." Applied Energy 281 (2021): 116019.

Kozlova, M. I., I. M. Bushmakin, J. D. Belyaeva, D. N. Shalaeva, D. V. Dibrova, D. A.

Cherepanov, and A. Y. Mulkidjanian. "Expansion of the "Sodium World" through Evolutionary Time and Taxonomic Space." Biochemistry (Moscow) 85, no. 12 (2020): 1518–1542.

Lengai, Geraldin MW, James W. Muthomi, and Ernest R. Mbega. "Phytochemical activity and role of botanical pesticides in pest management for sustainable agricultural crop production." Scientific African 7 (2020): e00239.

Levin, Judith. Soda and Fizzy Drinks: A Global History. Reaktion Books, 2021.

Lim, Hyeong-Gyu, and Hee-Sook Kim. "Comparative Study on the Degumming Methods of Hemp Fiber." Fashion & Textile Research Journal 22, no. 4 (2020): 523–533.

Mack, Lindsey K., Erin Taylor Kelly, Yoosook Lee, Katherine K. Brisco, Kaiyuan Victoria Shen, Aamina Zahid, Tess van Schoor, Anthony J. Cornel, and Geoffrey M. Attardo. "Frequency of sodium channel genotypes and association with pyrethrum knockdown time in populations of Californian Aedes aegypti." Parasites & vectors 14, no. 1 (2021): 1–11.

Mgimwa, Emmanuel F., Jasson R. John, and Charles V. Lugomela. "The influence of physical-chemical variables on phytoplankton and lesser flamingo (Phoeniconaias minor) abundances in Lake Natron, Tanzania." African Journal of Ecology (2021).

Monnot, Mathias, S. Laborie, G. Hébrard, and N. Dietrich. "New approaches to adapt escape game activities to large audience in chemical engineering: Numeric supports and students' participation." Education for Chemical Engineers 32 (2020): 50–58.

Reid, Gordon, Andreas Scholz, Hugh Bostock, and Werner Vogel. "Human axons contain at least five types of voltage-dependent potassium channel." The Journal of physiology 518, no. 3 (1999): 681–696.

Romanova, Daria Y., Ivan V. Smirnov, Mikhail A. Nikitin, Andrea B. Kohn, Alisa I. Borman, Alexey Y. Malyshev, Pavel M. Balaban, and Leonid L. Moroz. "Sodium action potentials in placozoa: Insights into behavioral integration and evolution of nerveless animals." Biochemical and Biophysical Research Communications 532, no. 1 (2020): 120–126.

Safronov, B. V., K. Kampe, and W. Vogel. "Single voltage-dependent potassium channels in rat peripheral nerve membrane." The Journal of physiology 460, no. 1 (1993): 675–691.

Shoo, Rehema Abeli. "Ecotourism Potential and Challenges at Lake Natron Ramsar Site, Tanzania." In Protected Areas in Northern Tanzania, pp. 75–90. Springer, Cham, 2020.

Skou, J. C. "The energy coupled exchange of Na^+ for K^+ across the cell membrane: The Na^+, K^+-pump." FEBS letters 268, no. 2 (1990): 314–324.

Sun, Wenli, Mohamad Hesam Shahrajabian, and Qi Cheng. "Pyrethrum an organic and natural pesticide." Journal of Biological and Environmental Sciences 14, no. 40 (2020): 41–44.

Yan, Ru, Qiaoling Zhou, Zhanyi Xu, Guonian Zhu, Ke Dong, Boris S. Zhorov, and Mengli Chen. "Three sodium channel mutations from Aedes albopictus confer resistance to Type I, but not Type II pyrethroids." Insect Biochemistry and Molecular Biology 123 (2020): 103411.

12. 마그네슘과 숲

곽재식. “미치광이 과학자, 교도소에 갇히다.” 미스테리아, 10호, 2016년 12월.

소셜홍보팀. “혁신의 LG 그램 “자꾸 좋아지기만 하면 어쩌려고 그램”.” LiVE LG LG전사 소셜 매거진, 2019년1월29일.

신근순. “전남도, 마그네슘·고망간강 상용화 기반구축 나선다.” 신소재경제, 2019년 4월 26일.

유해출, and 최홍규. “누설전류에서 희생양극법을 이용한 전식 방지에 대한 연구.” 조명·전기설비학회논문지 24, no. 8 (2010): 21-26.

전남테크노파크. “전남테크노파크, 순천시와 초경량 마그네슘 소재·부품 산업 활성화 국회 포럼 개최.” 전남테크노파크 포토뉴스, 신소재기술산업화지원센터 방일환, 2020년 11월 23일.

최정열, 김준형, 이규용, 김영기, 박종윤, 송봉환 and 설진웅, 2017. 희생양극법을 이용한 레일부식 저감 방안에 관한 연구. Journal of the Korean Society of Safety, 32(6), pp.54-60.

포스코 뉴스룸. “포스코 Mg판재, 깃털같이 가벼운 초경량 노트북 ‘LG 그램’ 만들다”, POSCO 뉴스롬, 2017년 1월 16일

Al Mutaz, I. S., and K. M. Wagialia. “Production of magnesium from desalination brines.” Resources, conservation and recycling 3, no. 4 (1990): 231-239.

Baum, Stuart J., Bruce F. Burnham, and Robert A. Plane. “Studies on the biosynthesis of chlorophyll: chemical incorporation of magnesium into porphyrins.” Proceedings of the National Academy of Sciences of the United States of America 52, no. 6 (1964): 1439.

Black, Jay R., Qing-zhu Yin, and William H. Casey. “An experimental study of magnesium-isotope fractionation in chlorophyll-a photosynthesis.” Geochimica et cosmochimica acta 70, no. 16 (2006): 4072-4079.

Cho, Taeyeon, and Myoung-Jin Kim. “Production of Concentrated Magnesium Solution from Seawater Using Industrial By-products.” Journal of the Korean Institute of Resources Recycling 25, no. 3 (2016): 63-73.

Danali, S. M., R. S. Palaiah, and K. C. Raha. “Developments in Pyrotechnics.” Defence Science Journal 60, no. 2 (2010).

Dietz, Emma M. “Chlorophyll and hemoglobin-Two natural pyrrole pigments.” Journal of Chemical Education 12, no. 5 (1935): 208.

Gröber, Uwe, Joachim Schmidt, and Klaus Kisters. “Magnesium in prevention and therapy.” Nutrients 7, no. 9 (2015): 8199-8226.

Gupta, M., and N. Gupta. “The promise of magnesium based materials in aerospace sector.” Int J Aeronautics Aerospace Res 4, no. 1 (2017): 141-149.

Han, Zhiyue, Qi Jiang, Zhiming Du, Hng Huey Hoon, Yue Yu, Yupeng Zhang, Gong Li, and Yue

Sun. "A novel environmental-friendly and safe unpacking powder without magnesium, aluminum and Sulphur for fireworks." Journal of hazardous materials 373 (2019): 835-843.

Hawass, Ahmed, and Mahmoud Awad. "Binary Mixture Based on Epoxy for Spectrally Adapted Decoy Flare." Advanced Journal of Chemistry-Section A (2020).

Jahnen-Dechent, Wilhelm, and Markus Ketteler. "Magnesium basics." Clinical kidney journal 5, no. Suppl_1 (2012): i3-i14.

Knochel, Paul. "A flash of magnesium." Nature chemistry 1, no. 9 (2009): 740-740.

Liu, Jian, Mark D. Bearden, Carlos A. Fernandez, Leonard S. Fifield, Satish K. Nune, Radha K. Motkuri, Philip K. Koech, and B. Pete McGrail. "Techno-economic analysis of magnesium extraction from seawater via a catalyzed organo-metathetical process." Jom 70, no. 3 (2018): 431-435.

Lockhart, Peter J., A. W. Larkum, M. Steel, Peter J. Waddell, and David Penny. "Evolution of chlorophyll and bacteriochlorophyll: the problem of invariant sites in sequence analysis." Proceedings of the National Academy of Sciences 93, no. 5 (1996): 1930-1934.

Parthiban, G. T., Thirumalai Parthiban, R. Ravi, V. Saraswathy, N. Palaniswamy, and V. Sivan. "Cathodic protection of steel in concrete using magnesium alloy anode." Corrosion Science 50, no. 12 (2008): 3329-3335.

Pathak, Shashi S., Sharathkumar K. Mendon, Michael D. Blanton, and James W. Rawlins. "Magnesium-based sacrificial anode cathodic protection coatings (Mg-rich primers) for aluminum alloys." Metals 2, no. 3 (2012): 353-376.

Marshall, D. H., B. E. C. Nordin, and R. Speed. "Calcium, phosphorus and magnesium requirement." Proceedings of the Nutrition Society 35, no. 2 (1976): 163-173.

Maynard, D. G., D. Paré, E. Thiffault, B. Lafleur, K. E. Hogg, and B. Kishchuk. "How do natural disturbances and human activities affect soils and tree nutrition and growth in the Canadian boreal forest?" Environmental Reviews 22, no. 2 (2014): 161-178.

Melfos, Vasilios, Bruno Helly, and Panagiotis Voudouris. "The ancient Greek names "Magnesia" and "Magnetes" and their origin from the magnetite occurrences at the Mavrovouni mountain of Thessaly, central Greece. A mineralogical-geochemical approach." Archaeological and Anthropological Sciences 3, no. 2 (2011): 165-172.

Orth, O. S., G. C. Wickwire, and W. E. Burge. "Copper in relation to chlorophyll and hemoglobin formation." Science (Washington) 79 (1934): 33-34.

Pauli, Jonathan N., Jorge E. Mendoza, Shawn A. Steffan, Cayelan C. Carey, Paul J. Weimer, and M. Zachariah Peery. "A syndrome of mutualism reinforces the lifestyle of a sloth." Proceedings of the Royal Society B: Biological Sciences 281, no. 1778 (2014): 20133006.

Reinbothe, Steffen, Christiane Reinbothe, Klaus Apel, and Nikolai Lebedev. "Evolution of chlorophyll biosynthesis-the challenge to survive photooxidation." Cell 86, no. 5 (1996): 703-

705.
Suutari, Milla, Markus Majaneva, David P. Fewer, Bryson Voirin, Annette Aiello, Thomas Friedl, Adriano G. Chiarello, and Jaanika Blomster. "Molecular evidence for a diverse green algal community growing in the hair of sloths and a specific association with Trichophilus welckeri (Chlorophyta, Ulvophyceae)." BMC evolutionary biology 10, no. 1 (2010): 1-12.
Van GOOR, BEREND J., and P. I. E. T. Van LUNE. "Redistribution of potassium, boron, iron, magnesium and calcium in apple trees determined by an indirect method." Physiologia plantarum 48, no. 1 (1980): 21-26.
Viswanadhapalli, Balaji, and VK Bupesh Raja. "Application of Magnesium Alloys in Automotive Industry-A Review." In International Conference on Emerging Current Trends in Computing and Expert Technology, pp. 519-531. Springer, Cham, 2019.
Vormann, Jürgen. "Magnesium: nutrition and metabolism." Molecular aspects of medicine 24, no. 1-3 (2003): 27-37.
Weis, Wendelin, Andreas Gruber, Christian Huber, and Axel Göttlein. "Element concentrations and storage in the aboveground biomass of limed and unlimed Norway spruce trees at Höglwald." European Journal of Forest Research 128, no. 5 (2009): 437-445.
Zekri, Mongi, and Thomas A. Obreza. "Plant nutrients for citrus trees." EDIS 2003, no. 2 (2003).

13. 알루미늄과 콜라

강승구, 신광복, 고태환, and 유원희. "2층 고속열차 차체 구조물의 경량화 설계." 한국생산제조학회지 24, no. 2 (2015): 177-185.
김희국. "알루미늄 소재 산업의 정부지원과제 현황." Journal of Korea Foundry Society 31, no. 6 (2011): 326-331.
노희민, and 김석원. "차세대 고속철도기술개발사업 및 개발차량 (HEMU-430X) 소개." 한국강구조학회지 25, no. 4 (2013): 62-64.
박성동, 성단근, and 최순달. "우리별 1, 2호 위성 시스템 개요." Journal of Astronomy and Space Sciences 13, no. 2 (1996): 1-19.
지혜롬. "'누리호 시험발사 단번에 성공' 이후, 발사체 진행 상황은?" TBS뉴스, 2020년 2월 25일.
최정용, 하홍기, 박근수, and 이강운. "[미발표] EN12663 적용한 알루미늄 압출 소재 차체 정적 하중시험 평가." 한국철도학회 학술발표대회논문집 (2012): 1087-1092.
최정훈. "알루미늄캔이 가치가 없다고?" 세계일보, 2010년 2월 24일.
한국학중앙연구원. "노벨리스코리아 영주공장." 디지털영주문화대전, http://yeongju.grandculture.net/yeongju/toc/GC07400917 .

한국항공우주연구원. “한국형발사체(누리호).” 한국항공우주연구원 홈페이지, 연구개발 - 우주발사체 - 한국형발사체(누리호), https://www.kari.re.kr/kor/sub03_03_01.do .

황의준. “노벨리스 영주 리사이클 센터, 알루미늄 캔 200억 개 재활용.” 뉴데일리경제, 2014년 11월 10일.

Abdel-Gaber, A. M., E. Khamis, H. Abo-ElDahab, and Sh Adeel. “Inhibition of aluminium corrosion in alkaline solutions using natural compound.” Materials Chemistry and Physics 109, no. 2-3 (2008): 297-305.

Favero, Giancarlo, and Piergiorgio Jobstraibizer. “The distribution of aluminium in the earth: from cosmogenesis to Sial evolution.” Coordination chemistry reviews 149 (1996): 367-400.

Kalombo, R. B., J. M. G. Martínez, J. L. A. Ferreira, C. R. M. Da Silva, and J. A. Araújo. “Comparative fatigue resistance of overhead conductors made of aluminium and aluminium alloy: tests and analysis.” Procedia Engineering 133 (2015): 223-232.

Kang, SeungGu, KwangBok Shin, TaeHwan Ko, and WonHee You. “Lightweight design of car bodies for double deck high-speed trains.” Journal of The Korean Society of Manufacturing Technology Engineers 24, no. 2 (2015): 177-185.

Keen, Robin. “Friedrich Wöhler and His Lifelong Interest in the Platinum Metals.” Platinum Metals Review 29, no. 2 (1985): 81-85.

Laparra, Maurice. “The Aluminium False Twins. Charles Martin Hall and Paul Héroult's First Experiments and Technological Options.” Cahiers d'histoire de l'aluminium 1 (2012): 84-105.

Liu, Gang, G. J. Zhang, X. D. Ding, Jun Sun, and K. H. Chen. “The influences of multiscale-sized second-phase particles on ductility of aged aluminum alloys.” Metallurgical and Materials Transactions A 35, no. 6 (2004): 1725-1734.

Lumley, Roger, ed. Fundamentals of aluminium metallurgy: production, processing and applications. Elsevier, 2010.

Mae, H., X. Teng, Y. Bai, and T. Wierzbicki. “Comparison of ductile fracture properties of aluminum castings: Sand mold vs. metal mold.” International Journal of Solids and Structures 45, no. 5 (2008): 1430-1444.

Park, Hyungkyu, Jungshin Kang, Taehyuk Lee, Jinyoung Lee, and Youngmin Kim. “A review on the demand and supply of major non-ferrous metals and their recycling of scraps during 2014-2018 in Korea.” Journal of the Korean Institute of Resources Recycling 28, no. 3 (2019): 68-76.

Pettersen, Gunnar. “Development of microstructure during sintering and aluminium exposure of titanium diboride ceramics.” (1997).

Richards, Joseph William. “Aluminium: its history, occurrence, properties, metallurgy and applications, including its alloys.” HC Baird & Company, 1890.

Sulich, Agnieszka. “How the Names of Chemical Elements Represent Knowledge.” Studia

Semiotyczne—English Supplement Volume XXVII (2010): 61.
Taylor, S. R. "Abundance of chemical elements in the continental crust: a new table." Geochimica et cosmochimica acta 28, no. 8 (1964): 1273-1285.

14. 규소와 선글라스

고경신, 주웅길, 안상두, 이영은, 김규호, and 이연숙. "한국 전통 도자기의 화학 조성에 대한 연구 (I): 고려청자와 고려백자." 보존과학회지 Vol 26, no. 3 (2010).
권오영. "고대 한반도에 들어온 유리의 고고, 역사학적 배경." 한국상고사학보 (2014): 135-159.
권오영. "한반도(韓半島)에 수입(輸入)된 유리(琉璃)구슬의 변화과정(變化過程)과 경로(經路)-초기철기(初期鐵器) ~ 원삼국기(原三國期)를 중심으로." 호서고고학 37 (2017): 38-69.
김나영, and 김규호. "한반도에서 출토된 적갈색 유리구슬의 특성 및 유형 분류." 보존과학회지 Vol 29, no. 3 (2013).
김승두. "고 강대원 초대소장 가족과 기념촬영 하는 이낙연 총리." 연합뉴스, 2019년 4월 22일.
박동욱. "수정 안경(水晶 眼鏡)." 문헌과 해석 81 (2017): 26-39.
박영아, 김규호, 전유리, and 김나영. "김제 청도리 동곡마을 도요지 출토도자기의 고고화학적 특성 분석." 보존과학회지 Vol 33, no. 2 (2017).
박정준, and 강혜인. "미국의 對한중일 반도체 패권경쟁과 시사점." 무역통상학회지 20, no. 2 (2020): 1-29.
박준영. "韓國 古代 琉璃구슬의 特徵과 展開樣相." 중앙고고연구 19 (2016): 71-109.
서호근. "K계열 전차 장갑의 성능개량 필요성과 기술추세." 한국국방기술학회, 기술동향, No.03, 2020년 11월.
안두원. "[한국의 무기 이야기] 3세대 전차 완성 K1A1… 공격력 '막강'." 세계일보, 2013년 1월 23일.
오동희. "세계 '반도체 영웅' 故 강대원 박사 쓸쓸한 20주기." 머니투데이, 2012년 5월 11일.
윤을요. "조선시대 안경과 안경집 디자인 연구." 한국패션디자인학회지 14, no. 4 (2014): 117-135.
이종호. "특집 한국 반도체산업의 현주소와 미래전망 - (1) 반도체란 무엇인가?" The Science & Technology 2 (2008): 66-69.
이홍식. "북경 유리창의 표상과문화사적 의미 - 시사(市肆)를 중심으로." 동아시아문화연구 50 (2011): 249-277.
조흥국. "고대 한반도와 동남아시아 및 인도의 해양교류에 관한 고찰." 해항도시문화교섭학 3

(2010): 91-125.
채수천, 장영남, 배인국. "기능성 고령토 가공처리 기술 및 응용." Mineral and Industry 19, no. 2 (2006): 46-61.
한국과학기술한림원 홍보팀. "'2019 과학·정보통신의 날 기념식'서 과학기술유공자 16인에 증서 수여." 한국과학기술한림원 홈페이지, HOME - 알림 - News, 2019년 7월 4일.
한민수. "익산 미륵사지 석탑 사리공 내 출토 고대 유리유물의 성분특성 분석." 보존과학회지 Vol 33, no. 3 (2017).
한정, and 이태희. "한중 반도체 산업 성공요인 분석: 메모리 반도체 중심으로." 국제경영리뷰 24, no. 3 (2020): 137-147.
Adams, Stephen B. "From orchards to chips: Silicon Valley's evolving entrepreneurial ecosystem." Entrepreneurship & Regional Development 33, no. 1-2 (2021): 15-35.
Anan'in, Ao V., O. N. Breusov, A. N. Dremin, S. V. Pershin, and V. F. Tatsii. "The effect of shock waves on silicon dioxide. I. Quartz." Combustion, Explosion and Shock Waves 10, no. 3 (1974): 372-379.
Banas, Ronald P., Edward R. Gzowski, and William T. Larsen. "Processing aspects of the Space Shuttle Orbiter's ceramic reusable surface insulation." In 7th Annual Conference on Composites and Advanced Ceramic Materials, vol. 44, p. 591. John Wiley & Sons, 2009.
Bang, Jeong-Hun. "The Status of Glass Industry in Korea." The monthly packaging world (2018): 66-71.
Beeckman, Dimitri, Anika Fourie, Charlotte Raepsaet, N. Van Damme, Bénédicte Manderlier, Delphine De Meyer, H. Beele et al. "Silicone adhesive multilayer foam dressings as adjuvant prophylactic therapy to prevent hospital-acquired pressure ulcers: a pragmatic noncommercial multicentre randomized open-label parallel-group medical device trial." British Journal of Dermatology (2020).
Blomqvist, Mats, Ola Blomster, Magnus Pålsson, Stuart Campbell, Frank Becker, and Wolfram Rath. "All-in-quartz optics for low focal shifts." In Solid State Lasers XX: Technology and Devices, vol. 7912, p. 791216. International Society for Optics and Photonics, 2011.
Borkar, Shekhar, and Andrew A. Chien. "The future of microprocessors." Communications of the ACM 54, no. 5 (2011): 67-77.
Buckley, John D., George Strouhal, and James J. Gangler. "Early development of ceramic fiber insulation for the space shuttle." (1981).
Geiger, Susi. "Silicon Valley, disruption, and the end of uncertainty." Journal of cultural economy 13, no. 2 (2020): 169-184.
Harris, Stacy Eggimann. "Silicone Skin Trays: An Innovative Simulation Approach to Nurse Practitioner Skills Training." Clinical Simulation in Nursing 49 (2020): 28-31.
KIM, Gyu-Ho. "Archaeological Chemistry of Classes Excavated at Songdong-ri tombs, Sangju,

Korea." Journal of Conservation Science 16 (2004): 104–109.
Krad, Hasan, and Aws Yousif Al-Taie. "A new trend for CISC and RISC architectures." Asian J. Inform. Technol 6, no. 11 (2007): 1125–1131.
Lane, T. H., and S. A. Burns. "Silica, silicon and silicones... unraveling the mystery." Immunology of silicones (1996): 3–12.
Mitra, Sisir K. "Molecular dynamics simulation of silicon dioxide glass." Philosophical Magazine B 45, no. 5 (1982): 529–548.
Moore, Gordon E. "No exponential is forever: but "Forever" can be delayed![semiconductor industry]." In 2003 IEEE International Solid-State Circuits Conference, 2003. Digest of Technical Papers. ISSCC., pp. 20–23. IEEE, 2003.
Ortelt, Markus, Fabian Breede, Armin Herbertz, Dietmar Koch, and Hermann Hald. "Current activities in the field of ceramic based rocket engines." (2013).
Strawn, George, and Candace Strawn. "Moore's law at fifty." IT Professional 17, no. 6 (2015): 69–72.
Tanzilli, Richard A. "Development of an External Ceramic Insulation for the Space Shuttle Orbiter." NATIONAL AERONAUTICS AND SPACE ADMINISTRATION (1973).
Taylor, S. R. "Abundance of chemical elements in the continental crust: a new table." Geochimica et cosmochimica acta 28, no. 8 (1964): 1273–1285.
Turekian, Karl K., and Karl Hans Wedepohl. "Distribution of the elements in some major units of the earth's crust." Geological society of America bulletin 72, no. 2 (1961): 175–192.
Wallau, Wilma, Christoph Recknagel, and Glen J. Smales. "Structural silicone sealants after exposure to laboratory test for durability assessment." Journal of Applied Polymer Science (2021): 50881.
Wetzel, K., and H. Schütze. "The evolution of the earth's crust-an isotope geochemical model." Chemie der Erde 40, no. 1 (1981): 58–67.
Zulehner, Werner. "Historical overview of silicon crystal pulling development." Materials Science and Engineering: B 73, no. 1–3 (2000): 7–15.

15. 인과 기차 여행

문영수. "남해화학." 디지털여수문화대전, GC01300036.
삼성반도체이야기. "[반도체 쉽게 알기 #3] 불순물은 반도체도 춤추게 해요~ 기술 / 반도체+." 삼성반도체이야기, 2012년 4월 2일.
안전보건공단 미래전문기술원. "반도체·디스플레이산업 근로자를 위한 안전보건모델(공정별 유해·위험)." 안전보건공단, 2020년 12월.

오시아이. "고순도 인산." OCI 홈페이지, HOME – 사업분야 – Basic Chemicals – 고순도 인산.
이민재. "대구 주택가, 백린 연막탄 발견… '백린탄, 살·뼈를 태우는 최악의 무기'." 국제신문, 2017년 5월 26일.
이실근. "남해화학은 어떤 회사? 비료·화학·유류 3대 축… 휴켐스 매각으로 장래 먹고 살 걱정." 여수신문, 2012년 10월 31일.
장지민. "'6·25때 사용 추정' 평창서 백린 역만탄 의심 폭발물 발견." 뉴스인사이드, 2017년 10월 10일.
전빛이라. "[탐방] 남해화학 여수공장을 가다." 한국농정, 2014년 9월 6일.
전진희, 박슬기, 고나향, 김신희, 김태희, 김하은, 박지연, 이예온, 유수빈, and 차경희. "간이세균측정기(ATP)를 활용한 어린이 급식소 냉장고 손잡이 오염도 개선 연구." 동아시아식생활학회 학술발표대회 논문집 (2017): 224–225.
진종문. "[반도체 특강] 반도체 캐리어(Carrier)에 대하여_다수 캐리어와 소수 캐리어." SKhynix NEWSROOM, 2019년 12월 18일.
현문항. "동문유해." 조선시대 외국어 학습서 DB, 조선시대 역학서 〉 1748_동문유해.
Akins, Alex B., Andrew P. Lincowski, Victoria S. Meadows, and Paul G. Steffes. "Complications in the ALMA Detection of Phosphine at Venus." The Astrophysical Journal Letters 907, no. 2 (2021): L27.
Aviv, Uri, Rachel Kornhaber, Moti Harats, and Josef Haik. "The burning issue of white phosphorus: a case report and review of the literature." Disaster and military medicine 3, no. 1 (2017): 1–5.
Ballistreri, A., G. Montaudo, C. Puglisi, E. Scamporrino, D. Vitalini, and S. Calgari. "Mechanism of flame retardant action of red phosphorus in polyacrylonitrile." Journal of Polymer Science: Polymer Chemistry Edition 21, no. 3 (1983): 679–689.
B. Heymsfield, Steven, ZiMian Wang, Richard N. Baumgartner, and Robert Ross. "Human body composition: advances in models and methods." Annual review of nutrition 17, no. 1 (1997): 527–558.
Chai, Peter R., Edward W. Boyer, Houssam Al-Nahhas, and Timothy B. Erickson. "Toxic chemical weapons of assassination and warfare: nerve agents VX and sarin." Toxicology communications 1, no. 1 (2017): 21–23.
Choi, Byung-Kyu, Jong-Bae Kim, Heuyn-Kil Shin, and Seoung-Bae Lee. "Determination of Intracellular ATP of bacteria on the surface of Chicken." Korean Journal of Food Science and Technology 18, no. 2 (1986): 88–92.
Cockell, Charles S. "Life on venus." Planetary and Space Science 47, no. 12 (1999): 1487–1501.
Cummins, Christopher C. "Phosphorus: From the stars to land & sea." Daedalus 143, no. 4 (2014): 9–20.
Dorozhkin, Sergey V. "Fundamentals of the wet-process phosphoric acid production. 1. Kinetics

and mechanism of the phosphate rock dissolution." Industrial & engineering chemistry research 35, no. 11 (1996): 4328–4335.

Ellis, Kenneth J. "Human body composition: in vivo methods." Physiological reviews 80, no. 2 (2000): 649–680.

Falagas, Matthew E., Evridiki K. Vouloumanou, George Samonis, and Konstantinos Z. Vardakas. "Fosfomycin." Clinical Microbiology Reviews 29, no. 2 (2016): 321–347.

Gleason, William. "An introduction to phosphorus: History, production, and application." JOM 59, no. 6 (2007): 17–19.

Gorecki, Lukas, Oksana Gerlits, Xiaotian Kong, Xiaolin Cheng, Donald K. Blumenthal, Palmer Taylor, Carlo Ballatore, Andrey Kovalevsky, and Zoran Radić. "Rational design, synthesis, and evaluation of uncharged,"smart" bis-oxime antidotes of organophosphate-inhibited human acetylcholinesterase." Journal of Biological Chemistry 295, no. 13 (2020): 4079–4092.

Greaves, Jane S., Anita MS Richards, William Bains, Paul B. Rimmer, Hideo Sagawa, David L. Clements, Sara Seager et al. "Phosphine gas in the cloud decks of Venus." Nature Astronomy (2020): 1–10.

Green, Joseph. "A review of phosphorus-containing flame retardants." Journal of fire sciences 10, no. 6 (1992): 470–487.

Groenewold, Gary S. "Degradation kinetics of VX." Main Group Chemistry 9, no. 3, 4 (2010): 221–244.

Joseph, Rhawn Gabriel. "Life on Venus and the interplanetary transfer of biota from Earth." Astrophysics and Space Science 364, no. 11 (2019): 1–18.

Jupp, Andrew R., Steven Beijer, Ganesha C. Narain, Willem Schipper, and J. Chris Slootweg. "Phosphorus recovery and recycling–closing the loop." Chemical Society Reviews (2021).

Kapustenko, Petro, Stanislav Boldyryev, Olga Arsenyeva, and Gennadiy Khavin. "The use of plate heat exchangers to improve energy efficiency in phosphoric acid production." Journal of Cleaner Production 17, no. 10 (2009): 951–958.

Khakh, Baljit S., and Geoffrey Burnstock. "The double life of ATP." Scientific American 301, no. 6 (2009): 84.

KORZENIEWSKI, Bernard. "Regulation of ATP supply during muscle contraction: theoretical studies." Biochemical Journal 330, no. 3 (1998): 1189–1195.

Li, Jianhua, Nicholas C. King, and Lawrence I. Sinoway. "ATP concentrations and muscle tension increase linearly with muscle contraction." Journal of Applied Physiology 95, no. 2 (2003): 577–583.

MacLeod, Iain J., and A. P. V. Rogers. "The use of white phosphorus and the law of war." Yearbook of International Humanitarian Law 10 (2007): 75.

Manfredi, Giovanni, Lichuan Yang, Carl D. Gajewski, and Marina Mattiazzi. "Measurements of

ATP in mammalian cells." Methods 26, no. 4 (2002): 317–326.
Michalopoulos, Argyris S., Ioannis G. Livaditis, and Vassilios Gougoutas. "The revival of fosfomycin." International journal of infectious diseases 15, no. 11 (2011): e732–e739.
Morgan, Alexander B., and Charles A. Wilkie, eds. Flame retardant polymer nanocomposites. John Wiley & Sons, 2007.
Nakagawa, Tomomasa, and Anthony T. Tu. "Murders with VX: aum shinrikyo in Japan and the assassination of Kim jong-nam in Malaysia." Forensic Toxicology 36, no. 2 (2018): 542–544.
Ormerod, L. David, Tushar K. Ghosh, and Dabir S. Viswanath. "Chemical Terrorisms: Threats and Countermeasures." Science and Technology of Terrorism and Counterterrorism (2009): 457.
Rashad, M. M., M. H. H. Mahmoud, I. A. Ibrahim, and E. A. Abdel-Aal. "Crystallization of calcium sulfate dihydrate under simulated conditions of phosphoric acid production in the presence of aluminum and magnesium ions." Journal of crystal growth 267, no. 1–2 (2004): 372–379.
Ringnes, Vivi. "Origin of the names of chemical elements." Journal of Chemical Education 66, no. 9 (1989): 731.
Schartel, Bernhard. "Phosphorus-based flame retardancy mechanisms-old hat or a starting point for future development?" Materials 3, no. 10 (2010): 4710–4745.
Smil, Vaclav. "Phosphorus in the environment: natural flows and human interferences." Annual review of energy and the environment 25, no. 1 (2000): 53–88.
Smithson, Amy E. Rudderless: The Chemical Weapons Convention at 1 1/2. No. 25. Washington DC: Henry L. Stimson Center, 1998.
Yang, Yu-Chu. "Chemical detoxification of nerve agent VX." Accounts of Chemical Research 32, no. 2 (1999): 109–115.

16. 황과 긴 산책

고경신. "유황." 한국민족문화대백과사전, 1995년.
경상일보. "[울산의 종가사업장]합성고무 국내 생산 1호… 내년 세계 1위 된다." 경상일보, 2008년 6월 1일.
김민수, 강지훈, 김양원, 박창민, 박철호, 윤유상, and 지재구. "황화수소에 집단 노출되어 치료한 환자들에 대한 임상 보고와 문헌 고찰." 대한응급의학회지 31, no. 1 (2020): 17–22.
박광서. "이병두." 한국민족문화대백과사전, 1996년.
백남철. "고무." 한국민족문화대백과사전, 1995년.
아시아경제. "[한국기업성장史] ⑩ 강철은 부서져도 고무신은…." 아시아경제, 2012년 3월 21일.

유승주. “유황점.” 한국민족문화대백과사전, 1995년.

이경미. “고무신.” 한국의식주생활사전.

한국고무산업협회. “한국의 고무산업.” 한국고무산업협회 홈페이지, 조사통계 - 한국의 고무산업 (2012년 말 및 2013년 통계).

Akter, Suraiya, and Erin L. Cortus. “Comparison of Hydrogen Sulfide Concentrations and Odor Annoyance Frequency Predictions Downwind from Livestock Facilities.” Atmosphere 11, no. 3 (2020): 249.

Allington-Jones, L., Clark, B., & Fernandez, V. (2020). “Fool’s gold, fool’s paradise? Utilising X-ray micro-Computed Tomography to evaluate the effect of environmental conditions on the deterioration of pyritic fossils.” Journal of the Institute of Conservation, 43(3), 213-224.

Ardhita, Rizky Dini, and M. A. Maryadi. “A Comparative Study Between The Word Meaning Of British And American English.” PhD diss., Universitas Muhammadiyah Surakarta, 2020.

Blachier, Francois, Mireille Andriamihaja, and Anne Blais. “Sulfur-containing amino acids and lipid metabolism.” The Journal of Nutrition 150, no. Supplement_1 (2020): 2524S-2531S.

Bossie, Andrew, and J. W. Mason. “The Public Role in Economic Transformation: Lessons from World War II.” The Roosevelt Institute. Available at: https://rooseveltinstitute. org/public-role-in-economic-transformation-lessons-fromworld-war-ii (2020).

Brocke, Tiffany, and Justin Barr. “The History of Wound Healing.” Surgical Clinics 100, no. 4 (2020): 787-806.

Davenport, Diana. “The war against bacteria: how were sulphonamide drugs used by Britain during World War II?” Medical humanities 38, no. 1 (2012): 55-58.

Deuber, Roger, Urs Leisinger, and Amadeus Bärtsch. “Sulfa-drugs as Topic for Secondary School Chemistry-Effects, Side Effects and Structural Causes.” CHIMIA International Journal for Chemistry 75, no. 1-2 (2021): 80-88.

Domingues, Heloisa Maria Bertol. “Rubber: The Invisible Movement of Traditional Knowledge.” In CIST2020-Population, temps, territoires. 2020.

Domingues, Heloisa Maria Bertol, and Emilie Carreón. “RUBBER.” Downloaded from the Humanities Digital Library https://www. humanities-digital-library. org Open Access books made available by the School of Advanced Study, University of London: 51.

Froemke, Robert C., and Larry J. Young. “Oxytocin, neural plasticity, and social behavior.” Annual Review of Neuroscience 44 (2021).

Grinevich, Valery, and Inga D. Neumann. “Brain oxytocin: how puzzle stones from animal studies translate into psychiatry.” Molecular Psychiatry (2020): 1-15.

Jones, Susan. “How sulfa drugs work.” Nature Biotechnology 30, no. 4 (2012): 333-333.

Junkong, Preeyanuch, Rie Morimoto, Kosuke Miyaji, Atitaya Tohsan, Yuta Sakaki, and Yuko Ikeda. “Effect of fatty acids on the accelerated sulfur vulcanization of rubber by active zinc/

carboxylate complexes." RSC Advances 10, no. 8 (2020): 4772–4785.
Kohjiya, Shinzo, and Yuko Ikeda. "A short history of natural rubber research." In Chemistry, Manufacture, and Application of Natural Rubber, pp. 407–427. Woodhead Publishing, 2021.
Markl, Erich, and Maximilian Lackner. "Devulcanization technologies for recycling of tire-derived rubber: A review." Materials 13, no. 5 (2020): 1246.
Mihaila, L., M. Unguresan, M. Rada, A. Popa, S. Macavei, H. Vermesan, and S. Rada. "Perspectives in the Recycling of High Sulphatized Electrodes from Lead Acid Batteries." Analytical Letters (2020): 1–9.
Muniz, Tiago. "More-than-Human Stories Among Brazilian Rubber Seeds from a Local-Global Perspective and Its Entanglements." The Activist History Review (2020).
Nuzaimah, M., S. M. Sapuan, R. Nadlene, M. Jawaid, and R. A. Ilyas. "9 Medical Rubber Glove Waste As Potential Filler Materials in Polymer Composites." Composites in Biomedical Applications (2020): 191.
OFFICE OF INDUSTRIES, USITC, "Industry & Trade Summary Synthetic Rubber." USITC Publication 3014 (1997).
Olson, Kenneth R. "The biological legacy of sulfur: A roadmap to the future." Comparative Biochemistry and Physiology Part A: Molecular & Integrative Physiology (2020): 110824.
Rehman, Tahniat, Muhammad Asim Shabbir, Muhammad Inam-Ur-Raheem, Muhammad Faisal Manzoor, Nazir Ahmad, Zhi-Wei Liu, Muhammad Haseeb Ahmad, Azhari Siddeeg, Muhammad Abid, and Rana Muhammad Aadil. "Cysteine and homocysteine as biomarker of various diseases." Food Science & Nutrition 8, no. 9 (2020): 4696–4707.
SRISUKSAI, Pithak. "The Rubber Pricing Model: Theory and Evidence." The Journal of Asian Finance, Economics, and Business 7, no. 11 (2020): 13–22.
Sun, Yu. "Vulcanization and Devulcanization of Rubber." PhD diss., University of Akron, 2020.
Sun, Jianxing, Wenbo Zhou, Lijuan Zhang, Haina Cheng, Yuguang Wang, Ruichang Tang, and Hongbo Zhou. "Bioleaching of Copper-Containing Electroplating Sludge." Journal of Environmental Management 285 (2021): 112133.
Sutton, Brooke. "Double Mint and Double Standard: American Attitudes toward Women Chewing Gum, 1880–1930." The Thetean: A Student Journal for Scholarly Historical Writing 49, no. 1 (2020): 12.
Stipanuk, Martha H. "Metabolism of Sulfur-Containing Amino Acids: How the Body Copes with Excess Methionine, Cysteine, and Sulfide." The Journal of Nutrition 150, no. Supplement_1 (2020): 2494S–2505S.
Uhlendahl, Hendrik, and Dominik Gross. "Victim or profiteer? Gerhard Domagk (1895–1964) and his relation to National Socialism." Pathology-Research and Practice 216, no. 6 (2020): 152944.

Vojtovič, Daniel, Lenka Luhová, and Marek Petřivalský. "Something smells bad to plant pathogens: Production of hydrogen sulfide in plants and its role in plant defence responses." Journal of Advanced Research (2020).

Wu, Guoyao. "Important roles of dietary taurine, creatine, carnosine, anserine and 4-hydroxyproline in human nutrition and health." Amino acids 52, no. 3 (2020): 329–360.

17. 염소와 수영장

국가법령정보센터. "수도시설의 청소 및 위생관리 등에 관한 규칙." 국가법령정보센터 [시행 2009. 10. 22.] [환경부령 제351호, 2009. 10. 22., 일부개정], 환경부(수도정책과).

김선영. "[약 이야기] 제산제를 습관적으로 복용하면 안 되는 이유." 중앙일보헬스미디어, 2019년 4월 19일.

김우일, 조윤아, 김민선, 이지영, 강영렬, 신선경, 정성경, and 연진모. "PVC 바닥재 인체 노출에 따른 위해성 평가 연구." 분석과학 27, no. 5 (2014): 261–268.

식품의약품안전처 의약품정책과, 식품의약품안전평가원 소화계약품과. "의약품 안전사용 매뉴얼 ⑲ - 위산과다." 식품의약품안전처 의약품정책과, 식품의약품안전평가원 소화계약품과 발행자료, 의약품 안전사용 메뉴얼.

이경화, 번역 한민섭. "광제비급." 한의학고전DB, 1790년경 원판 작성 추정.

한국바이닐환경협회. "PVC 산업 역사 및 현황." 한국바이닐환경협회 홈페이지, http://www.ikovec.or.kr/index.php/pvc_history .

Ackerman, Frank, and Rachel Massey. "The economics of phasing out PVC." Global Development and Environment Institute (GDAE), Tufts University (2003).

Ali, Umi Nadiah, Norazman Mohamad Nor, Mohammed Alias Yusuf, Maidiana Othman, and Muhamad Azani Yahya. "Application of water flowing PVC pipe and EPS foam bead as insulation for wall panel." In AIP Conference Proceedings, vol. 1930, no. 1, p. 020011. AIP Publishing LLC, 2018.

Altindag, Iffet Akkus, and Yasar Akdogan. "Spectrophotometric characterization of plasticizer migration in poly (vinyl chloride)-based artificial leather." Materials Chemistry and Physics 258 (2021): 123954.

Asadinezhad, Ahmad, Márian Lehocký, Petr Sáha, and Miran Mozetič. "Recent progress in surface modification of polyvinyl chloride." Materials 5, no. 12 (2012): 2937–2959.

Campos, M. P., L. J. P. Costa, M. B. Nisti, and B. P. Mazzilli. "Phosphogypsum recycling in the building materials industry: assessment of the radon exhalation rate." Journal of environmental radioactivity 172 (2017): 232–236.

Cao, Huantian, Richard Wool, Emma Sidoriak, and Quan Dan. "Evaluating mechanical properties of environmentally friendly leather substitute (eco–leather)." In International Textile and Apparel Association Annual Conference Proceedings, vol. 70, no. 1. Iowa State University Digital Press, 2013.

Cowell, Frederick, Xuan Goh, James Cambrook, and David Bulley. "Chlorine as the first major chemical weapon." An element of controversy: The life of chlorine in science, medicine, technology and war (2007): 220–254.

Dai, Yueqian. "Comparison of Emphasis Point Towards Marketing Strategies Between Pepsi & Coca–Cola." In 6th International Conference on Financial Innovation and Economic Development (ICFIED 2021), pp. 79–83. Atlantis Press, 2021.

Fordtran, John S., and John H. Walsh. "Gastric acid secretion rate and buffer content of the stomach after eating. Results in normal subjects and in patients with duodenal ulcer." The Journal of clinical investigation 52, no. 3 (1973): 645–657.

Ghabili, Kamyar, Paul S. Agutter, Mostafa Ghanei, Khalil Ansarin, and Mohammadali M. Shoja. "Mustard gas toxicity: the acute and chronic pathological effects." Journal of applied toxicology 30, no. 7 (2010): 627–643.

Hersey, S. J., and G. Sachs. "Gastric acid secretion." Physiological reviews 75, no. 1 (1995): 155–189.

Howden, C. W., J. A. Forrest, and J. L. Reid. "Effects of single and repeated doses of omeprazole on gastric acid and pepsin secretion in man." Gut 25, no. 7 (1984): 707–710.

Kinoshita, Y., C. Kawanami, K. Kishi, H. Nakata, Y. Seino, and T. Chiba. "Helicobacter pylori independent chronological change in gastric acid secretion in the Japanese." Gut 41, no. 4 (1997): 452–458.

Ilan, Micha, Jochen Gugel, and Rob Van Soest. "Taxonomy, reproduction and ecology of new and known Red Sea sponges." Sarsia: North Atlantic Marine Science 89, no. 6 (2004): 388–410.

Ilyas, Huma, Ilyas Masih, and Jan Peter Van der Hoek. "Disinfection methods for swimming pool water: byproduct formation and control." Water 10, no. 6 (2018): 797.

Joseph, Ian MP, Yana Zavros, Juanita L. Merchant, and Denise Kirschner. "A model for integrative study of human gastric acid secretion." Journal of applied physiology 94, no. 4 (2003): 1602–1618.

Kettle, Anthony J., Amelia M. Albrett, Anna L. Chapman, Nina Dickerhof, Louisa V. Forbes, Irada Khalilova, and Rufus Turner. "Measuring chlorine bleach in biology and medicine." Biochimica et Biophysica Acta (BBA)–General Subjects 1840, no. 2 (2014): 781–793.

Konturek, S. J. "GASTRIC SECRETION–FROM PAVLOV'S NERVISM TO POPIELSKI'S." Journal of physiology and pharmacology 54, no. S3 (2003): 43–68.

Odabasi, Mustafa. "Halogenated volatile organic compounds from the use of chlorine–bleach–containing household products." Environmental science & technology 42, no. 5 (2008): 1445–

1451.
Parkman, H. P., JL C. Urbain, L. C. Knight, K. L. Brown, D. M. Trate, M. A. Miller, A. H. Maurer, and R. S. Fisher. "Effect of gastric acid suppressants on human gastric motility." Gut 42, no. 2 (1998): 243-250.
Smolka, Adam J., and Steffen Backert. "How Helicobacter pylori infection controls gastric acid secretion." Journal of gastroenterology 47, no. 6 (2012): 609-618.
Stichelbaut, Birger, Wouter Gheyle, Veerle Van Eetvelde, Marc Van Meirvenne, Timothy Saey, Nicolas Note, Hanne Van den Berghe, and Jean Bourgeois. "The Ypres Salient 1914-1918: historical aerial photography and the landscape of war." antiquity 91, no. 355 (2017): 235-249.
Tang, Chih-Cheng, Huey-Ing Chen, Peter Brimblecombe, and Chon-Lin Lee. "Textural, surface and chemical properties of polyvinyl chloride particles degraded in a simulated environment." Marine pollution bulletin 133 (2018): 392-401.
Wilson, Jonathan. "Dark side of the vinyl: Are records bad for the environment?" Engineering & Technology 14, no. 3 (2019): 60-61.
Zwiener, Christian, Susan D. Richardson, David M. De Marini, Tamara Grummt, Thomas Glauner, and Fritz H. Frimmel. "Drowning in disinfection byproducts? Assessing swimming pool water." Environmental Science & Technology 41, no. 2 (2007): 363-372.

18. 아르곤과 제주도

부영근. "淸陰 金尙憲의 남사록 考察." (2006).
아이가스저널. "〈심층 분석 3탄〉 POSCO의 잉여가스판매 공개입찰 후." i가스저널, 2014년 7월 22일.
윤성효. "제주도 산방산 용암돔(Lava Dome)의 구성암석에 대한 화산암석학적 연구." 광물과 암석 28, no. 4 (2019): 307-317.
이락순. "[FOCUS] 2021년 상반기 포스코 잉여가스 낙찰 결과." i가스저널, 2021년 1월 21일.
화학저널. "Argon, 공개입찰로 시장 안정화?" 화학저널, 2004년 6월 4일.
황만기. "[남사록]에 나타난 청음(淸陰) 금상헌(金尙憲)의 작가의식(作家意識)." 동방한문학 36 (2008): 73-104.
Brancato, R., N. Schiavone, S. Siano, A. Lapucci, L. Papucci, M. Donnini, L. Formigli et al. "Prevention of corneal keratocyte apoptosis after argon fluoride excimer laser irradiation with the free radical scavenger ubiquinone Q10." European journal of ophthalmology 10, no. 1 (2000): 32-38.
Emsley, John. Nature's building blocks: an AZ guide to the elements. Oxford University Press,

2011.
Halla, Mt, Jeju Island, Jeong Seon Koh, Sung Hyo Yun, and Soon Seok Kang. "제주도 한라산 백록담 분화구 일대 화산암류의 암석학적 연구." Jour. Petrol. Soc. Korea Vol 12, no. 1 (2003): 1-15.
Jönsson, P. G., T. W. Eagar, and J. Szekely. "Heat and metal transfer in gas metal arc welding using argon and helium." Metallurgical and Materials Transactions B 26, no. 2 (1995): 383-395.
Kuryan, Jocelyn, Anjum Cheema, and Roy S. Chuck. "Laser-assisted subepithelial keratectomy (LASEK) versus laser-assisted in-situ keratomileusis (LASIK) for correcting myopia." Cochrane Database of Systematic Reviews 2 (2017).
Merrihue, Craig, and Grenville Turner. "Potassium-argon dating by activation with fast neutrons." Journal of Geophysical Research 71, no. 11 (1966): 2852-2857.
Ramsay, William, and Morris William Travers. "On the companions of argon." Proceedings of the Royal Society of London 63, no. 389-400 (1898): 437-440.
Suess, Hans E., and Harold C. Urey. "Abundances of the elements." Reviews of Modern Physics 28, no. 1 (1956): 53.
Wisniak, Jaime. "The composition of air. Discovery of Argon." Educación Química 18, no. 1 (2007): 69-84.
Zhang, X., S. S. Chu, J. R. Ho, and C. P. Grigoropoulos. "Excimer laser ablation of thin gold films on a quartz crystal microbalance at various argon background pressures." Applied Physics A: Materials Science & Processing 64, no. 6 (1997).

19. 포타슘과 바나나

박근제. "논문; 초지 경영: 초지에 대한 질소 및 가리비료(加里肥料)의 시용에 관한 연구; 3. 목초의 건물 및 양분생산성에 대한 질소 및 가리비료의 잔효." 한국축산학회지 33, no. 6 (1991): 476-479.
박선경, and 김성련. "세척시 알칼리에 의한 면섬유의 손상에 관한 연구." 한국염색가공학회지 4, no. 2 (1992): 15-21.
임상선. "[金液還丹百問訣]의 저자 李光玄과 그의 行績." 인문학논총 13, no. 2 (2008): 49-67.
한정헌, 김범기. "벼 기공 열림 제어 단백질의 활성조절 원리 밝혀." 농촌진흥청, 보도자료, 2017년 7월 6일.
황만식, 임지영, 전다영, 송기봉, 이상목, 류지성, and 이지호. "인터넷상 화학물질 불법 유해정보 현황 고찰: 화학물질 사이버감시단 신고 사례를 중심으로." 한국위험물학회지 6, no. 2 (2018): 13-22.

Barros, Renata CH, Leni GH Bonagamba, Roberta Okamoto-Canesin, Mauro de Oliveira, Luiz GS Branco, and Benedito H. Machado. "Cardiovascular responses to chemoreflex activation with potassium cyanide or hypoxic hypoxia in awake rats." Autonomic Neuroscience 97, no. 2 (2002): 110-115.

Ciceri, Davide, David AC Manning, and Antoine Allanore. "Historical and technical developments of potassium resources." Science of the total environment 502 (2015): 590-601.

Clausen, Torben. "Na^+-K^+ pump regulation and skeletal muscle contractility." Physiological reviews (2003).

Cochrane, Thomas T., and Thomas A. Cochrane. "The vital role of potassium in the osmotic mechanism of stomata aperture modulation and its link with potassium deficiency." Plant signaling & behavior 4, no. 3 (2009): 240-243.

Darwish, Hosam M. "Arabic loan words in English language." Journal of Humanities and Social Science 20, no. 7 (2015): 105-109.

D'Elia, L., C. Iannotta, P. Sabino, and R. Ippolito. "Potassium-rich diet and risk of stroke: updated meta-analysis." Nutrition, Metabolism and Cardiovascular Diseases 24, no. 6 (2014): 585-587.

Figtree, Gemma A., Chia-Chi Liu, Stephanie Bibert, Elisha J. Hamilton, Alvaro Garcia, Caroline N. White, Karin KM Chia, Flemming Cornelius, Kaethi Geering, and Helge H. Rasmussen. "Reversible oxidative modification: a key mechanism of Na^+-K^+ pump regulation." Circulation research 105, no. 2 (2009): 185-193.

Fischer, R. A. "Stomatal opening: role of potassium uptake by guard cells." Science 160, no. 3829 (1968): 784-785.

Forrest, Michael D. "The sodium-potassium pump is an information processing element in brain computation." Frontiers in physiology 5 (2014): 472.

Glagolev, A. N., and V. P. Skulachev. "The proton pump is a molecular engine of motile bacteria." Nature 272, no. 5650 (1978): 280-282.

Habashi, Fathi. "A short history of hydrometallurgy." Hydrometallurgy 79, no. 1-2 (2005): 15-22.

Hamarneh, Sami K. "Arabic-Islamic Alchemy-Three Intertwined Stages." Ambix 29, no. 2 (1982): 74-87.

Hinsinger, P., 2012. Potassium. In Encyclopedia of Environmental Management (pp. 2208-2212). CRC Press.

Howarth, Clare, Claire M. Peppiatt-Wildman, and David Attwell. "The energy use associated with neural computation in the cerebellum." Journal of cerebral blood flow & metabolism 30, no. 2 (2010): 403-414.

Howarth, Clare, Padraig Gleeson, and David Attwell. "Updated energy budgets for neural computation in the neocortex and cerebellum." Journal of Cerebral Blood Flow & Metabolism 32, no. 7 (2012): 1222–1232.

Lanham–New, Susan A. "The balance of bone health: tipping the scales in favor of potassium–rich, bicarbonate–rich foods." The Journal of nutrition 138, no. 1 (2008): 172S–177S.

Montazeritabar, Marziyehsadat, and Zaiqing Fang. "The Place of Study of Nature in Jabir Ibn Hayyan's Classification of Science." Advances in Historical Studies 9, no. 03 (2020): 85.

Norris, Wendi, Karyn S. Kunzelman, Susan Bussell, Linda Rohweder, and Richard P. Cochran. "Potassium supplementation, diet vs pills: a randomized trial in postoperative cardiac surgery patients." Chest 125, no. 2 (2004): 404–409.

Rankin, Alisha. "Perfecting Aristotle." Metascience 14, no. 2 (2005): 289–292.

Reid, Gordon, Andreas Scholz, Hugh Bostock, and Werner Vogel. "Human axons contain at least five types of voltage–dependent potassium channel." The Journal of physiology 518, no. 3 (1999): 681–696.

Safronov, B. V., K. Kampe, and W. Vogel. "Single voltage–dependent potassium channels in rat peripheral nerve membrane." The Journal of physiology 460, no. 1 (1993): 675–691.

Skou, J. C. "The energy coupled exchange of Na^+ for K^+ across the cell membrane: The Na^+, K^+–pump." FEBS letters 268, no. 2 (1990): 314–324.

Smith, Andrew James. "Genetic Gold: The post–human homunculus in alchemical and visual texts." PhD diss., University of Pretoria, 2009.

Sousa, Altamir B., Helena Manzano, Benito Soto–Blanco, and Silvana L. Gorniak. "Toxicokinetics of cyanide in rats, pigs and goats after oral dosing with potassium cyanide." Archives of toxicology 77, no. 6 (2003): 330–334.

Williams, C., and K. E. McColl. "proton pump inhibitors and bacterial overgrowth." Alimentary pharmacology & therapeutics 23, no. 1 (2006): 3–10.

20. 칼슘과 전망대

권호욱. "[정동길 옆 사진관] 반가운 첫눈과 염화칼슘." 경향신문, 2020년 1월 19일.

구동회. "한국 마천루의 역사와 상징성." 국토지리학회지 54, no. 2 (2020): 103–115.

김병섭, and 용영록. "칼슘비료 처리에 의한 배추 무름병 발생 억제." 식물병연구 10, no. 1 (2004): 82–85.

김상효, and 황준필. "시멘트 생산과정에 따른 CaO 함량과 CO2 의 발생량." Journal of the Korea Concrete Institute 25, no. 4 (2013): 365–370.

명남재. "물이 석회암지대를 흐르면서 만드는 카르스트지형." 하천과 문화 v.3 no.1 (2007): pp.66 – 74.

서치호. “경량콘크리트의 재료적 특성.” 콘크리트학회지 제 10, no. 4 (1998).
성유경. “3일에 1개층씩 골조 올라간 ‘마천루의 제왕’.” 조선일보, 2017년 1월 8일.
손보기. “한국 구석기시대의 자연 - 특히 점말 동굴의 지층별 꽃가루 분석과 기후의 추정.” 한불연구 (1974. 12) pp (1974): 9-31.
신현재, 이상화, and 김복희. “액상 칼슘비료 시비 농작물의 칼슘 함유량 조사 및 칼슘시비 배추를 이용한 김치의 발효특성.” 한국생물공학회지 22, no. 4 (2007): 255-259.
연합뉴스. “화성 표면처럼 변한 석회석 채광지를 힐링 공간으로.” 연합뉴스 / 매일경제, 2020년1월27일.
염준혁. “세운상가 보행데크의 특성 연구.” PhD diss., 서울대학교 대학원, 2019.
유태용. “韓國 舊石器時代 陰刻紋의 檢討.” 동서미술문화학회 미술문화연구, vol.10, no.10 (2017): 105-140.
이종규. “시멘트 산업 및 최신 연구 동향.” Ceramist 19, no. 2 (2016): 59-64.
이찬진. “소프트웨어의 세계로 오라.” 김영사, 1995.
정수호, 권오상, 김태형, 등. “단양지역 지질· 지형자원의 가치와 지오투어리즘 관점에서의 활용방안.” 자원환경지질 53, no. 1 (2020): 45-69.
조동원. “청계천 전자상가, 복제의 기술문화, 디지털문화의 형성.” IDI 도시연구 11 (2017): 37-78.
최드희. “21세기 한국 시멘트 산업의 ‘Go Global’ 전략.” (2003).
최림, and 김현섭. “1960 년대 말 김수근의 도시건축에 나타난 인공대지에 관한 연구: 세운상가 및 여의도계획을 중심으로.” 대한건축학회 논문집-계획계 31, no. 1 (2015): 95-104.
Baek, Cheong-Hoon, Won-Jun Park, and Tae-Beom Min. “Status of Cement Industry and Cement Properties of North Korea.” Journal of the Korean Recycled Construction Resources Institute 8, no. 1 (2020): 64-71.
Benton, Michael J., and Richard J. Twitchett. “How to kill (almost) all life: the end-Permian extinction event.” Trends in Ecology & Evolution 18, no. 7 (2003): 358-365.
Cheng, Keyi, Maya Elrick, and Stephen J. Romaniello. “Early Mississippian ocean anoxia triggered organic carbon burial and late Paleozoic cooling: Evidence from uranium isotopes recorded in marine limestone.” Geology 48, no. 4 (2020): 363-367.
Bogue, Robert Herman. The chemistry of Portland cement. Vol. 79, no. 4. LWW, 1955.
Bourque, Pierre-Andre, and Frederic Boulvain. “A model for the origin and petrogenesis of the red stromatactis limestone of Paleozoic carbonate mounds.” Journal of Sedimentary Research 63, no. 4 (1993): 607-619.
Buckwalter, J. A., M. J. Glimcher, R. R. Cooper, and R. Recker. “Bone biology.” J Bone Joint Surg Am 77, no. 8 (1995): 1256-1275.
Garg, M. K., and Namita Mahalle. “Calcium supplementation: Why, which, and how?” Indian

journal of endocrinology and metabolism 23, no. 4 (2019): 387.

Han, Chang Gyun. "The Quaternary Chirotteran Fossils of Chommal Yonggul Site." KOMUNHWA 33 (1988): 3–21.

Jones, Philip H. "Snow and ice control and the transport environment." Environmental Conservation 8, no. 1 (1981): 33–38.

Park, Hyeon-Ku, Seung-Hee Yang, and Seong-Seok Go. "A study on the evaluation index of dwelling environment performance at skyscraper." Journal of the Korea Institute of Building Construction 9, no. 6 (2009): 79–89.

Pei, Chang-Chun, Hu-Lin Jin, Bai-Shou Li, and Cheon-Goo Han. "A Comparison Study on Quality Regulation of China and Korea Cement." In Proceedings of the Korean Institute of Building Construction Conference, pp. 159–162. The Korean Institute of Building Construction, 2006.

Price, T. Douglas, Margaret J. Schoeninger, and George J. Armelagos. "Bone chemistry and past behavior: an overview." Journal of Human Evolution 14, no. 5 (1985): 419–447.

Song, Haijun, Paul B. Wignall, Jinnan Tong, and Hongfu Yin. "Two pulses of extinction during the Permian–Triassic crisis." Nature Geoscience 6, no. 1 (2013): 52–56.

Van Oss, Hendrik G., and Amy C. Padovani. "Cement manufacture and the environment: part I: chemistry and technology." Journal of Industrial Ecology 6, no. 1 (2002): 89–105.

Verkhratsky, Alexej, and Emil C. Toescu. "Calcium and neuronal ageing." Trends in neurosciences 21, no. 1 (1998): 2–7.

휴가 갈 땐, 주기율표

일상과 주기율표의 찰떡 케미스트리

1판 1쇄 펴냄 2021년 12월 6일
1판 5쇄 펴냄 2024년 4월 5일

지은이 | 곽재식

펴낸이 | 박미경
펴낸곳 | 초사흘달
출판신고 | 2018년 8월 3일 제382-2018-000015호
주소 | (11624) 경기도 의정부시 의정로40번길 12, 103-702호
이메일 | 3rdmoonbook@naver.com
네이버포스트, 인스타그램, 페이스북 | @3rdmoonbook

ISBN 979-11-968372-8-0 03430